低浓度含氮废水微生物处理

韩 蕊　吴英海　著

化学工业出版社
·北京·

内容简介

全书共6章，涵盖低浓度含氮废水处理的多项技术：生物滤池技术、生态工程技术、微生物电化学法、微生物固定化强化技术以及利用微量物质和活泼元素强化的微生物处理技术。

本书可供污水处理工程技术人员、科研人员和管理人员参考，也可供高等学校环境工程、市政工程及相关专业师生参阅。

图书在版编目（CIP）数据

低浓度含氮废水微生物处理 / 韩蕊，吴英海著. 北京 ：化学工业出版社，2024. 6. -- ISBN 978-7-122-45951-0

Ⅰ. X703

中国国家版本馆CIP数据核字第2024800EJ6号

责任编辑：王　琰　　文字编辑：李晓畅　王云霞
责任校对：李雨晴　　装帧设计：韩　飞

出版发行：化学工业出版社
（北京市东城区青年湖南街13号　邮政编码100011）
印　　装：北京天宇星印刷厂
787mm×1092mm　1/16　印张16¼　字数260千字
2025年1月北京第1版第1次印刷

购书咨询：010-64518888　　售后服务：010-64518899
网　　址：http://www.cip.com.cn
凡购买本书，如有缺损质量问题，本社销售中心负责调换。

定　　价：98.00元

前言

氮是地球上生命体的基本元素，但人类的过度生产活动改变了氮的自然循环过程。含氮废水的过度排放导致氮在水环境中含量过多，形成了水体氮污染。“水华”和“赤潮”就是水体严重氮污染的体现，对人类健康的危害较大。含氮废水来源广泛，主要来自生活、工农业生产等过程。按照含有的氮化合物浓度高低可分为高浓度含氮废水、中浓度含氮废水、低浓度含氮废水。考虑到经济技术可行性，不同浓度含氮废水的处理方法不同。对于高浓度含氮废水，大多采用物化和生化方法相结合的工艺或者完全物化工艺；对于中浓度含氮废水，大多采用物化和生化方法相结合的工艺；对于低浓度含氮废水，更宜采用生化工艺。

当前污水中的中、高浓度含氮物质排放在大部分地区已经得到控制。然而，由于污水排放量大，即使符合排放浓度要求仍然会导致水体呈现持续性氮污染态势。因此，进一步地提高污水排放要求在很多地区是十分必要的。对低浓度含氮废水加强处理是目前污水处理领域的重要课题。

在现有工艺流程中增设新建深度处理设施、对现有工艺构筑物进行改造或采用新工艺进一步提高氮的去除效果，是经济可行的办法。由于低浓度含氮废水多采用生化工艺，起作用的主要微生物参与进行氨化、硝化和反硝化过程，因此微生物处理和强化技术是否先进是影响生物系统除氮能力的关键。虽然人类已经广泛地认识和利用了微生物，但具有除氮功能的微生物并没有完全被认识和有效地为人类服务。在生物反应器中很多影响微生物的因素还未知，如何调控微生物仍在不断探索中。在探索过程中，不断有新的微生物和氮转化机制被报道出来，例如具有完整硝化功能的菌、具有硝化和反硝化两种功能的菌、好氧反硝化菌等。这些新发现都为微生物处理和强化技术提供了基础和新思路。因此，污水微生物处理技术的研究和发展对污水处理具有极为重要的作用。

本书具有较强的技术性和针对性，编写过程中考虑读者群的需要，在内容表述上尽量做到通俗易懂、语言简练，并结合生产实际，图文并茂。本书第 1 章主要围绕低浓度废水处理技术进行概述，提出了低浓度含氮废水新型生物处理技术和发展趋势，以便读者更好地理解当前技术前沿。第 2 章从生物反应器的构造因素和运行条件阐述对生物滤池低浓度氮去除性能的影响，可为相关生物滤池研究设计提供思路和参考。第 3 章在探讨生态工程处理低浓度含氮废水的基础上，重点阐述了人工湿地等生态工程技术在控制淡水和海水污染方面的技术研究，可为生态工程设计提供参考。第 4 章提出了基于微生物电化学方法的低浓度含氮废水处理技术，微生物转化氮污染物本质上是微生物电化学机制，强化微生物电化学机制可以非常有效地提升除氮效果，本章内容对淡水和海水中含氮物质的去除均有论述，可为相关设计和研究提供参考。第 5 章论述了基于微生物固定化强化的低浓度含氮废水处理技术，该技术通过外源添加功能微生物实现高效脱氮，本章内容上偏重于对现有前沿技术的介绍、评述，并提出今后这些技术的主要发展方向，可为相关设计和研究提供参考思路。第 6 章论述了基于微量物质和活泼元素的低浓度含氮废水微生物处理强化技术，从微生物群体感应角度调控微生物量和群落以及铁、硫增加电子供体和强化氮转化过程角度阐述污水中含氮物质的微生物强化技术，可为今后研究和实际应用提供参考。

本书涉及的研究内容得到了国家自然科学基金项目（32273186、31702391）、辽宁省科技计划项目（2021JH2/10200012）和辽宁省教育厅科研基金项目（LJCMZ20221099、LJCMZ20221103）等项目的资助。研究工作得到了浙江大学刘鹰教授的悉心指导。本书第 1 章、第 2 章、第 3 章的 3.1、3.2、3.3 节，以及第 5 章由韩蕊完成，其余由吴英海完成。研究生荣馨宇、李可心、衣隆强、马洪婧、苏鑫、周鹏、刘佩武、张瑞娜、周子豫、冉昊鑫、徐睿等为本书的实验开展和数据整理做出了重要的贡献。同时，在著写过程中得到了很多专家和相关领导的大力支持。特别感谢江南大学刘和教授对本书框架的指导。本书引用了一些国内外科研人员公开发表的文献资料，在此一并表示感谢！

由于水平有限，内容难免存在疏漏之处，恳请读者批评指正。

韩　蕊　吴英海

2024 年 6 月

目 录

第 1 章

概述

高浓度含氮废水危害性极大，通常被人们所重视，而对于低浓度含氮废水往往疏于处理，导致其排放到水中造成环境破坏。低浓度含氮废水大量进入水体会造成水体富营养化，导致水体黑臭，大大增加了对含氮废水处理的难度，甚至危害到人和生物的生命健康。为减少低浓度含氮废水带来的危害与影响，需要对其进行深度脱氮处理。目前，低浓度含氮废水的处理方法主要分为物理法、化学法以及生物法三类。具体主要有吸附法、膜分离法、折点氯化法、氧化法以及硝化反硝化法等，其中新型生物处理技术有短程硝化反硝化法、同时硝化反硝化法、厌氧氨氧化法以及与生态学方法和微生物电化学方法联合的复合法等。

本章主要介绍低浓度含氮废水的传统处理技术和新型生物处理技术以及低浓度含氮废水生物处理技术的发展趋势。

1.1 低浓度含氮废水

1.1.1 来源

含氮废水具有来源广泛、排放量较大的特点。含氮废水来源主要包括市政污水、垃圾渗滤液、工业废水（例如化肥厂排放废水、焦化废水、制药废水等）、农业污染废水等。

以市政污水为例，市政污水具有生化性较好的水质特征，市政污水中化学需氧量（COD）浓度为 300 ～ 500mg/L，氨氮（NH_4^+-N）浓度为 30 ～ 50mg/L。根据《城镇污水处理厂污染物排放标准》（GB 18918—2002），一级 A、B 排放标准中总氮（TN）排放限值分别为 15mg/L 和 20mg/L。《“十四五”城镇污水处理及资源化利用发展规划》中指出：到 2025 年，基本消除城市建成区生活污水直排口和收集处理设施空白区，全国城市生活污水集中收集率力争达到 70% 以上。在经过处理后，这些废水中含氮化合物浓度降低，但市政污水中仍有大量氮元素进入了水体。

在石油、化工、食品和制药等工业生产中的高浓度含氮废水经过物理化学处理后也会转化成低浓度含氮废水，在长期生产稀土矿的过程中也会产生大量低浓度含氮废水。利用空气吹脱法处理催化剂生产过程中产生的含 $(NH_4)_2SO_4$ 的高浓度 NH_4^+-N（平均达 4300mg/L）废水，当废水 pH 值为 11.5、吹脱温度为 80℃、吹脱时间为 120min、气液体积比为 300∶1 时，废水中 NH_4^+-N 去除率可达 99.2%，采用吹脱、汽提法容易造成空气二次污染[1]。利用投加 $MgCl_2 \cdot 6H_2O$ 和 $Na_3PO_4 \cdot 12H_2O$ 生成磷酸铵镁的化学沉淀法对处理锆铪萃取分离所产的高浓度 NH_4^+-N 废水进行处理，可将锆铪分离所产生的废水中 NH_4^+-N 浓度由 3000mg/L 降至 150mg/L 以下[2]。可见，相当部分的工业废水排放中也会含有较多的低浓度含氮化合物，可能造成水体环境中氮浓度超标或水体生态系统呈现亚健康状态。

农业中大量或过量使用化肥使得大部分未被农作物利用的氮化合物流失，从而污染了地下水和地表水。2020 年太湖流域耕地面积高达 16278.9km^2，占流域面积的 44.1%，主要农作物为水稻、小麦及少量经济作物（油菜），其中稻麦轮作农田的氮肥施用量高达 33.3kg/($hm^2 \cdot a$)，但氮肥利用率较低，剩余氮则储存或排放到水土气环境中，进而通过降雨淋溶、下渗等途径汇入周边河湖[3]。同时，长期过量氮肥施用造成了农田土壤氮遗留量不断累积，成为周边河湖氮污染的重要来源。

此外，我国池塘养殖污染问题突出。池塘养殖是利用人工开挖或天然坑塘进行水产养殖的一种生产方式。我国有悠久的池塘养殖历史，是世界上最早开展池塘养殖的国家，目前池塘养殖已成为我国主要的养殖生产方式。至2020年，我国有海水养殖池塘 37.6 万 hm^2，池塘养殖产量 250.35 万 t，占海水养殖总产量的 15.52%，海水池塘养殖是我国海水水产品供应的主要来源之一。随着池塘养殖产量的不断提高，池塘养殖存在的养殖污染等问题日益突出。沿海城市建设了大量海岸池塘养殖区，虽然养殖用水最终返还海洋，但是其排放水是污染水。在我国的许多海岸养殖地区，养殖排放水污染非常严重，特别是在养殖高峰的季节。养殖排放水中含有的大量有机物、鱼类排泄物及饲料残渣会对海洋环境造成严重破坏。池塘养殖排放的废水中含有硝酸盐氮（NO_3^--N）、亚硝酸盐氮（NO_2^--N）、NH_4^+-N 等污染物，在污染物浓度较高时会导致环境恶化[4]。硝酸盐能与水生生物的血红蛋白发生反应，导致水生生物因体内缺氧而死亡[5]，鱼类长期暴露在高浓度的亚硝酸盐水体中，会损坏器官产生疾病。所以池塘水产养殖污染物的排放治理是目前需要重点解决的一类环境问题。随着我国海洋环境保护工作的加强，如何减少养殖尾水污染物排放已成为海水池塘养殖业需要解决的关键问题，迫切需要研发相关污染物的消除技术。

1.1.2 特征

低浓度含氮废水来源十分广泛，若不经过处理直接排放入水体会导致水体的富营养化。其氧化分解需要大量氧气，从而导致水中溶氧量降低，使生物的生长环境受到干扰。

低浓度含氮废水可以按浓度和成分进行划分。按照含有的氮化合物浓度高低可分为高浓度含氮废水、中浓度含氮废水、低浓度含氮废水。虽然这样的浓度划分并不是基于严格定义和统一规定，但可以根据这样的划分采取不同的处理方法进行含氮化合物的去除。对于高浓度含氮废水，大多采用物化和生化方法相结合的工艺或者完全物化工艺；对于中浓度含氮废水，大多采用物化和生化方法相结合的工艺；对于低浓度含氮废水，更宜采用生化工艺。这是根据经济可行性和工艺可行性做出的选择，符合现实需要。按照含有的成分划分，可分为低浓度有机氮废水、低浓度无机氮废水以及它们的混合水。一般来说，TN 由有机氮（蛋白质、氨基酸、尿素、核酸、尿酸、脂肪酸及有机碱等）及无机氮（NH_4^+-N、NO_2^--N 及 NO_3^--N）组成。而低浓度含氮废水由于大多经过了一级或二级污水处理，含有的 TN 多是无机氮形式。氧气充足时，含氮废水中的 NH_4^+-N 在微生物的作用下，会被氧化成 NO_2^--N，再与蛋白质结合生成亚硝胺，增加对水产品的危害，对人类的健康构成巨大的威胁。在污水处理中，脱氮反硝化反应如果进行得不正常，低浓度含氮废水也会呈现 NO_2^--N 和 NO_3^--N 累积的特点。

地表水水质对人们的生活、工业发展和人类社会的进步有直接影响。近年来，我国大部分城市河段均受到了不同程度的污染，导致面源污染量逐年增加。目前，威胁水质安全最主要的来源已经由点源污染变为了面源污染，面源污染物的排放是导致城市水体富营养化的关键因素，易引发藻类过度繁殖和生长、大量消耗溶解氧（DO）、毒害生态链等问题，从而使河流生态系统失衡。因此，地表水环境污染形势较为严峻，改善水环境质量、消除河道黑臭、恢复河流生态系统健康等已成为我国水体治理的主要任务。

1.2 低浓度含氮废水处理技术

有机物、氮、磷等物质是污染水体中非常普遍的物质，其中由于氮在污水处理工艺中较难去除，其污染问题尤为突出。对高浓度含氮废水的处理技术已较为成熟，但涉及低浓度含氮废水的深度处理尚缺乏十分有效的解决方案。

低浓度含氮废水处理技术按处理方法进行分类，主要可分为物理法、化学法和生物法。在应用中选择哪种方法要根据实际情况而定，这些方法往往是复合的，即在同一种技术中可能用到两种以上的处理方法。

对于城镇污水厂出水，其仍然含有一定的氮，可视为低浓度含氮废水。对于这类废水，目前常采用的有生物滤池法、基于生态工程的方法等，这些技术中均涉及物理、化学和生物法。

城市面源污染治理和受污染的地表水体中也含有一定的氮，其处理或修复技术主要为经济的生态工程技术，常见的有生态沟渠、人工湿地、生态浮床、曝气生物滤池等。无论哪种生态工程技术，氮元素均是水体治理应关切的主要目标物质。

农业中不仅涉及面源污染，也有不少行业排放低浓度的含氮污水。以海水养殖尾水为例，通常废水中的污染物以 NH_4^+-N、NO_2^--N、过剩饵料以及排泄物为主，此类尾水含有一定盐度，会对处理过程产生负面影响。而合理利用微生物的反硝化作用对于防止水体富营养化至关重要，该技术可实现养殖海水再循环利用。

工业中处理低浓度含氮废水的方法包括折点氯化法、吸附法、膜分离法、氧化法、超声法和化学沉淀法等。这些方法也要根据实际情况选用，处理低浓度含氮废水往往不经济。

目前应用最广泛的脱氮方法是生物法，生物法脱氮效果较好，但会受到其他限制因素的影响，例如可利用碳源的影响[6]。可利用碳源是限制生物脱氮的主要因素之一，充足的可利用碳源可以保证反硝化顺利进行，当可利用碳源不足时会导致系统脱氮效果较差，进而需要额外添加有机碳源，这无疑会增加水处理成本。因此为了满足高环保、低消耗的要求，迫切需要研发经济、高效和节能的低浓度含氮废水处理技术。

1.2.1 物理法

物理法是通过物理作用，分离、回收污水中不溶解的、呈悬浮状的污染物质（例如油膜和油珠），在处理过程中不改变其化学性质。常用的有过滤法、吸附法、沉淀法、浮选法、膜分离法等。

其中，吸附法是利用多孔性固体吸附污水中某种或几种污染物，以回收或去除这些污染物，从而使污水得到净化的方法。唐登勇等[7]利用氯化钠溶液对天然沸石进行改性，发现用含氯化钠和氢氧化钠的溶液脱附改性的沸石具有更好的脱氮性能，其脱附率达 95.2%。研究人员[8]采用离子交换树脂处理汽提废水，发现随着树脂投加量的增加，对 NH_4^+-N 的去除率增加，同时发现提高温度也可以促进吸附。研究人员[9]对经 NaCl 改性后的沸石进行了单因素实验，结果表明与未改性的沸石相比，经 NaCl 改性后的沸石对 NH_4^+-N 的吸附性能大大提高，可达到 90.74%，改性沸石的最大吸附容量为 3.38mg/g，是未改性沸石的 1.41 倍，吸附反应 120min 左右达到平衡；随着初始 NH_4^+-N 浓度增加，NH_4^+-N 去除率从 83.55% 降至 67.67%，而吸附容量则从 0.56mg/g 升至 3.38mg/g；Langmuir 和 Freundlich 两种吸附等温线拟合决定系数 R^2 均大于 0.9，说明改性沸石吸附 NH_4^+-N 反应更多的是单层吸附。吸附法具有工艺简单、操作方便、投资较低等优点，但同时其交换容量有限，一般需要与其他方法联合使用。

膜分离技术的工作原理是基于特定膜的透过性，对溶液中的某一种成分在常温下进行选择性分离，主要包括电渗析、反渗透、纳滤等工艺。膜分离技术已被广泛应用于处理低浓度含氮废水。Hasanoğlu 等[10]采用疏水性纤维构造了中空平板膜接触器，对水中 NH_4^+-N 的去除效果进行了研究，在不同操作配置、温度和水动力条件下进行实验，处理效果理想，氮去除率可达 99.83%。膜分离法投资较少、操作方便、无二次污染，但对废水质量浓度要求较高。

1.2.2 化学法

化学法主要包括折点氯化法、化学沉淀法、离子交换法、氧化法等。

折点氯化法是向废水中通入一定量的氯气或投入一定量的次氯酸钠，当投入量达到某一值时，废水中的氯浓度降低，而 NH_4^+-N 趋于零，继续投加氯超过此点（这一点即为折点）时，则会使水中游离氯浓度升高，NH_4^+-N 全部被氧化为氮气。研究人员[11]通过混合水平正交实验探究了有效氯浓度、初始 NH_4^+-N 浓度等因素对脱氮效率的影响规律，结果表明折点氯化法可以高效脱氮，在氯氮比为 7.8∶1、pH 值为 9、反应时间为 45min、次氯酸钠有效氯浓度为 8%、反应温度为 25℃的条件下，NH_4^+-N 去除率为 97.86%。宁方敏[12]对环氧丙烷皂化污水进行了折点氯化处理，对影响 NH_4^+-N 去除率的主要因素进行了探究，结果表明在 pH 值为 7、反应温度为 30℃、反应时间控制在 30min 内、10% 次氯酸钠溶液投加量为 0.35mL/100mL 的条件下，折点氯化法对 NH_4^+-N 的去除效果最好。罗宇智等[13]用折点氯化法对经过化学沉淀法预处理后的废水进行实验研究，结果显示将废水 pH 值调节为 7 和沉淀时间为 15min 时，废水中 NH_4^+-N 的去除率可达 90.64%，可使废水中 NH_4^+-N 浓度降至 8.35mg/L。折点氯化法操作方便、反应速度快、脱氮性能高，但其折点难以掌握、成本较高且水中有机物易与氯气发生反应。

化学沉淀法是往废水中投加化学药剂，药剂与 NH_4^+-N 等物质发生反应而生成溶解度很小的盐类，形成易去除的沉渣，从而降低水中 NH_4^+-N 等物质的含量。常采用的沉淀剂是 $Mg(OH)_2$ 和 H_3PO_4，适宜 pH 值范围为 9.0 ～ 11.0，投加质量比 [$H_3PO_4/Mg(OH)_2$] 为 1.5 ～ 3.5。但 $Mg(OH)_2$ 和 H_3PO_4 的使用成本较高，适于处理高浓度 NH_4^+-N 废水，不适于处理中低浓度含氮废水，另外，向废水中加入了 PO_4^{3-}，易造成二次污染。

离子交换法的实质是将不溶性离子化合物（离子交换剂）上的可交换离子与废水中的其他同性离子进行交换，通常是可逆性化学吸附。沸石是一种天然离子交换物质，其价格远低于阳离子交换树脂，且对 NH_4^+-N 具有选择性的吸附能力，具有较高的阳离子交换容量。沸石吸附饱和后必须进行再生，以再生液法为主，再生液多采用 NaOH 和 NaCl。由于废水中含有 Ca^{2+}，致使沸石对氨的去除率呈不可逆性降低，需要定期补充和更新。

氧化法的原理是将低价态的 NH_4^+-N 氧化为无害的高价态，其中主要用于低浓度含氮废水处理的是电化学氧化法和光催化氧化法。

电化学氧化法是一种将水中的污染物通过具有催化活性的电极进行氧化而去除的方法，它包括污染物直接在电极上发生电化学反应以及利用电极表面强氧化性活性物质氧化还原污染物的间接电化学转化。李金城等[14]利用电氯化氧化法对含有机污染物和NH_4^+-N 的兰炭废水进行了实验，研究表明，随着 NaCl 添加量、外加电压及电解时间的增加，废水中 COD 与NH_4^+-N 的去除率明显提升。Xiao 等[15]在氯化物存在的情况下，利用电化学和紫外线照射相结合的方法对NH_4^+-N 进行降解，并进行实验研究，在紫外线的照射下，活性氯会解离成 • OH 和 Cl •，加快了对NH_4^+-N 的降解；同时发现，pH 值与NH_4^+-N 初始浓度几乎不影响处理效果，电流密度为决定性因素。电化学氧化法操作简单，但成本较高。

光催化氧化法是以半导体作为催化剂，通过光诱导引起氧化还原反应，使废水中的有机污染物和无机污染物氧化降解。TiO_2是研究中最常用的催化剂。为了解决光催化氧化过程中常会产生NO_3^--N 和NO_2^--N 的问题，Sun 等[16]采用溶胶凝胶法制备了一种钯改性的氮掺杂二氧化钛纳米颗粒，经可见光照射处理后，具有良好的脱氮性能，并且能够很好地适应弱碱性环境。在溶液初始 pH 值为 10、初始NH_4^+-N 浓度为 25mg/L、纳米颗粒投加量为 0.4g/L、可见光照强度为 100mW/cm^2 的条件下，废水中NH_4^+-N 去除率达到 90% 以上。光催化氧化法的催化剂利用效率较高，但不能有效控制氧化过程中干扰离子等因素的影响。

1.2.3 生物法

污水生物脱氮处理过程中氮的转化主要包括氨化、硝化和反硝化作用，其中氨化可在好氧或厌氧条件下进行，硝化作用在好氧条件下进行，反硝化作用在缺氧条件下进行。生物脱氮是含氮化合物经过氨化、硝化、反硝化后，转变为N_2而被去除的过程。

传统的生物硝化反硝化脱氮工艺主要有硝化和反硝化两个阶段。传统的生物硝化反硝化法中，比较成熟的方法有厌氧 - 好氧法（A/O 法）、厌氧 / 缺氧 / 好氧法（A^2/O 法）、序批式活性污泥法（SBR 法）和生物膜法等。曲红等[17]针对我国污水处理厂破坏性水质冲击频发的问题展开研究，通过将 COD 浓度由 400mg/L 逐步提至 2400mg/L，探究 COD 冲击对 SBR 系统污染物的处理效果及污泥特性的影响，结果表明当 COD 浓度为 2000mg/L 时，SBR 工艺系统的脱氮效果最佳，且污泥沉降性能良好。冯红利等[18]针对城市污水厂运行过程中曝气风机能耗高、外加碳源药耗高的问题进行研究，首先根据好氧池沿程 NH_4^+-N 浓度调节好氧池的曝气量，进行硝化过程的优化控制，然后根据进出水 TN 浓度调节系统的内回流比，根据缺氧池末端出水的 NO_3^--N 浓度和 COD 浓度调节缺氧池外部的碳源投加量，进行反硝化过程的优化控制。结果表明，采取上述生物脱氮过程的优化控制策略，使得某 $5\times10^4m^3/d$ 的城市污水处理厂在实际运行中曝气量降低了 50%，碳源投加量降低了 74%，脱氮效果仍能达到标准。

生物膜法是与活性污泥法并列的一种污水处理技术。由于生物污泥的生物固体平均停留时间与污水的水力停留时间无关，世代时间比较长、比增殖速度较小的硝化菌和亚硝化菌均能很好地繁殖和增殖，因此各种生物膜处理工艺都具有一定的硝化功能，采用适当的运行方式，还能够达到反硝化脱氮的要求。与活性污泥法相比，生物膜法还具有下列优点。

① 微生物浓度高，处理效率高。如果将生物膜中的微生物浓度折算成曝气池的混合液挥发性悬浮固体（MLVSS）浓度，其数值远远高于活性污泥处理系统。

② 污泥龄长，产泥量少。由于生物膜上存在的食物链较长，因此产泥量少，剩余污泥的处理量仅为活性污泥法的一半左右。在生物转盘上还可以生长世代时间较长的硝化菌。

传统生物法处理具有效果稳定、操作简单、无二次污染的优点，但同时存在许多缺点。其工艺运行成本较高，反应器体积相对较大，经硝化、反硝化把 NH_4^+-N 这种可利用的物质转化成 N_2 排入空气，造成资源浪费，而在反硝化过程中产生的 N_2O 会影响大气中的臭氧层。

传统生物脱氮方法在废水脱氮方面起到了一定的作用，但仍存在许多问题，例如：NH_4^+-N 完全硝化需消耗大量的氧，增加了动力消耗；对碳氮比（C/N）低的废水，需外加有机碳源；工艺流程长；占地面积大；基建投资高；等等。

1.3 低浓度含氮废水新型生物处理技术与发展趋势

1.3.1 新型生物处理技术

近年来，生物脱氮领域开发了许多新型处理工艺技术，可分为基于活性污泥法和基于生物膜法的两种类别。

（1）基于活性污泥法的脱氮工艺

主要基于活性污泥法的脱氮工艺有短程硝化反硝化（SHARON）、同步硝化反硝化（SND）以及厌氧氨氧化（ANAMMOX）技术等。

① 短程硝化反硝化　SHARON 的基本原理是在同一个反应器内，在有氧条件下，利用氨氧化菌将 NH_4^+-N 氧化成 NO_2^--N，然后在缺氧条件下，以有机物为电子供体，将 NO_2^--N 还原成 N_2。Chen 等[19]分析出了在 C/N 较低的情况下，反硝化菌与 DO 和 pH 值呈正相关关系，当固定生物膜活性污泥（IFAS）系统中氧化槽里的 DO 升高到 1.0 ～ 3.0mg/L 时，NH_4^+-N 和 TN 的去除效果较好。吴春雷等[20]研究结果显示，在控制 DO 为 0.5 ～ 0.8mg/L、$V_{缺}∶V_{好}=1∶1$ 的条件下，系统好氧区末端 NO_2^--N 积累率稳定在 62% 以上，出水 TN 降至 9.0mg/L，达到了深度脱氮的目的。近年来的国内外研究表明，与传统的硝化反硝化相比，短程硝化反硝化具有以下优点：可减少 25% 左右的需氧量，降低能耗；节省反硝化阶段所需要的有机碳源，降低了运行费用；缩短水力停留时间（HRT），减小反应器体积和占地面积；降低了污泥产量；硝化产生的酸度可部分由反硝化产生的碱度中和。

对许多低 C/N 废水，目前比较有代表性的工艺有亚硝酸菌与固定化微生物单级生物脱氮工艺，单一反应器通过 NO_2^--N 去除 NH_4^+-N 的 SHARON 工艺。将氨氧化控制在亚硝化阶段是该工艺的关键。尽管 SHARON 工艺按有氧 / 缺氧的间歇运行方式取得了较好的效果，但不能保证出水 NH_4^+-N 的浓度很低。该工艺更适于对较高浓度的含 NH_4^+-N 废水进行预处理或旁路处理。

② 同步硝化反硝化　近年来的研究发现，在一些没有明显缺氧及厌氧段的活性污泥法工艺中，曾多次观察到氮的非同化损失现象，即存在有氧情况下的反硝化反应、低氧情况下的硝化反应。在这些处理系统中，硝化和反硝化往往发生在相同的条件下或同一处理构筑物内，这种现象被称作同步硝化反硝化（SND），亦有研究人员将这种现象中的反硝化过程称为好氧反硝化。许多反硝化细菌在好氧条件下能进行反硝化，许多异养菌能进行硝化。也有越来越多的研究发现了异养硝化 - 好氧反硝化（HNAD）过程及相应的功能菌，可以在完全好氧的条件下同时去除氮气和 COD，比传统的脱氮工艺具有更多的优点。这些

新发现使得同时硝化反硝化成为可能，并为SND生物脱氮的理论奠定了基础。硝化与反硝化的反应动力学平衡控制是同步硝化反硝化技术的关键。He等[21]的研究表明好氧颗粒在高曝气强度和不同时间下长期运行均能保持其完整性和稳定性，且曝气时间越短，生物量保留得越好，沉降性越好，胞外聚合物质的产生越多，脱氮效果越明显。有研究对HNAD菌株杜松不动杆菌（*Acinetobacter junii* ZHG-1）进行了分离，并对菌株的最佳条件进行了评价，发现当C/N高于30时，与HNAD过程和电子传递系统活性（ETSA）相关的酶的活性达到最大，这意味着随着C/N继续增加，脱氮效果进一步提高将受限[22]。SND与传统的工艺相比具有明显的优越性：a．节省反应器体积和构筑物占地面积，减少投资；b．可在一定程度上避免NO_2^--N氧化成NO_3^--N再还原成NO_2^--N这两步多余的反应，从而可缩短反应时间，还可节省DO和有机碳；c．反硝化反应产生的碱度可以弥补硝化反应碱度的消耗，简化pH值调节程序，减少运行费用。

移动床生物膜反应器（MBBR）工艺是同步硝化反硝化的典型工艺。MBBR工艺原理是通过向反应器中投加一定数量的悬浮载体，提高反应器中的生物量及生物种类，从而提高反应器的处理效率。由于填料密度接近水，在曝气的时候，与水呈完全混合状态，微生物生长的环境为气、液、固三相。载体在水中的碰撞和剪切作用，使空气气泡更加细小，增加了氧气的利用率。另外，每个载体内外均具有不同的生物种类，内部生长一些厌氧菌或兼性菌，外部为好养菌，这样每个载体都是一个微型反应器，可使硝化反应和反硝化反应同时存在，从而提高处理效率。

③ 厌氧氨氧化工艺　厌氧氨氧化技术是一种节能无污染的可持续发展的低浓度含氮废水新型生物处理技术。近年来的研究表明，某些细菌在硝化反硝化反应中能利用NO_3^--N或NO_2^--N作电子受体，将NH_4^+-N氧化成N_2和气态氮化物；NO_2^--N是一个更为关键的电子受体。因此，可以把ANAMMOX完整地定义为：在厌氧条件下，微生物直接以NH_4^+-N作为电子供体，以NO_2^--N为电子受体，转化为N_2的微生物反应过程。Li等[23]研究了连续生物滤池厌氧氨氧化反应器高速率脱氮处理低浓度含氮废水，逐渐缩短水力停留时间（HRT）使连续生物滤池厌氧氨氧化反应器（CBAR）重新启动，厌氧氨氧化细菌在反应器中有效积累，在氮负荷量为（4.25±0.10）kg/(m^3·d)、水力停留时间为20min、温度为

25℃的条件下，0 ～ 20cm 区域 TN 去除率稳定在 86.42%，因此，采用 CBAR 技术高效处理低浓度含氮废水是一种可行的途径。王衫允[24]以颗粒污泥的形式培育常规污水处理工艺的剩余污泥，经 200d 成功培育出以 0.5 ～ 0.9mm 粒径为主的颗粒污泥，在 0.5 ～ 0.9mm 粒径条件下，厌氧氨氧化菌群的丰度、活性和多样性最佳，氮去除效果达到最好。ANAMMOX 工艺主要采用流化床反应器，由于是在厌氧条件下直接利用 NH_4^+-N 作电子供体，无须供氧、无须外加有机碳源维持反硝化、无须额外投加酸碱中和试剂，故降低了能耗，节约了运行费用，产生的污泥量也较少，同时还避免了因投加中和试剂有可能造成的二次污染问题。

由于 NH_3-N 和 NO_2^--N 同时存在于反应器中，因此，ANAMMOX 工艺与一个前置的硝化过程结合在一起是非常必要的，并且硝化过程只需将部分的 NH_3-N 氧化为 NO_2^--N。据此，荷兰 Delft 技术大学开发了 SHARON-ANAMMOX 联合工艺，该联合工艺利用 SHARON 反应器的出水作为 ANAMMOX 反应器的进水，具有耗氧量少、污泥产量低、不需外加有机碳源等优点，有很好的应用前景，成为生物脱氮领域内的一个研究重点。

一般而言，上述这些基于活性污泥法的脱氮技术在处理中高浓度的含氮废水时具有较高的效率，但处理低浓度的含氮废水时处理效率低、能耗高。

（2）基于生物膜法的脱氮工艺

基于生物膜法的脱氮工艺有生物滤池强化技术、生态工程强化技术、微生物电化学强化技术、微生物固定化强化技术以及微量物质和活泼元素强化技术等。基于生物膜法的技术是本书的主要内容，在本节不进行赘述。

1.3.2 发展趋势

当前，低浓度含氮废水所引起的环境问题，受到越来越多的重视，相应地采取了诸多技术措施。新型生物处理技术处理低浓度含氮废水效率高，但值得注意的是，其系统运行稳定性、工艺运行成本和对环境的影响等问题仍有待解决。未来针对低浓度含氮废水生物处理技术的发展可从以下几个方面进行进一步研究。

① 探究性能优良的优势菌种　新型生物处理技术对低浓度含氮废水的脱氮

效果较好，但其运行稳定性和可靠性却达不到传统生物处理技术的水平，所以探究发现性能优良的优势菌种是解决此问题的必然要求。

② 解决成本问题　生物处理技术的应用过程中，去除的含氮化合物转化为NO_3^--N，而NO_3^--N的反硝化过程需要添加碳源，往往氮浓度越低，所需要的碳源投加量就越多，处理成本就越高。可以通过探究低浓度氮亚硝化的方式来解决。

③ 采用多种工艺组合形式　通过研发多种工艺组合的形式，可以弥补传统生物法处理低浓度含氮废水的缺陷，克服各种工艺的缺点，提高脱氮效率和运行稳定性。

参考文献

[1] 刘文龙，钱仁渊，包宗宏．吹脱法处理高浓度氨氮废水 [J]．南京工业大学学报（自然科学版），2008, 30(4): 56-59.

[2] 徐志高，黄倩，张建东 , 等．化学沉淀法处理高浓度氨氮废水的工艺研究 [J]．工业水处理，2010, 30(6): 31-34.

[3] 禹康康，王延华，孙恬，等．太湖流域土地利用碳排放变化及其预测 [J]．土壤，2022, 54(2): 406-414.

[4] 刘真，王海凤．水产养殖废水污染危害及处理技术研究 [J]．农业与技术，2022, 42(5): 119-121.

[5] 张铃松，王业耀，孟凡生，等．硝酸盐对淡水水生生物毒性及水质基准推导 [J]．环境科学，2013, 34(8): 3286-3293.

[6] SRINANDAN C S, D'SOUZA G, SRIVASTAVA N, et al. Carbon sources influence the nitrate removal activity, community structure and biofilm architecture [J]. Bioresource Technology, 2012, 117: 292-299.

[7] 唐登勇，郑正，郭照冰，等．改性沸石吸附低浓度氨氮废水及其脱附的研究 [J]．环境工程学报，2011, 5(2): 293-296.

[8] 章晶晶．离子交换树脂处理某甲醇厂汽提废水中氨氮的研究 [D]．保定：华北电力大学，2015.

[9] 刘丽芳 , 林子厚 , 杨克敏，等．改性沸石滤料吸附氨氮性能研究 [J]．给水排水，2022, 58(S1): 679-686.

[10] HASANOĞLU A, ROMERO J, PÉREZ B, et al. Ammonia removal from wastewater streams through membrane contactors: Experimental and theoretical analysis of operation parameters and configuration[J]. Chemical Engineering Journal, 2010, 160(2): 530-537.

[11] 郭风，杨彦，张睿，等．折点氯化法处理鸟粪石生产废水及多目标综合评价研究 [J]．工业用水与废水，2022, 53(3): 18-22.

[12] 宁方敏．折点氯化法处理化工皂化污水中氨氮的实验研究 [J]．化工设计通讯，2020, 46(5): 227,257.

[13] 罗宇智，沈明伟，李博．化学沉淀一折点氯化法处理稀土氨氮废水 [J]．有色金属 (冶炼部分)，2015(7): 63-65.

[14] 李金城，宋永辉，汤洁莉．电化学氧化法去除兰炭废水中 COD 和 NH_3-N [J]．中国环境科学，2022, 42(2): 697-705.
[15] XIAO S H, QU J H, ZHAO X, et al. Electrochemical process combined with UV light irradiation for synergistic degradation of ammonia in chloride-containing solutions [J]. Water Research, 2008, 43(5): 1432-1440.
[16] SUN D C, SUN W Z, YANG W Y, et al. Efficient photocatalytic removal of aqueous NH_4^+-NH_3 by palladium-modified nitrogen-doped titanium oxide nanoparticles under visible light illumination, even in weak alkaline solutions[J]. Chemical Engineering Journal, 2015, 264: 728-734.
[17] 曲红，赵乐欣，王宁，等．COD 冲击对 SBR 污水处理效果及污泥特性的影响 [J]．环境保护科学，2022, 48(5): 79-84.
[18] 冯红利，赵梦月，丁舒喆．城市污水厂 A^2/O 工艺生物脱氮过程优化控制 [J]．中国给水排水，2021, 37(6): 102-106.
[19] CHEN Y W, WANG H, GAO X D, et al. COD/TN ratios shift the microbial community assembly of a pilot-scale shortcut nitrification-denitrification process for biogas slurry treatment [J]. Environmental Science and Pollution Research International, 2022, 29(32): 49335-49345.
[20] 吴春雷，荣懿，刘晓鹏，等．基于分区供氧与溶解氧调控的低 C/N 比污水短程硝化反硝化 [J]．环境科学，2019, 40(5): 2310-2316.
[21] HE Q L, CHEN L, ZHANG S J, et al. Simultaneous nitrification, denitrification and phosphorus removal in aerobic granular sequencing batch reactors with high aeration intensity: Impact of aeration time [J]. Bioresource Technology, 2018, 263: 214-222.
[22] GU X, LENG J T, ZHU J T, et al. Influence mechanism of C/N ratio on heterotrophic nitrification-aerobic denitrification process [J]. Bioresource Technology. 2022, 343: 126116.
[23] LI B J, WANG Y, WANG W H, et al. High-rate nitrogen removal in a continuous biofilter anammox reactor for treating low-concentration nitrogen wastewater at moderate temperature [J]. Bioresource Technology, 2021, 337: 125496.
[24] 王衫允．低氨氮浓度厌氧氨氧化工艺强化及颗粒污泥菌群特性研究 [D]．哈尔滨：哈尔滨工业大学，2016.

第 2 章

基于生物滤池的低浓度含氮废水处理技术

生物滤池废水处理技术是使用各种滤料为生物膜的生长与附着提供载体，利用滤料的物理吸附与生物膜的生物降解过程对废水中污染物进行去除的工艺。生物滤池工艺具有抗冲击负荷强、产泥率低、单位体积生物量较大、操作条件灵活可控、运营管理方便节能等优点，适用于处理含污染物浓度较低的废水，在污水处理领域具有较大的应用潜力。近年来该处理技术在农村污水、低温污水、低碳源污水、焦化废水、工业废水上的应用越发广泛，是污水处理领域的研究热点。

2.1　构造因素对生物滤池低浓度氮去除性能的影响

2.1.1　滤料物理特性

滤料可为微生物的生长、活动和繁衍提供载体，是生物滤池处理工艺的核心部分，对生物滤池的建设成本、去除性能和运行寿命有着决定性影响。优良的滤料应满足高比表面积、高孔隙率、化学性质稳定、机械强度高、生物相容性良好、流体穿透阻力小、材料易得、价格低廉、密度小等特点。常用的滤料有沸石、陶瓷、活性炭、火山岩、珍珠岩、硅藻土、石英砂、黏土、页岩、砾石、高分子有机塑料、生化环、拉西环和鲍尔环等。实际上，很少有滤料能同时满足上述所有特性。因此，滤料总是根据工艺设计和实际需要进行选择。

不同滤料的吸附性能以及去除效果往往有一定差异。谢欣汝[1]对比了红砖、陶粒、活性炭三种滤料对生物滴滤池去除污染物的影响，最终对 NH_4^+-N 的去除率从高到低排序为红砖（82.8%）＞活性炭（80.6%）＞陶粒（51.6%），对 TN 的去除率从高到低排序为红砖（44.9%）＞活性炭（31.2%）＞陶粒（30.8%）。吴华山等[2]利用聚氯乙烯（PVC）毛刷、沸石、火山岩三种滤料设立生物滴滤池，最终对 TN 的去除率从高到低排序为火山岩（59.64%）＞沸石（52.41%）＞PVC 毛刷（47.54%）。袁震[3]对比了五种滤料对氮磷的吸附效果，综合吸附效果排序为沸石＞火山岩＞陶粒＞页岩＞石英砂。

当单一滤料不能满足需求时，还可以利用多种材料制备复合填料以增强填料物理性质，提高系统性能。魏铭君等[4]将生物陶瓷和火山岩两种滤料按不同比例进行混合，观察对NH_4^+-N去除的影响，结果表明当生物陶瓷和火山岩质量比为2∶1时，对NH_4^+-N的去除效率最高，并且两种滤料（各质量比）对于NH_4^+-N的去除率均大于单独火山岩的去除率。Feng等[5]对谷渣、黏土和造孔剂三种材料进行正交实验分析，最终以3∶2∶1的质量比制备新型滤料，相比于陶粒岩滤料，提高了介质的总孔隙率、总比表面积，降低了体积和表观密度，增强了系统的脱氮性能。

（1）孔隙率

孔隙率为滤料所含孔隙体积占滤料总体积的百分比。填料的粗糙部分，如孔洞、裂缝等可以对微生物起到直接的屏蔽保护作用，减少水力剪切对微生物的冲刷，对附着微生物量的影响巨大，是微生物能否在其表面很快形成初期生物膜的主要影响因素之一。按照孔隙是否与外界连通，可将孔隙分为与外界连通的孔隙和不连通的孔隙。

微生物可附着微孔的存在及其尺寸大小对早期生物膜的形成起到非常重要的作用。有研究发现1～10μm的微孔有助于填料表面最初微生物的生长[6]；还有研究发现填料表面微孔尺寸分布对获得最大附着微生物浓度非常关键，至少70%的孔径大小须分布在微生物尺寸1～5倍范围内[7]。可认为表面微孔孔径为微生物尺寸的1～5倍，即0.5～25μm时，适宜微生物积累。

（2）填料高度

与进水口和曝气口的距离远近会引起废水中有机物与DO出现垂直方向的浓度差异，在反应器的不同深度建立了不同的微环境，导致优势功能菌种出现垂直分布。方茹等[8]利用曝气生物滤池（BAF）处理污水处理厂的二级出水时发现，在反应器500～800mm范围内，COD的去除率最为明显，占COD总去除率的50%左右，表明该区域的异养菌为优势菌种；在800～1700mm范围内，NH_4^+-N的平均去除率达到91.4%，表明该区域的自养硝化菌为优势菌种。在进水口附近有机物含量较高的区域，异养菌降解有机物，并大量繁殖成为优势菌，自养硝化菌只能选择有机物含量低、DO浓度高的区域以获得更大的生存空间。通常，自养硝化菌在COD浓度较低、DO浓度高的区域有较高的活性，而反硝化菌则在COD浓度较高、DO浓度较低的区域有较高的活性。

2.1.2 滤料化学特性

（1）含硫滤料对脱氮性能的影响

为达到更好的处理效果，可以利用硫自养反硝化 (SAD) 技术将硫与不同填料组合，以达到增强脱氮效果的目的。SAD 技术是指某些 SAD 细菌在缺氧或厌氧条件下，以低价态硫（硫单质、硫化物、硫铁矿和硫代硫酸盐）为电子供体将 NO_3^--N 还原为 N_2 的过程。其中，硫单质廉价高效无毒，被广泛应用于工业废水、市政污水、地下水甚至饮用水的脱氮处理中。有研究使用单质硫、牡蛎和石英混合制备复合滤料，为硫氧化菌 (SOB) 提供稳定的 pH 值环境，提高了反硝化速率，硝酸盐去除率可达 820mg N/(L • d)[9]。另一研究制备了一种硫自养反硝化复合填料（SADCF），可以同时为 SOB 提供电子供体、缓冲液和微量元素，该填料被证明具有出色的反硝化能力 [10]。

当使用单质硫作为电子供体时，会消耗系统中的碱度，造成 pH 值下降。常使用廉价易得的石灰石作为碱度补充剂来维持系统 pH 值的稳定性，并且石灰石中的 CO_3^{2-} 还可以作为 SAD 细菌的碳源，这种硫黄 / 石灰石自养反硝化系统（SLAD）被广泛应用于废水处理中。另外，加入贝壳也能起到与石灰石类似的效果。

（2）含锰滤料对脱氮性能的影响

近年来，锰氧化物常被用作制备复合滤料的基质，以增强对污染物的去除效果。锰氧化物具有氧化电位高、比表面积大和孔隙结构丰富等特点，而由微生物氧化 Mn^{2+} 产生的生物氧化锰具有更高的比表面积，在吸附性能上远高于化学合成的锰氧化物，其去除机制包括电化学吸附、表面吸附、离子交换和催化氧化等过程，在调控氮转化和有机物去除领域受到了广泛关注。MnO_2 在缺氧条件下可以将 NH_4^+-N 通过硝化过程氧化为 NO_3^--N 或通过锰氨氧化过程（Mnammox）氧化为 N_2，Mn^{2+} 可以驱动自养反硝化过程还原 NO_3^--N。因此，由微生物介导的锰氧化还原循环可以增强对 NO_3^--N 和 NH_4^+-N 的去除。

有报道称锰氧化物的添加增强了 NH_4^+-N 的去除和减少了 N_2O 的排放 [11]。有研究设立不同锰砂含量的反应器研究锰砂对氮去除的影响，结果表明高含量锰砂实验组对 NH_4^+-N 平均去除率最高可达 76.1%，高于低含量组（73.4%）和空白组（67.2%）[12]。与这一结果相反，另一研究使用石英砂和锰砂分别设立了四组不同锰砂厚度的反应器，结果表明，虽然添加锰砂的反应器对 TN 的去除率均高于不添加锰砂的，但其对 TN 的去除率与锰砂深度呈负相关 [13]。这可能是由于锰的添加对废水中含氮污染物的吸附、降解有一定程度的催化促进作用，但水中的锰离子含量过多则会抑制微生物的生长与繁殖，阻碍系统的生物去除过程。因此，在实际的生产中要对锰砂填料的添加配比进行深度测试，以更好地发挥系统的运行性能。

（3）含铁滤料对脱氮性能的影响

海绵铁是使用精矿粉和氧化铁经过多重工艺制成的一种廉价的金属多孔物质，具有疏松的海绵状结构，还具有比表面积大、孔隙率高、还原性强等特点，在废水生物处理中得到了广泛应用。海绵铁还可以在运行时向水体中溶出铁离子以增强生物活性，适量的铁离子可以增强微生物膜内外物质之间的电子传递作用，控制含铁蛋白质的转录、合成过程乃至其活性 [14]；还可以通过聚集细胞间化学信号分子增强微生物活性，进而促进生物氮去除过程 [15-16]。

另外，铁离子和含氮无机物常出现互为电子供体或电子受体的情况，通过生物过程耦合在一起，称作铁 - 氮耦合过程。铁 - 氮耦合可分为铁反硝化和铁氨氧化两部分，铁反硝化是指由 Fe(Ⅱ) 作为电子供体还原 NO_3^--N 或 NO_2^--N 生成 N_2 和 Fe(Ⅲ) 的过程；铁氨氧化是指 Fe(Ⅲ) 作为电子受体在厌氧环境下氧化 NH_4^+-N 生成 N_2 和 Fe(Ⅱ) 的过程。

有研究利用海绵铁和聚碳酸亚丙酯（PPC）凝胶制备复合滤料，对 NH_4^+-N 的平均最高去除率可达 94%，明显高于空白组。而过多地添加海绵铁也会抑制 NH_4^+-N 的去除 [17]。另一研究在研究海绵铁的投加量对生物膜反应器脱氮性能的影响时发现，当海绵铁添加量从 20g/L 增加至 60g/L 时，系统对 NH_4^+-N 的平均去除率从 67.41% 降低为 49.16%，TN 的平均去除率则降低至 49.09%[18]。这表明，适量地添加海绵铁可促进系统中各类微生物的生长繁殖，提高系统的去除性能，而过多地添加海绵铁则会导致溶出的铁离子浓度过高，从而对生物膜产生毒害作用，抑制了生物膜的活性，降低了系统的去除性能。另外，随着运行周期的延长，海绵铁滤料表面会逐渐形成钝化膜，降低铁离子的溶出速度，从而影响系统的运行性能，所以通常需要通过超声或酸洗步骤以维持原有的性能。

2.1.3 生物滤池类型

常见的生物滤池主要包括生物滴滤池、厌氧生物滤池、BAF 以及多级组合滤池等。在生物滤池中，为微生物附着生长提供载体的滤料是直接影响滤池运行性能的关键因素，滤料的化学性质、表面物理结构、填充密度等强烈影响着污染物降解的水动力学和生物有效性。而在生物过滤过程中，污染物的有效生物降解或生物转化取决于滤料物化性质、微生物接种量、生物膜特性和操作条件等关键参数。表 2-1 为使用不同滤料的生物滤池的运行效能。

表 2-1　使用不同滤料的生物滤池的运行效能

生物滤池	滤料	构造	HRT /h	进水 TN /（mg/L）	去除率 /%	参考文献
生物滴滤池	木炭	多层结构	—	26	62	[19]
	沸石	三级结构	—	75	79	[20]
	PMMA①	双层结构	—	370	80	[21]
	矿物棉	间歇布水	—	60	95	[22]
	瓷砂陶粒	二级结构	—	49.68	58	[23]
厌氧生物滤池	火山岩	—	1.9	34.2	68.3	[24]
	PVA②	—	12	78	80	[25]
	火山岩	—	4	64.53	85	[26]
	有机材料	—	4	525	81.76	[27]
	有机材料	—	4	60	66	[28]
曝气生物滤池	沙	—	8	84	96	[29]
	海绵铁	—	9	60	77.2	[30]
	硅砂	—	2.8	777	86	[31]
	页岩陶粒	—	6	64.11	75.9	[32]
	陶瓷	—	7	46.4	75.41	[33]

① PMMA 为聚甲基丙烯酸甲酯。

② PVA 为聚乙烯醇缩乙醛。

（1）生物滴滤池

生物滴滤池是以污水在自然界中的土壤自净原理为基础，在污水灌溉的实践上发展起来的人工生物膜处理技术，可用于处理废气、臭气或者废水，对有机物的去除效果较好。其构造可主要分为布水器、滤料、进水泵和排水系统四部分。废水由滤池上方的布水器均匀地喷洒在附着有生物膜的滤料表面，沿滤料流下时废水中的污染物被滤料吸附、截留，在通过自然通风或鼓风曝气的方式补充的氧气参与下，被微生物利用降解，以达到净化目的。

生物滴滤池处理工艺操作简单，运行成本低，材料环保廉价，耐冲击负荷，运行产物无污染，不需大型曝气设备，污泥产量较少，被广泛应用于农村废水处理中。

（2）厌氧生物滤池

厌氧生物滤池主要可分为处理含氮废水的厌氧氨氧化工艺和处理含有机物废水的厌氧消化工艺。这里主要介绍用于处理含氮废水的厌氧氨氧化工艺。

厌氧氨氧化废水处理技术是利用厌氧氨氧化菌在厌氧环境下，将 NH_4^+-N 与 NO_2^--N 直接转化为氮气和水的工艺。在此原理之上，衍生出了两种主流的污水处理工艺：部分硝化 / 厌氧氨氧化（PN/A）与部分反硝化 / 厌氧氨氧化（PD/A）。PN/A 将 NH_4^+-N 通过硝化过程氧化为 NO_2^--N 而不进一步氧化为 NO_3^--N，利用积累的 NO_2^--N 与 NH_4^+-N 生成 N_2 达到脱氮目的，适用于处理以 NH_4^+-N 为主，不含 NO_3^--N 或含量较少的含氮废水。PD/A 将 NO_3^--N 通过反硝化过程还原为 NO_2^--N 而不进一步还原为 NO，利用积累的 NO_2^--N 与 NH_4^+-N 生成 N_2 达到脱氮目的，适用于处理同时含有 NH_4^+-N 和 NO_3^--N 的含氮废水。

厌氧氨氧化滤池无须外加碳源，无须外加曝气，运行能耗低、污泥产量小，脱氮负荷高，可达到 100% 的氮去除率，具有经济高效的重要优势。但厌氧菌生长较慢，世代周期长，培养条件比较苛刻，系统启动困难，并且对污水中的污染物种类及含量有较高要求。

（3）BAF

BAF 处理技术是在系统中填充滤料，为微生物的附着与生长提供载体，并外加曝气提供有氧环境，主要利用微生物对流经废水中的污染物进行去除的工艺。该滤池集物理吸附、化学氧化、生物降解过程于一体，具有抗冲击能力较强、受外界温度变化的影响较小、菌群结构多样、管理方便、占地面积小、基建费用低和处理效果好等特点，被广泛应用于生物脱氮除磷。并且系统中同时存在硝化和反硝化过程，适用于处理有机物含量较高的含氮废水。

然而，当进水的固体悬浮物较多时，滤料比较容易堵塞，造成 BAF 的运行周期短，需要不定期对 BAF 进行反冲洗。而系统的有机负荷越高，产生的生物膜也就越多，若再加上滤料上截留大量的固体悬浮物，会产生一定量较难处理的污泥。另外，由于系统中复杂微环境的存在，对 BAF 去除机制的研究还不完善，去除污染物的能力还未能得到充分利用。

2.2 运行条件对生物滤池低浓度氮去除性能的影响

2.2.1 温度

温度是影响反应器去除性能的重要因素之一，主要通过影响生物酶活性、细菌生长速率以及代谢速率来影响微生物活性，进而影响系统性能。并且，生物的硝化和反硝化过程均需要生物酶的参与，而温度变化对生物酶活性影响巨大，因此废水脱氮工艺对温度的变化极为敏感。根据细菌的最适生长温度，主要可分为低温菌 (10 ～ 30℃，最适温度 10 ～ 20℃)、中温菌 (30 ～ 40℃，最适温度 30 ～ 38℃) 和高温菌 (50 ～ 60℃，最适温度 51 ～ 53℃) 三种。厌氧氨氧化菌、硝化菌和反硝化菌多为中温菌，厌氧氨氧化菌的最适温度一般在 11 ～ 45℃，硝化菌和反硝化菌的最适温度一般在 25 ～ 40℃。当环境温度过高或过低时，细菌活性都会受到严重抑制，并且高温环境对细菌造成的活性抑制是不可逆的。

鉴于菌种对温度的要求，生物滤池的运行温度应处于中温环境，且需保持稳定，波动范围一般不宜超过 ±2℃ /d。另外，对于滴滤池而言，温度还会影响亨利常数和扩散系数。一般温度升高，亨利常数和扩散系数升高，气体溶解度降低。亨利常数和扩散系数则会影响生物滴滤池中滤料表面固、液、气三相的物质交换，进一步影响系统的运行性能。有研究发现，在 29 ～ 36℃时，系统性能最佳，但当温度降至 10℃或升至 45.5℃时，系统的污染物去除效率明显下降[34]。赵美[35]对生物滴滤池设定了 5℃、8℃、10℃、12℃和 15 ～ 20℃五个运行温度，考察对 COD、NH_4^+-N、TN 及总磷（TP）的去除效果，结果表明，温度降低对 COD、NH_4^+-N、TN 及 TP 的去除效果均有影响，尤其对 NH_4^+-N 和 TN 的影响较显著。

2.2.2 pH 值

与温度类似，pH 值也是主要通过影响生物酶活性、细菌生长速率以及代谢速率来影响微生物活性的，是间接影响系统性能的重要因素之一。通常，生物脱氮系统对 pH 值高度敏感，弱碱性条件会促进硝化，而低 pH 值条件则会抑制硝化菌活性，过酸性或过碱性条件均会抑制反硝化速率或硝化速率。

每种微生物都有自己的最适生长 pH 值。对于硝化菌、反硝化菌，Wang 等[36]研究发现，菌株对 NH_4^+-N 和 TN 的去除效果在 pH 值为 7.0 ～ 7.5 时最好，而当 pH 值大于 9.0 或小于 5.0 时，硝化效率均会受到严重抑制。Mook 等[37]也发现 TN 和 NH_4^+-N 的去除效果在中性条件下（pH=7.2）比在酸性（pH=4.8）和碱性（pH=9.7）条件下更好。对于厌氧氨氧化菌，Puyol 等[38]研究发现，当进水 pH 值在 7.2 ～ 7.6 之间时，其活性可达到最大。陈宗姮等[39]研究发现，维持 pH 值在 8.0 左右时，厌氧氨氧化反应脱氮性能最佳。因此，厌氧氨氧化菌最适 pH 值一般位于 7.2 ～ 8.3 之间[28]。而耐酸耐碱的硝化菌、反硝化菌也在长期的演化过程中逐渐出现。例如，研究发现盐单胞菌 ha3 在 pH 值为 9.0 时的反硝化性能最好[40]。另有研究发现不动杆菌 JR1 即使在 pH 值为 4.5 下，对 NH_4^+-N 和 NO_3^--N 的去除率也高于 95%[41]。这些结果表明，不同的菌株具有不同的酸碱环境耐受能力，而这拓宽了它们的应用范围。

此外，pH 值较高会引起游离氨（FA）浓度增加，pH 值较低则会引起游离亚硝酸（FNA）浓度增加，二者浓度过高均会抑制水中细菌的生长。高浓度的 FA 可通过细胞膜扩散至细胞质，导致细胞质碱化，乃至抑制细胞活性。而高浓度的 FNA 则会导致细胞物质运输和质子梯度失衡，从而对厌氧氨氧化菌的活性产生不可逆的抑制。在进行底物浓度对厌氧氨氧化反应器的影响的研究中观察到，当 FA 浓度从 60mg/L 增加到 139mg/L 时，氮去除率从 71.2% 下降到 61.3%[42]。另一研究观察到，当 FNA 浓度从 1.2μg/L 增加到 2.5μg/L 时，脱氮效率从 99% 下降到 75%[43]。

综上所述，维持 pH 值在 7.2 ～ 8.3 之间可保证厌氧氨氧化菌处于较好状态，维持 pH 值在 6.0 ～ 9.0 之间的中性或弱碱性环境可保证硝化菌、反硝化菌处于较好状态。此时可保证系统具有良好的运行性能。

2.2.3 DO

传统生物滴滤池采用自然通风供氧。供氧主要受滤池自然拔风和风速的影响，而自然拔风的推动力是滤池内外温差以及滤池高度等。当滤池内外温差较小时，空气流动可能停滞，导致滤池内的氧含量减少。此时若废水中有机污染物含量较高，又会进一步降低滤池中的 DO 浓度，最终影响系统的运行效果。因此，可以通过增加曝气或改进滤池结构的方法解决供氧不足的问题，也可选择在风速较大的位置建设生物滴滤池，以提高自然通风效率。

BAF 中的溶解氧浓度受气水比的大小影响。当气水比过低时，水中 DO 不足，微生物量较少，会导致污染物的去除率较低；当气水比过高时，虽然传质速率和氧气利用效率均提高，但气流和水流对滤料的冲刷作用也会增强，容易将生物膜外层的好氧生物膜冲刷脱落，不利于生物膜内层形成厌氧微环境，最终导致污染物的去除率降低。有学者研究了不同气水比对 BAF 运行效果的影响，如 Wu 等 [44] 发现，当气水比较低时，水中较低的 DO 抑制了微生物活性，使去除率降低；而在较高的气水比下，气流和水流的冲刷作用导致生物膜脱落，致使 BAF 系统内生物量浓度下降。另一研究发现，当气水比从 10∶1 降至 2.5∶1 时，TN 去除率从 21.5% 降低到仅为 14.1%，并且硝化作用被显著抑制 [45]。

2.2.4　碳氮比

有机物作为电子供体，在硝化过程中是 NH_4^+-N 的氧化剂竞争者，而在反硝化过程中则是为异养硝化提供能量与物质的必要底物。因此废水中有机物的存在对自养硝化和异养反硝化会产生不同影响。任纪龙 [46] 建立了不同 C/N（3、5、10、15、20）的 BAF 研究其反硝化能力变化，发现当 C/N 为 5、10、15 时，可完全去除水中的 NO_3^--N；当 C/N 为 5、10 时，TN 去除率可达到最高，为 75%；当 C/N 为 15、20 时，出水中存在有机物残留。在厌氧氨氧化滤池中占据主导地位的厌氧氨氧化菌为化能自养菌，以二氧化碳、碳酸等含碳无机化合物作为碳源。通常有机物的存在会提高系统中异养菌的生存率，挤压厌氧氨氧化菌的生存空间，从而对其生存产生不利影响。然而，有研究发现，有机物只在高浓度时会对厌氧氨氧化菌的活性产生不利影响，低浓度时对其无影响或者存在正面影响 [28]。综上所述，厌氧氨氧化的 C/N 应维持在 3 ～ 4 为宜。生物滴滤池和曝气生物滤池中由于厌氧、好氧微环境的存在，可满足不同功能菌的生长需要，菌种多样性较高，氮循环链较为完整。在生物滴滤池和 BAF 的废水处理过程中，由于系统中存在的异养菌和反硝化菌维持自身生长发育以及进行反硝化过程均需要一定的有机物，因此其有机负荷不同，并且不同种类细菌的最佳C/N亦不同。

当C/N较低时，由于反硝化菌缺乏足够的物质与能量驱动反硝化反应，通常表现出较差的反硝化能力。而当C/N超过最优值时，也会限制系统的脱氮性能，这主要是因为异养菌的生存率上升，挤压了异养反硝化菌的生存空间。

2.2.5 其他运行条件

（1）HRT

HRT是影响生物滤池处理效果的重要因素之一，过长或过短都会影响系统的除氮效率。当HRT较短时，废水在系统内滞留时间短，生物膜没有足够的时间去除水中污染物，限制了生物膜的去除效率，并且水流剪切力会随HRT的缩短而增大，迫使部分生物膜脱离BAF，导致其对含氮污染物的去除效率进一步降低。而当HRT较长时，废水在系统中停留时间延长，硝化细菌有充足的时间进行硝化，有利于TN去除率的提高以及消化液中的难降解有机物的去除，但水流剪切力的减小不利于生物膜的更新以及厚度的控制，易造成系统的堵塞，降低生物膜的去除效率。有研究在利用BAF处理NH_4^+-N和有机物的实验中发现：当HRT ≥ 1.5h时，BAF具有较高的NH_4^+-N去除率；当HRT缩短到1h时，NH_4^+-N去除率及系统稳定性均出现明显下降；当HRT降至0.75h后，已无法保证系统稳定运行[47]。另一研究在探究反硝化生物滤池（DNBF）最适运行参数时发现，当HRT为4h时，反应器出水氮去除率大于97%，随着HRT的缩短，增大的气水冲击力会造成滤料上生物膜的大量脱落，导致出水TN变高，出水水质变差[48]。

因此HRT存在最适范围，过长或过短均会影响系统性能。而不同规格构造的厌氧生物滤池的最适HRT亦不同，需要进行实地实验获得。

（2）进水负荷

进水负荷是影响生物滴滤池处理效果的重要因素之一。当进水负荷较高时，不仅水流冲击力较大，容易将附着在滤料表面的生物膜冲刷脱落，而且HRT也较短，废水中的污染物没有足够的时间被微生物完全降解便随废水流出系统，降低了生物滴滤池的去除率。而当进水负荷较低时，虽然微生物有充足的时间降解废水中的污染物，但水流冲击力较小，对生物膜的冲刷作用较小，不利于生物膜的更新，导致生物膜厚度过高，对含氮污染物的去除仅停留在好氧的硝化作用，反硝化作用受到抑制，会降低对 TN 的去除率。Godoy 等[49]在研究进水负荷对滴滤池去除效果的影响时发现，当进水负荷从 $4m^3/(m^2 \cdot h)$ 上升至 $8m^3/(m^2 \cdot h)$ 再上升至 $11m^3/(m^2 \cdot h)$ 时，系统对 NH_4^+-N 的去除率分别为 27.73%、48.54% 和 53.57%，整体呈上升趋势。但增加进水负荷并不总能提高 TN 去除率。另一研究[1]在使用红砖作为滴滤池滤料进行研究时发现，发现当进水负荷从 $0.4m^3/(m^2 \cdot h)$ 上升至 $0.6m^3/(m^2 \cdot h)$ 时，系统对 TN 的去除率从 31.9% 上升至 44.9%，而当进水负荷进一步上升为 $10m^3/(m^2 \cdot h)$ 时，系统对 TN 的去除率反而下降为 42.9%。

因此，生物滴滤池的进水负荷只在一定范围内对系统的去除性能有正面影响，当超出某一限度时，反而会抑制系统对 TN 的去除率。而不同滴滤池系统的最佳进水负荷不同，因此需要根据实际的运行效果选择合适的进水负荷。

（3）回流比

回流比是生物滴滤池运行参数之一，对出水水质有重要影响。回流比主要影响 NH_4^+-N 和 TN 的去除。当回流比较小时，回流水中较低的 NH_4^+-N 使得进水中 C/N 增加，不利于硝化过程的进行；当回流比较大时，过多的回流污水带入的 DO 破坏了缺氧环境，抑制了反硝化过程，并且水流速度的增大也加大了对生物膜的冲刷作用，使得生物膜脱落过快，影响了生物膜活性，使 TN 去除率不增反降。如崔婷婷[50]研究回流比对生物滴滤池脱氮的影响时发现，TN、TP 的去除率随回流比的增加而增加，最佳回流比为 2∶1，TN 平均去除率为 56.02%，TP 平均去除率为 66.04%；去除 NH_4^+-N、COD 的最佳回流比为 1∶1，NH_4^+-N 平均去除率为 87.08%，COD 平均去除率为 80.78%。许东阳[51]发现，COD_{Cr} 的平均去除率随回流比的上升呈现先升高再下降的趋势，当回流比从 100% 上升至 200% 时，COD_{Cr} 的平均去除率从 74.36% 上升至 80.07%，而当回流比上升至 300% 时，COD_{Cr} 的平均去除率下降为 73.28%；并且，随着回流比的增加，NH_4^+-N 的平均去除率从 87.26% 上升到 91.9% 后又下降到 85.46%；综合考虑后将最适回流比设定为 200%。

当处理效果较为理想时，可降低回流比或不设置回流，以缩短运行周期；而当处理效果不理想时，则可适当增加回流比以增强去除效果。

（4）反冲洗

由于BAF有机负荷高且存在异养微生物，生物膜的同化速率高，生长速度快。生长过厚的生物膜会减少滤料颗粒之间的空隙，而脱落的生物膜以及滤料截留的悬浮颗粒物会进一步导致反应器滤料层的堵塞，阻碍废水流的通过，影响系统的运行性能。因此，常利用反冲洗措施冲刷去除滤料截留的悬浮颗粒物以及滤料表面老化的生物膜，以维持系统良好的运行性能。

反冲洗强度过高或过低都会影响系统的运行效率。当冲洗强度过低时，不足以完全清除滤料表面老化的生物膜以及被滤料截留的颗粒物，会缩短反应器的运行时间，不能完全发挥系统性能。当反冲洗强度过高时，则会导致滤料表面的生物膜大量脱落，降低系统中的生物量，使出水水质恶化。金秋等[48]将反冲洗周期从1d延长至2d时，系统出水中TN浓度提高了约2.8倍，并且NO_2^--N也出现了一定程度的积累。有研究将冲洗时间固定为3min，当冲洗强度为5L/(m^2 • s)、10L/(m^2 • s)、15L/(m^2 • s)时，对COD的去除率分别为77.14%、81.06%、76.22%，呈先升高后降低的趋势，综合考虑后将反冲洗强度设定为10L/(m^2 • s)[52]。

因此，适当的反洗强度可以缓解过滤层堵塞，延长操作时间。但不同反应器在运行之后所需的反冲洗强度不同，需要根据实际的处理性能选择合适的反冲洗强度。

综上，各种生物滤池特点如下：

① 生物滴滤池处理工艺简单，能够抗冲击负荷，工艺材料环保廉价，污泥产量较少。但顶部滤料易堵塞，处理负荷较低，且对TN、TP去除效率较低，可通过与其他处理工艺联用提高污水处理效果。

② 厌氧氨氧化滤池无须外加碳源，无须外加曝气，运行能耗低、污泥产量小，脱氮负荷高。但厌氧菌生长较慢，培养条件比较苛刻，系统启动困难，对有机物去除效果较差，对污水中的污染物种类及含量有较高要求。因此，对于碳氮含量均较高的废水需要考虑与其他水处理工艺联用。

③ BAF菌群结构多样，抗冲击能力较强，抗温度变化能力较强，占地面积

小，处理效果好，适用于处理有机物含量较高的含氮废水。但用于处理有机物含量较低的含氮废水时，需额外添加碳源，且需要持续曝气，这均增加了运行成本。且进水中固体悬浮物较多时，填料容易堵塞，进水中有机负荷较高时，易产生一定量较难处理的污泥。另外，BAF 对 TP 的生物去除效果一般，需要进一步优化相关参数或者考虑与其他去除工艺进行联用。

参考文献

[1] 谢欣汝．三种典型填料对生物滴滤池处理生活污水脱氮除磷作用的影响 [D]．西安：西安建筑科技大学，2022.

[2] 吴华山，杜静，房蔚，等．不同生物膜滴滤池处理低浓度污水的效果 [J]．江苏农业科学，2017, 45(1): 223-226.

[3] 袁震．改进型生物滴滤池处理农家乐餐饮废水研究 [D]．淮南：安徽理工大学，2015.

[4] 魏铭君，黄向阳，刘弥高．曝气生物滤池 + 人工湿地深度处理污水厂尾水的研究 [J]．绿色科技，2022, 24(14): 32-37.

[5] FENG Y, YU Y Z, QIU L P, et al. The characteristics and application of grain-slag media in a biological aerated filter (BAF) [J]. Journal of Industrial and Engineering Chemistry, 2012,18(3): 1051-1057.

[6] BREITENBÜCHER K, SIEGL M, KNÜPFER A, et al. Open-pore sintered glass as a high-efficiency support medium in bioreactors: New results and long-term experiences achieved in high-rate anaerobic digestion [J]. Water Science and Technology, 1990, 22(1-2): 25-32.

[7] MESSING R, OPPERMANN R. Pore dimensions for accumulating biomass. i. microbes that reproduce by fission or by budding [J]. Biotechnology and Bioengineering, 1979, 12(1):49-58.

[8] 方茹，李世钊，赵勇，等．A/O 一体式 BAF 深度处理城镇污水沿程生化特性的研究 [J]．环境科技，2019, 32(1): 30-34.

[9] TONG S, RODRIGUEZ-GONZALEZ L C, FENG C, et al. Comparison of particulate pyrite autotrophic denitrification (PPAD) and sulfur oxidizing denitrification (SOD) for treatment of nitrified wastewater [J]. Water Science and Technology, 2017, 75(1-2):239-246.

[10] LIANG J, CHEN N, TONG S, et al. Sulfur autotrophic denitrification (SAD) driven by homogeneous composite particles containing $CaCO_3$-type kitchen waste for groundwater remediation [J]. Chemosphere, 2018, 212: 954-963.

[11] WANG R, ZHAO X, WANG T, et al. Can we use mine waste as substrate in constructed wetlands to intensify nutrient removal? A critical assessment of key removal mechanisms and long-term environmental risks [J]. Water Research, 2022, 210:118009.

[12] CHENG Y, ZHANG Y, SHEN Q X, et al. Effects of exogenous short-chain N-acyl homoserine lactone on denitrifying process of *paracoccus denitrificans* [J]. Journal of Environmental Sciences, 2017, 54(04): 33-39.

[13] 蒋兴一．固相碳源与锰氧化物联用强化人工湿地脱氮及机理 [D]．上海：东华大学，2022.

[14] JIA W L, WANG Q, ZHANG J, et al. Nutrients removal and nitrous oxide emission during simultaneous nitrification, denitrification, and phosphorus removal process:Effect of iron [J].

Environmental Science and Pollution Research International, 2016, 23(15): 15657-15664.

[15] CHEN H, YU J J, JIA X Y, et al. Enhancement of anammox performance by Cu (Ⅱ), Ni (Ⅱ) and Fe (Ⅲ) supplementation [J]. Chemosphere, 2014, 117: 610-616.

[16] 朱红娟，王亚娥，李杰，等. 海绵铁在脱氮和除磷中的研究进展 [J]. 应用化工，2023, 52(4): 1182-1187.

[17] 隗陈征，高怡菲，任纪龙，等. 生物海绵铁复合填料曝气生物滤器处理养殖海水脱氮条件优化研究 [J]. 渔业科学进展，2021, 42(1): 29-37.

[18] 钱永. 玉米芯 / 海绵铁组合填料用于低 C/N 废水的脱氮除磷性能研究 [D]. 沈阳：沈阳建筑大学，2023.

[19] 余珍，孙扬才，邱江平，等. 新型生物滴滤池处理餐饮废水 [J]. 水处理技术，2006(7): 64-66.

[20] MACIEJEWSKI K, GAUTIER M, KIM B, et al. Effect of trickling filter on carbon and nitrogen removal in vertical flow treatment wetlands: A full-scale investigation [J]. Journal of Environmental Management, 2022, 303: 114159.

[21] LV R T, KANG J, FAN X, et al. Effect of nitrogen source and spray conditions on the integral biotrickling filter operation for hydrophobic volatile organic compounds [J]. Journal of Environmental Chemical Engineering, 2023, 11(3):110053.

[22] 孙文卓，樊桢汇，齐鲁，等. 矿物棉填料孔隙率对生物滴滤池水处理效果的影响 [J]. 环境工程学报，2022, 16(1):292-300.

[23] 亢瑜. 改良型 ABR- 生物滴滤池一体化系统处理分散式农村生活污水 [D]. 兰州：兰州交通大学，2021.

[24] CUI B, YANG Q, LIU X H, et al. Achieving partial denitrification-anammox in biofilter for advanced wastewater treatment [J]. Environment International, 2020,138: 105612.

[25] TUYEN N V, RYU J H, KIM H G, et al. Anammox bacteria immobilization using polyvinyl alcohol/ sodium alginate crosslinked with sodium sulfate [J]. Journal of Environmental Engineering, 2020, 146(4): 04020020.

[26] CHEN Y W, WANG H, GAO X D, et al. COD/TN ratios shift the microbial community assembly of a pilot-scale shortcut nitrification-denitrification process for biogas slurry treatment [J]. Environmental Science and Pollution Research International, 2022, 29(32): 49335-49345.

[27] ZHAO K X, WANG Y, GAO L J, et al. Anammox in a biofilter reactor to treat wastewater of high strength nitrogen [J]. Journal of Water Process Engineering, 2022, 49:103169.

[28] 吕恺. 生物膜法 Anammox 技术处理低浓度含氮废水研究 [D]. 西安：西安建筑科技大学. 2023.

[29] MALEKI S Z, WANG M, WALKER H W, et al. A mechanistic understanding of the nitrification sand layer performance in a nitrogen removing biofilter (NRB) treating onsite wastewater [J]. Ecological Engineering, 2021, 168:106271.

[30] LI J M, ZENG W, LIU H, et al. Achieving deep autotrophic nitrogen removal from low strength ammonia nitrogen wastewater in aeration sponge iron biofilter: Simultaneous nitrification, feammox, NDFO and anammox [J]. Chemical Engineering Journal, 2023, 460: 141755.

[31] GUERDAT T C, LOSORDO T M, CLASSEN J J, et al. An evaluation of commercially availabe biological filters for recirculating aquaculture systems [J]. Aquacultural Engineering, 2009, 42(1):38-49.

[32] REN W, CAO F F, CHAI B B, et al. Enhancing nitrogen removal from domestic sewage with low C/N ratio using a biological aerated filter system with internal reflux-coupled intermittent aeration [J].

Biochemical Engineering Journal, 2022, 185:108532.

[33] REN W A, CAO F F, JU K, et al. Regulatory strategies and microbial response characteristics of single-level biological aerated filter-enhanced nitrogen removal [J]. Journal of Water Process Engineering, 2021, 42: 102190.

[34] JIA T, SUN S H, CHEN K Q, et al. Simultaneous methanethiol and dimethyl sulfide removal in a single-stage biotrickling filter packed with polyurethane foam: performance, parameters and microbial community analysis [J]. Chemosphere, 2020, 244: 125460.

[35] 赵美．两级曝气生物滤池处理低温污水效能研究 [D]．哈尔滨：哈尔滨工业大学，2014.

[36] WANG B, HE S, WANG L, et al. Simultaneous nitrification and de-nitrification in MBR [J]. Water Science and Technology, 2005, 52(10-11): 435-442.

[37] MOOK W T, AROUA M K T, CHAKRABARTI M H, et al. A review on the effect of bio-electrodes on denitrification and organic matter removal processes in bio-electrochemical systems [J]. Journal of Industrial and Engineering Chemistry, 2013, 19(1):1-13.

[38] PUYOL D, CARVAJAL-ARROYO J M, LI G B, et al. High pH (and not free ammonia) is responsible for anammox inhibition in mildly alkaline solutions with excess of ammonium [J]. Biotechnology Letters, 2014, 36(10):1981-1986.

[39] 陈宗姮，徐杉杉，李祥，等．pH 对厌氧氨氧化反应脱氮效能的影响 [J]．化工环保，2015, 35(2): 121-126.

[40] GUO Y, ZHOU X M, LI Y G, et al. Heterotrophic nitrification and aerobic denitrification by a novel *Halomonas campisalis* [J]. Biotechnology Letters, 2013, 35(12):2045-2049.

[41] YANG J R, WANG Y, CHEN H, et al. Ammonium removal characteristics of an acid-resistant bacterium *Acinetobacter* sp. JR1 from pharmaceutical wastewater capable of heterotrophic nitrification-aerobic denitrification [J]. Bioresource Technology, 2019, 274:56-64.

[42] TANG C, ZHENG P, HU B, et al. Influence of substrates on nitrogen removal performance and microbiology of anaerobic ammonium oxidation by operating two UASB reactors fed with different substrate levels [J]. Journal of Hazardous Materials, 2010, 181(1-3):19-26.

[43] FERNÁNDEZ I, DOSTA J, FAJARDO C, et al. Short- and long-term effects of ammonium and nitrite on the anammox process [J]. Journal of Environmental Management, 2012, 95: S170-S174.

[44] WU S, QI Y F, YUE Q, et al. Preparation of ceramic filler from reusing sewage sludge and application in biological aerated filter for soy protein secondary wastewater treatment[J]. Journal of Hazardous Materials, 2015, 283:608-616.

[45] YANG Q, CUI B, ZHOU Y, et al. Impact of gas-water ratios on N_2O emissions in biological aerated filters and analysis of N_2O emissions pathways[J]. The Science of the Total Environment, 2020, 723: 137984.

[46] 任纪龙．DO 对生物滤器脱氮性能影响及耐盐好氧反硝化菌特性研究 [D]．大连：大连海洋大学，2021.

[47] 聂中林，马赫，梁鹏，等．不同填料曝气生物滤池处理微污染河水的效果 [J]．中国给水排水，2020, 36(17):41-48.

[48] 金秋，陈昊，崔敏华，等．反硝化生物滤池反冲洗周期优化及水力特性 [J]．环境工程学报，2019, 13(6):1425-1434.

[49] GODOY-OLMOS S, MARTÍNEZ - LLORENS S, TOMÁS - VIDAL A, et al. Influence of temperature, ammonia load and hydraulic loading on the performance of nitrifying trickling

filters for recirculating aquaculture systems [J]. Journal of Environmental Chemical Engineering, 2019,7(4): 103257.

[50] 崔婷婷．厌氧—组合式生物滴滤池脱氮除磷的工艺研究 [D]．上海 : 上海交通大学，2015.

[51] 许东阳．改进生物滴滤池 / 人工湿地组合工艺处理农村生活污水的试验研究 [D]．扬州：扬州大学，2018.

[52] 邱珊．曝气生物滤池处理城市生活污水的特性研究及工艺改良 [D]．哈尔滨：哈尔滨工业大学，2011.

第3章

基于生态工程的处理技术

生态工程是人类应用生态学和系统学等学科的基本原理和方法，通过系统设计、调控和技术组装，对已破坏的生态环境进行修复、重建，对造成环境污染和破坏的传统生产方式进行改善，并提高生态系统的生产力，从而促进人类社会和自然环境和谐发展。将生态工程技术应用于水污染和水环境治理领域，就是利用生态工程原理，通过湿地修复、河流生态恢复和水生态系统修复等技术手段，改善污染水体的水质，促进水生态质量和生物多样性的提高。目前主要形式有土地处理技术、生态浮岛技术、人工湿地技术以及生态透水坝技术等。其中人工湿地技术在含氮废水深度处理中的应用和研究较多，本书着重对人工湿地技术进行阐述。此外，在一些可利用土地较少的情况下，可采用生态浮岛和生态透水坝等技术，本书着重介绍了生态透水坝技术。

3.1　人工湿地构造及生物因素

人工湿地（CW）技术发展已数十年，其研究和应用均比较多，是生态工程进行污染水控制和处理的重要技术之一。随着水环境治理深度推进，CW技术显得更加重要，尤其在深度处理和中轻度污染水体的治理上发挥着举足轻重的作用。近几年，针对CW的综述论文主要从CW的组成构造、结合其他技术进行强化、处理难降解污染物、不利影响下的处理效果、曝气调控、温室气体排放等方面进行了综述。CW结构及生物因素对处理效果影响较大，且两者之间也存在联系。然而，目前针对CW构造及生物因素进行综述的报道较少。本章梳理了近年来CW构造及生物因素影响处理性能的研究成果，从不同构造CW的处理性能研究、CW微生物群落研究、CW植物研究和CW动物研究等四个方面进行综述，为CW技术研究和应用提供参考。

3.1.1　不同构造人工湿地处理性能

（1）单一构造人工湿地

作为典型的生态友好型工程系统，垂直流人工湿地（vertical subsurface flow constructed wetland，VSFCW）、水平流人工湿地（horizontal subsurface flow constructed wetland，HSFCW）和自由表面流人工湿地（free water surface constructed wetland，

FWSCW）能用来处理农业污水、生活污水甚至某些工业污水，这些单独的湿地系统已经得到研究和应用。然而，在单独类型的CW中存在一些缺陷，例如：在VSFCW系统中，氨氮（NH_4^+-N）可以容易地转化为硝态氮（NO_3^--N），但是NO_3^--N不能容易地发生反硝化；在HSFCW系统中，NO_3^--N可以容易地发生反硝化转化为N_2或N_2O，但是NH_4^+-N却不能容易地发生硝化反应；除FWSCW以外，HSFCW和VSFCW系统中均缺乏反硝化可利用碳源，但是相对于HSFCW和VSFCW系统，FWSCW系统中生化需氧量（BOD）指标下降不明显。为了能够发挥单一构造CW的功能，往往将其与预处理、消毒等传统污水厂处理单元联合使用，也取得了较为理想的效果。李涛等[1]采用由预处理单元、HSFCW单元、消毒单元和污泥干化单元组成的分散式污水处理系统对采油区生活点污水进行了处理，COD、五日生化需氧量（BOD_5）、NH_4^+-N和悬浮颗粒物（SS）的平均去除率分别为76%、77%、96%和96%。

（2）复合人工湿地（ICW）

正因为上述单一类型的CW存在一些缺点，人们提出了ICW的概念。ICW就是将两种或两种以上类型的CW进行组合，形成一个整合的系统。ICW系统在20世纪60年代已经被研制出，但是直到20世纪90年代末至2000年，其使用才逐渐增多，主要是因为对污染物更加严厉的排放限制，也因为更高的生态需要。早期ICW系统的形式为VSFCW-HSFCW串联，之后出现了HSFCW-VSFCW串联。然而，为了达到更高的总氮去除率或为了处理更复杂的工业和农业废水，包括FWSCW的其他ICW系统最近也开始被使用。Rivas等[2]研究了一个由初级处理池、HSFCW、熟化池和VSFCW组成的系统，其去除效果分别为COD去除率91%～93%、总悬浮颗粒物（TSS）去除率93%～97%、总凯氏氮（TKN）去除率56%～88%、粪大肠菌群去除率>99%和TP去除率25%～52%。Wang等[3]研究了一个两阶段的折板FWSCW，TN、TP、NH_4^+-N、COD、TSS在夏季和秋季的平均去除率分别为75%、78%、85%、40%、80%。Ávila等[4]研究了一个实验规模的VSFCW-HSFCW-FWSCW系统，其TSS、COD、NH_4^+-N、TN和正磷酸盐（PO_4^{3-}-P）的平均去除率分别为69%、20%、83%、40%和16%。Masi[5]研究了Dicomano复合系统，出水中的大肠埃希菌（*Escherichia coli*）平均浓度通常低于2000CFU/L（CFU为菌落形成单位）。Wu

等[6]研究了一个由 VSFCW、FWSCW 和 HSFCW 串联而成的 ICW 系统，长期运行结果表明，该系统对 COD、NH_4^+-N、NO_3^--N、TN、TP、TSS、F^-、Ni 和大肠埃希菌的平均去除率分别为 70%、70%、34%、52%、45%、74%、21%、43% 和 98%。张雨葵等[7]采用多级复合河岸 CW 系统处理低污染的地表水，在平均水力负荷为 $0.15m^3/(m^2 \cdot d)$ 的工况下，实验系统对高锰酸盐指数、SS、NH_4^+-N、TN 和 TP 的平均去除率分别为 50%、60%、50%、35% 和 45%。吴英海等[8]研究了 ICW 在连续 5 个月内对低浓度有机污染物的深度处理效果，该系统对 BOD_5 和 COD 的去除率分别介于 38% ～ 79% 和 41% ～ 69%。吴英海等[9]采用 ICW 系统对废水中的氮进行深度处理，发现对 NH_4^+-N 和 NO_3^--N 的去除率分别介于 66% ～ 77% 和 46% ～ 77%。总体来说，大多研究表明，ICW 组合在同样规模和投资条件下，比单一类型的 CW 处理效果更好。但在设计时应注意组合搭配，根据具体水质等条件选择 CW 类型，扬长避短。

（3）与其他技术结合的人工湿地

近几年，CW 技术与其他技术的结合受到了关注，研究者期望通过强化技术来进一步提高处理性能，尤其是应对恶劣条件或强化脱氮。将微量曝气、铁循环强化、电化学技术与 CW 结合是新的研究热点。Song 等[10]发现在低 C/N 下，Fe^{2+} 的加入大大提高了硝酸盐的去除率，提高了反硝化能力，增加了反硝化细菌，影响了基质微生物群落的结构和多样性。Yoo 等[11]发现电解集成 CW 复合系统中的氮功能基因比普通 CW 系统中的氮功能基因更丰富，电子转移速率也更高。然而，这些研究仍存在一些问题没有弄清，如曝气强度的影响和氧在 CW 内部的传递规律还需要进一步研究；铁循环与氮循环耦合的生物和非生物学机制还需要进一步揭示；电化学体系内部供氢的有效性、电阻的影响以及反应器的放大效应需要进一步研究。

3.1.2　人工湿地微生物

（1）人工湿地微生物的群落特征

微生物对 CW 系统中污染物的去除起到重要作用。近年来，有关 CW 微生物的研究多是针对群落而非特定物种进行研究。在野外条件下，CW 中环境条件复杂，理化条件、微生物、小型动物、植物根系等因素均会相互影响，单一研究某一种物种并无太大意义，结合整个微生物群落来进行研究往往更加有意义。目前针对微生物群落的研究，大多首先是从微生物群落组成开始的。Bouali 等 [12] 利用建立 16S rRNA 克隆文库的方法研究了一个 VSFCW 中古菌的群落结构。1026 个 16S rRNA 基因序列的分类显示，96.3% 的运算分类单元（OTU）属于奇古菌门（Thaumarchaeota），剩余 3.7%OTU 属于未分类古菌门。在总序列中，有 42% 和 40% 分别属于亚硝化球菌暂定属（*Candidatus Nitrososphaera*）和未分类亚硝化侏儒菌属（unclassified *Nitrosopumilus*）。Ruppelt 等 [13] 使用 16S rRNA 宏基因组测序方法分析了 CW 中与水处理效果相关的微生物群落，发现变形菌门（Proteobacteria）、拟杆菌门（Bacteroidetes）、放线菌门（Actinobacteria）、厚壁菌门（Firmicutes）和绿弯菌门（Chloroflexi）为最优势的门，与水处理效果存在较大关系。其次，大多文献通过 α 多样性和 β 多样性对组内和组间的微生物群落差异性进行比较。Wu 等 [14] 比较了 VSFCW、FWSCW 和 HSFCW 3 种类型的 CW 填料中微生物群落的香农（Shannon）、OTU 数量和 Faith 系统发育多样性（Faith's PD）等 α 多样性指数以及 β 多样性指数（基于 Bray-Curtis 距离），发现填料微生物群落的组成存在显著差异。再次，通过 simper 分析、*t*- 检验和 LEfSe 分析等统计学方法找出组间差异显著的物种，加以分析和讨论。Zhao 等 [15] 研究了 CW 微生物燃料电池处理含铅废水的产电量变化及微生物群落演化，发现铜绿假单胞菌是含抗性基因 *pbrT* 的优势菌。

（2）人工湿地微生物群落的影响因子

沉积物的理化性质对微生物群落的影响至关重要，且沉积物的理化性质与 CW 结构密切相关。沉积物的理化性质与微生物群落之间的关系可以为 CW 构造设计提供指导。以前的大量研究是基于净化效率、设计参数和运行参数之间的关系而进行的，近几年，不少研究开始将微生物群落与理化性质进行关联研究，常采用典范对应分析（CCA）、冗余分析（RDA）等统计学方法。然而，与处理效果有关的深层次的因素（例如微生物群落的结构、群落与理化性质的关系）还不是很清楚 [16-17]，而且已有的这些研究中存在着不同的结论。例如，在 HSFCW 中上层（0 ～ 10cm）中的微生物群落多样性相对于下层（50 ～ 60cm）更丰富 [18]；相反，微生物群落的多样性和种类丰度没有随着深度改变而改变 [19]。微生物特性的巨大差异可能是由于湿地结构、物理化学性质的不同导致的。

Yu 等[20]用焦磷酸测序技术发现微生物群落与盐度、植物和有机物显著相关。Peralta 等[17]用 16S rDNA 多标记焦磷酸测序技术描述了 CW 和自然湿地沉积物中的细菌群落特性和理化性质，发现生态功能的发展主要由微生物群落促进，并与沉积物性质有关。Ruppelt 等[13]将 16S rRNA 宏基因组测序与群落水平生理剖析方法结合，研究得出了 CW 系统微生物群落组成的变化与碳源种类、氧的可利用性等有关。相反，Adrados 等[16]在同样基质中发现了不同的群落，推测微生物聚集和基质之间不存在联系。Wu 等[14]对 3 种类型湿地进出口环境做了一个较为全面的调查，发现一些核心微生物即使在不断变化的环境中也始终存在，氧化还原电位（E_h）和 NH_4^+-N 是影响微生物群落结构的重要因素，总有机碳（TOC）对部分反硝化菌的影响较大。

（3）人工湿地微生物群落的研究手段

由于 CW 中大部分微生物难以培养，研究湿地微生物日益依赖分子生物技术。变性梯度凝胶电泳技术（DGGE）、限制性片段长度多态性技术（T-RFLP）和荧光原位杂交技术（FISH）在 2015 年前已经被广泛地使用，然而，这些技术获得的信息量仍然不够。高通量测序技术已经被越来越多地用于 CW 微生物研究，其产生的大量遗传信息可以用于更深入和更大范围地评估微生物群落。2015 年后，高通量测序技术已经被应用到几乎各种类型的 CW 系统和 ICW 系统中，甚至宏基因组技术也已被用于研究群落功能。由于各种 CW 组合后理化条件的变化及群落间的相互作用，ICW 系统中的微生物特性和功能有别于单一系统。目前对ICW系统中微生物群落、多样性和功能的研究还需要进一步深入[14]。

3.1.3　人工湿地植物

（1）湿地植物对人工湿地处理效果的贡献

植物是 CW 系统中非常重要的组成部分。芦苇（*Phragmites australis*）、香蒲（*Typha orientalis*）、鸭跖草（*Commelina communis*）等大量 CW 植物得到了研究。植物对 CW 性能的提升取决于以下几个方面：CW 类型（如 VSFCW、HSFCW 和 FWSCW 等）、水质和污水量、植物种类和组合、气候、植物管理等。Fester 等[21]综述了植物和微生物之间相互配合对有机污染物生物降解的促进作用。Chen 等[22]研究了 CW 植物根系有机分泌物对根际微生物及养分去除的影响。Mei 等[23] 详尽阐述了根孔率、径向氧耗、铁斑形成对湿地植物养分去除及生活污水耐受性的影响。Vymazal[24] 全面综述了植物在 VSFCW 中的作用。植物通过吸收氮、磷等营养性污染物合成自身组织，实现 CW 中这些污染物的去除，并且去除具有选择性。研究发现，黑麦草（*Lolium perenne*）对 PO_4^{3-}-P 和 NH_4^+-N 的吸收具有最大的最大吸收速率（I_{max}）和最小的亲和力常数（K_m）；早熟禾（*Poa annua*）和高羊茅（*Festuca elata*）对 PO_4^{3-}-P 的吸收具有较小的 I_{max} 和较大的 K_m，对于 NH_4^+-N 的吸收具有较大的 I_{max} 和较大的 K_m[25]。研究发现，水芹（*Oenanthe javanica*）、石菖蒲（*Acorus tatarinowii*）和刺苦草（*Vallisneria spinulosa*）对 N、P 具有较高的去除效果，TN 去除率为 56% ～ 75%，NH_4^+-N 去除率为 36% ～ 59%，NO_3^--N 去除率为 34% ～ 67%，TP 去除率为 44% ～ 76%[26]。Wu 等[27] 同时研究了两种植物对 N、P 等营养物和重金属的吸收效果，发现野生风车草（*Cyperus alternifolius*）对 Cu 和 Zn 有很好的累积容量，分别达到基质中 Cu 和 Zn 的 75.0% 和 6.7%。

植物的吸收作用具有可持续性，往往可以通过收割植物将污染物移除 CW 系统。收割的关键在于收割时间的把握，恰当的收割时间可以减少甲烷的产生和得到最大浓度的养分。目前 CW 系统中植物吸收作用的研究热点主要集中在有毒有害物质上，尤其是对重金属、危险非金属、有机化学品等的吸收作用。可超富集重金属 As、Cr、Ni、Pb、Zn 以及稀土等元素的植物的筛选及应用也是目前研究的热点。大多数研究是从植物种类、植物不同部位等角度进行富集规律的研究。不同的植物部位累积污染物的能力不同，研究发现植物根部累积了更多污染物，例如，梭鱼草（*Pontederia cordata*）根部和茎叶中的镉含量分别为 0.25 ～ 0.70mg/kg 和 0.07 ～ 0.18mg/kg，香蒲（*Typha orientalis*）根部和茎叶中的镉含量分别为 0.16 ～ 0.39mg/kg 和 0.11 ～ 0.17mg/kg，其根部的镉含量均显著高于各自的茎叶部[28]。水培香蒲能有效地吸收硒，特别是硒酸盐[29]。然而，过多的毒性物质也会阻碍植物的生长，从而破坏植物对 CW 的贡献。凤眼莲（*Eichhornia crassipes*）比野生风车草对全氟辛烷磺酸的耐受性更强，低浓度（<0.1mg/L）的全氟辛烷磺酸促进了两种植物的生长和叶绿素的合成，而高浓度（10mg/L）的全氟辛烷磺酸抑制了其叶绿素合成[30]。

上述研究发现了种植植物的 CW 系统取得了较好处理性能，然而大型水生植物对 CW 的水处理机理仍然存在争议。很多研究利用各种不同的实验方案研究不同植物时得出了不一致的结果，当比较不同 CW 类型时甚至出现了更大的差异。另外，研究探索特定机制往往会得出不充分的整体性结论。湿地植物通过根系分泌物影响根际环境，可以直接或间接地改变废水中重金属的价态和存在形态。植物可以通过吸收、转运和积累去除废水中的重金属，而在植物吸收、转运和积累重金属的过程中，存在一系列起关键作用的蛋白，例如重金属吸收蛋白和排出蛋白等。大多数研究报道了植物提升 CW 性能的重要而正面的作用。例如，Vymazal[24] 比较了 22 篇关于种植和未种植植物 CW 的处理性能差异的文献，其中 20 篇文献报道了至少部分植物对某些水质参数起到正面作用。

（2）湿地植物根系分泌物影响机制

植物通过根结构的物理效应、为微生物提供载体、植物吸收、蒸腾 [31] 等途径影响去除率或有助于 CW。植物根系分泌物是植物与根际微生物进行联系的一个重要组成部分，植物会产生一系列底物和信号分子与微生物进行联系。总体而言，植物根系会产生成分多样化的低分子量天然产物。某些植物能够通过根释放抑制剂抑制或者减缓土壤硝化作用，即发生生物硝化抑制（BNI）。大多数豆科植物根系分泌物表现出负的 BNI，表明它们可能会促进硝化作用，而抑制硝化作用可能是植物保存或偏好利用 NH_4^+-N 的一种适应机制 [32]。目前，开展 CW 中植物对硝化和反硝化微生物影响的研究还比较少见，尤其是在实际工程条件下。

3.1.4　人工湿地动物

（1）湿地动物对人工湿地处理效果的贡献

CW 系统虽然是人工化的系统，但很多系统在近似自然的条件下运行。长期运行的系统中可能生长原生动物（草履虫、变形虫等）、环节动物（水蚯蚓等）、软体动物（螺蛳、蚌、蜗牛等）、节肢动物（蚊、蝇、虾、蟹等）和鱼类等。蚯蚓是土壤污染治理的主要研究动物之一，在 CW 系统中蚯蚓也发挥了重要作用。邓玉等 [33] 采用蚯蚓生态滤池 /CW 的组合装置对畜禽废水进行处理，在蚯蚓生态滤池中蚯蚓密度为 7.5g/L，CW 基质为活性炭的条件下出水水质较佳，组合装置对 TP、TN、COD 和 NH_4^+-N 的平均去除率分别为 87%、43%、72% 和 87%。

其他的动物，如浮游动物、螺蛳等，对水质改善也存在一定作用。Rodrigo 等[34]研究了浮游生物对 3 种 CW 性能的贡献。储昭升等[35]的研究表明投放螺蛳未发现对 N、P 去除具有促进作用，但明显降低了出水浊度。过高的有害物质浓度将对湿地动物的活动、取食、繁殖等产生毒害，因此耐受性动物筛选及驯化是目前研究的热点。

（2）湿地动物促进人工湿地处理效果的作用机制

湿地动物能够提高 CW 对污水的处理效果，可能存在以下几方面原因。首先，湿地动物与微生物、植物一起构成 CW 系统的生态系统，对食物链的延长起到了重要作用，有利于促进 CW 污染物的转化和增强耐冲击负荷；其次，CW 中的水生动物能提高基质的通气透水能力、促进有机物分解转化和增加可利用碳源，这些因素对于 CW 中有机物的转化、N 的转化至关重要；再次，湿地动物与植物协同作用有利于营造微生物的生存环境，从而提高了微生物的处理性能。杨清海等[36]构建了植物 - 水生动物 - 填料生态反应器，经过 120h，TP、NH_4^+-N 和 TN 去除率分别为 69%、46% 和 54%，较对照组（无美人蕉和泥鳅）分别提高 52%、40% 和 43%，发现美人蕉（CI）、泥鳅为填料生物膜中的微生物提供了有利的生存环境。总体而言，国内外关于 CW 中动物的研究不多，尤其是国内近些年在这方面研究较少。

3.1.5 尚需加强研究的关键技术问题

CW 构造及生物因素对于低浓度氮处理具有极其重要的作用，当前及今后的主要研究方向应从以下几点开展：

① ICW 得到越来越多的研究，其处理效果比单一类型 CW 更高。此外，将微量曝气、铁循环强化、电化学技术与 CW 结合是新的研究热点。今后应从 CW 组合工艺上进一步优化，深入研究 CW 与其他技术有机结合的方法和相关设计参数。

② CW 微生物群落作为一个整体，发挥着污染物降解或转化的功能，目前对 CW 微生物群落的研究主要集中在对不同构造 CW、不同污染物胁迫、不同反应条件下的微生物群落结构和功能。将这些条件与处理效果相结合进行研究，有利于发现 CW 处理效果的关键影响机制和调控方法。今后应加强 CW 微生物

群落动力学研究，尤其要在微生物群落结构、功能与处理效率之间建立量化关系。

③ CW 植物具有景观和生态作用，不同种类植物对污染物去除的影响差异可能比较大。目前关于 CW 植物的研究主要集中在根系功能、与根际微生物的相互作用等。今后应加强对重金属的吸收、超富集植物筛选及应用、根系作用的研究。

④ CW 动物研究主要集中在动物对 CW 处理污水性能的影响以及动物联合植物、微生物的协同作用机制研究，目前对 CW 动物的研究仍然较少。今后应从对有毒有害污染物的吸收、耐受性动物筛选驯化、动物与植物及微生物的协同作用机制方面进一步展开研究。

3.2　处理型河岸湿地污染治理技术

非点源污染物排放是导致城市水体富营养化的关键因素，易引发藻类过度繁殖和生长、大量消耗 DO、毒害生态链等问题，从而使河流生态系统失衡。处理型河岸湿地在非点源污染治理上逐渐得到了重视。利用河岸边坡有限土地进行建造类似自然湿地的 CW，是水、陆生态系统之间物质、能量和信息传递的重要过渡带，具有水体净化和面源污染控制的重要功能，可以有效拦截陆地养分（如氮、磷、有机物）和污染物（包括重金属和有机污染物），尤其对氮元素的消减具有重要作用，是非常重要的非点源污染控制技术。

生态岸坡是以生态修复原理为基础的新型强化型的河道岸坡系统，可以削减入河污染物量以保护水体环境，涉及多学科交叉，可划入生态水利学范畴。生态岸坡能够促进污染物和填料、生物系统之间的相互作用，同时具有促进水体下渗、维持水循环、防止水土流失、提高河水自净能力和泄洪排淤能力、促进生物多样性及整个生态系统的恢复等优势，被广泛应用于海绵城市中。利用生态岸坡系统来处理城市面源氮污染具有突出的技术优势，并且在今后会有广阔的应用前景。虽然生态岸坡研究近些年已得到了长足发展，但其处理效果总体上仍不能令人满意，一些重要工艺和因素仍需进一步研究和解析。为了获得更高的污染物去除效率，对生态岸坡技术进行强化技术研发和相关机制解析具有现实意义和理论意义。

3.2.1 处理型河岸湿地技术的发展和应用

（1）处理型河岸湿地技术

传统形式的人工河岸采用混凝土等材料修建，其首要功能是防洪，但这种过度的非生态工程形式对自然生态系统中的生物循环过程有着严重的负面影响，进而影响到水体生态环境。随着河水“黑臭”和“脏乱差”情况的出现，开始逐渐重视滨水景观和生态环境的改善，我国的水生态修复工作逐步发展起来。2003—2006 年，在我国处理型河岸湿地发展的初步阶段生态修复理论被提出，并逐步被重视起来。近几年，随着我国生态治理理念的逐步深入，河道治理由起初的重点解决水环境污染问题，逐步演变到水环境质量改善，随后扩展到河流生态恢复，再到如今的湿地流域生态景观建设等。

处理型河岸湿地本身属于 CW 的一种形式，只不过是建在河岸所在区域内，是一种高效的水污染治理技术，目前已广泛应用于水体中氮、磷等营养元素的去除和生态功能的恢复。处理型河岸湿地是在 CW 的基础上，以 CW 作为核心处理单元，将传统生态岸坡与 CW 相结合的一种生态岸坡技术。应用该技术进行生态修复，既可以达到防止水流冲刷、保持水土的目的，也可以解决“黑臭”水体对流域生态系统破坏严重、水涵养功能丧失、城市河段自净能力差、地面硬化程度较高、不透水面积较大、河道周边缓冲带较少、面源污染缺乏控制等问题。

由于处理型河岸湿地技术运行成本低，可以产生相当的生态效益以及美化环境等，已大规模应用于国内外污染水体的净化处理。赵占军[37]设计了一种复合流 CW 用于河道岸坡对污染水体进行净化，实验结果表明，该湿地型生态岸坡技术能使河水的 COD、TP、NH_4^+-N 和 TN 分别下降 30% ～ 40%、30% ～ 35%、60% ～ 70% 和 30% ～ 35%。有研究利用 FWSCW、HSFCW、VSFCW 三类 CW 净化太湖富营养水体，在 $0.64m^3/(m^2 \cdot d)$ 的水力负荷率（HLR）条件下运行 1 年时间，发现该系统对太湖水中的 COD、TP、NH_4^+-N 的去除率分别为 17% ～ 40%、35% ～ 66%、23% ～ 46%，其中 HSFCW 和 VSFCW 对污染物的净化效果优于 FWSCW[38]。

为进一步研究基质对 CW 系统的影响，熊家晴等 [39] 构建了两组表面流 + 潜流组合 CW，实验结果表明，炉渣湿地对水中的 NH_4^+-N 和 TP 去除效果较好。从以上研究可以看出，虽然湿地净化系统可以降低出水污染物的量，但其去除效率仍较低。靳同霞等 [40] 发现，在 CW 内，系统自身深度对氮的去除率有着明显影响，表层 DO 的含量较高，系统对 NH_4^+-N 的去除率较高，在系统最下层 DO 浓度较低，从此时周围环境形成了厌氧 / 微氧环境，在厌氧 / 微氧环境下有利于微生物进行反硝化。李松等 [41] 设计曝气 CW，并对生活污水进行处理，发现曝气 CW 对 NH_4^+-N 的去除效率明显增高。对微生物群落结构进行分析，发现曝气 CW 系统内与硝化反硝化进程相关的微生物种类和数量要高于空白组。

处理型河岸湿地的去除性能强化是目前的研究热点之一。近些年，国内较多研究将 CW 技术与其他技术相耦合，以增强 CW 对污染物的去除效果。这些方法很多也适用于处理型河岸湿地技术，以强化生态岸坡对污染物的处理能力。杨广伟 [42] 将微生物燃料电池（MFC）与 CW 相结合，发现该系统不仅对细胞代谢产物具有良好的去除效果，而且对一些难降解污染物也具有一定的去除作用。Gao 等 [43] 建立了电解 - 生物质碳 HSFCW，发现该系统在较低电耗的条件下具有良好的脱氮除磷效果，并且将实验进行到中试级别，引入光伏电池，利用太阳能供电，使系统更加绿色环保。

（2）处理型河岸湿地技术面临问题

处理型河岸湿地作为生态岸坡中发挥主要净水功能的技术，其存在的技术问题也是 CW 所面临的问题。由于影响 CW 的因素众多，导致处理型河岸湿地技术的发展受限。解决 CW 存在的问题，才能更好地深入探索处理型河岸湿地的除污机理，发展新型强化型生态岸坡。

处理型河岸湿地这种动态过渡地带的控制和功能仍然很不明确。同时，河岸湿地和河水中的反硝化潜力经常受到限制，尤其是在草本植物系统和郊区环境中。最近有关于河岸湿地环境功能的研究主要侧重于磷和沉积物的过滤、反硝化以减少氮负荷以及综合管理。因此如何增强处理型河岸湿地的污染物降解功能已成为流域环境治理的热点问题。未来还要解决处理型河岸湿地技术上存在的一些问题，应从以下几点对关键技术展开研究。

① 系统易形成死水区　随着处理型河岸湿地系统中污水处理过程的不断进行，系统中的微生物也大量繁殖，再加上植物的腐败以及基质的吸附能力逐渐趋于饱和，若结构设计不当或维护不当，很容易造成系统中存在死水区，从而降低系统的净化效果。因此，存在死水区问题是限制处理型河岸湿地应用的重要因素之一。

② 受水力条件影响较大　HLR、污染负荷和运行方式等对处理型河岸湿地的净化效果有一定的影响，如污染负荷过重将会缩短 HRT，降低湿地对污水的净化效果，严重的还会造成湿地堵塞。同时，湿地的运行方式对系统的影响也是不容忽视的。宋铁红等[44]研究了 CW 在不同进水方式下处理生活污水的效率，结果表明，间歇流进水能够提高 CW 床体内的含氧量，缓解植物根系放氧不足，提高污染物去除率。因此，运行方式也会影响 CW 的处理效果。

③ 碳源有限导致脱氮效率受限　污染水体中可利用碳源不足的现象经常出现。碳源可作为 CW 系统中主要电子供体进行反硝化，充足的碳源可以保证处理型河岸湿地系统反硝化顺利进行，碳源不足会导致系统反硝化效果差，降低系统出水水质。外加碳源将会增加处理型河岸湿地的运行成本。因此，寻找廉价高效的替代电子供体和增强自养反硝化过程是目前处理型河岸湿地技术用于脱氮处理亟须解决的重要问题之一。

3.2.2 控污强化技术及机制研究

（1）运行方式优化

不同的进水方式可以强化处理型河岸湿地系统出水效果，进水方式包括出水回流和潮汐流。其中，出水回流可以增加系统中的 DO。有研究表明，出水回流可以强化系统对 NH_4^+-N 的去除[45]。进一步地，不同出水回流比对污染物去除效果不同。潮汐流是使湿地每日进行多个周期性的进水—排水—进水的循环，通过湿地床排水增强系统的反硝化作用，转化后的 NO_3^--N 重新进入系统后，在厌氧环境中转化为 N_2。通过这种方式，潮汐流创造好氧 / 厌氧交替的环境，可以促进硝化作用和反硝化作用，从而提高脱氮能力。因此，选择不同的进水方式，可以达到对处理型河岸湿地系统中营养盐去除的不同强化效果。

（2）生物载体的优化

生物载体是处理型河岸湿地系统的重要组成部分，直接关系到系统对氮磷等营养盐的处理效果。不同的生物载体有着不同的处理效果，合适的生物载体可以明显增强污染物去除性能。在湿地生物载体的选择和使用方面，国内外学者做了大量研究。Ge 等[46]发现在水平地下流（HSSF）中，矿渣对 TP 的去除率比砾石高 20% 左右。沸石因其具有价格低廉且可以高效去除 NH_4^+-N 等优点，在废水处理中得到广泛应用[47]。

虽然单一生物载体的使用有助于湿地中微生物膜的形成，在一定程度上提高了净水效率，但单一生物载体受自身结构的限制，对营养盐等不同类型的污染物去除具有局限性。复合型生物载体由于各基质的理化性质不同，不仅可以为处理型河岸湿地中微生物的生长提供多样化的环境，还能对湿地中不同营养盐及有机物的去除起到优势互补的作用。已有研究对复合型生物载体的最优搭配进行实验，以提高湿地对污染水体的去除效率。史鹏博等[48]研究了沸石、火山石、空心砖、钢渣等不同组合形式对污染物的净化效果，结果表明，效果最优的生物载体组合为沸石与空心砖（质量比 1∶1 混合），对 COD、NH_4^+-N、NO_3^--N 和 TP 的去除率最佳。

然而，受一些资金和技术条件因素的限制，目前大多数 CW 的传统生物载体净化效果仍然较差。因此，研发高效生物载体成为提高人工湿地处理效率的重要措施。许多研究已经证明，铁作为生物载体中的重要元素，是一种可以高效去除污染物的底物，且应用前景广阔。铁与其他物质按特定比例结合形成复合填料，能在可生物利用有机碳不足的情况下同时提高氮和磷的去除率，实现了湿地的自养反硝化，提高脱氮性能。

有研究已证明，Fe^0 用于 NO_3^--N 的修复是一种很有前途的方法[49]。同时，有研究将 Fe^{2+} 作为电子供体加入 CW，Fe^{2+} 增强了系统的反硝化效果[50]。各种含铁矿物进入湿地作为生物载体，实现了湿地的自养反硝化，提高了脱氮性能。Fe^{2+} 的氧化过程是铁循环的重要过程，Fe^{2+} 可以被微生物和氧气氧化。Fe^{2+} 受微生物驱动时，会发生一些酶促反应以外的化学反应。目前为止，大部分的亚铁氧化微生物在还原 NO_3^--N 时会生成大量的 NO_2^--N，此类微生物多是异养型或者混合营养型的。在 pH ＜ 7.0 的条件下，NO_2^--N 很容易通过化学反应生成其他的代谢产物，如 N_2O 和 NO。NO_3^--N 依赖亚铁氧化微生物可以和铁还原菌（FeRB）共同作用。NO_3^--N 进行反硝化相当于进行无氧呼吸，其主要的代谢产物包括 NO_2^--N、NO、N_2O 和 N_2，并以此作为电子受体，同时获得能量维持自身的生长。NO_3^--N 进行异化硝酸盐还原的代谢产物是 NO_2^--N 和 NH_4^+-N，其中 NO_2^--N 还原的过程是主要由 NO_2^--N 还原酶决定的反硝化过程的关键步骤，主要有两种：一种是还原成 NO，另一种则是还原成 NH_4^+-N。这两种最终的代谢产物都是 N_2。综上，铁自养反硝化菌利用无机化合物铁为电子供体，并利用无机碳进行生物合成。与异养反硝化相比，铁自养反硝化可以降低外部有机碳源的成本和风险，同时提高系统中氮的去除效率。

（3）不同类型湿地组合方式优化

不同类型的人工湿地组合在一起可以将各自的优点相结合，进而强化系统去除污染物的效果。目前，处理型河岸湿地系统主要将单一的水流方式转变成多种水流方式，如复合潜流、复合垂直流、垂直流 - 水平流、水平流 - 垂直流等多种流态的组合。VSFCW 和 HSFCW 结合时，湿地内污水的流动距离增大，污染物的去除效果增强。VSFCW 通过液滴充氧装置充氧，提高系统中 DO，有利于污染物的去除。Hilyas 等[51]研究发现，HSFCW 对 NH_4^+-N 和 TN 的去除率分别是 9% ～ 79%、10% ～ 36%，VSFCW 对 NH_4^+-N 和 TN 的去除率分别是 21% ～ 79%、26% ～ 65%，ICW 对 NH_4^+-N 和 TN 的去除率分别是 57% ～ 71%、50% ～ 75%。由上述结果可知，单一人工湿地脱氮波动较大，而 ICW 脱氮稳定且效率更高。

（4）有机碳源补充

处理型河岸湿地系统中微生物反硝化作用是在无氧 / 缺氧环境中进行的，在这一过程中需要有机碳作为电子供体，进而将 NO_3^--N 和 NO_2^--N 还原为 N_2。因此，碳源对于处理型河岸湿地系统反硝化过程的进行十分重要，充足的碳源可以提供充足的电子供体，以保证反硝化过程的顺利完成。目前应用较多的主要是固体碳源，主要有可生物降解的聚合物和一些天然物质等。利用外加碳源处理污染水体时，外加碳源的量难以控制，同时有些外加碳源有毒，将会对水体造成二次污染。有些工业废水中存在高浓度重金属等有害物质，利用工业废水充当碳源会对湿地系统造成很大影响，同时也存在二次污染等问题。

目前固体碳源主要为人工合成物质，即可生物降解聚合物和一些天然物质，如麦秸、稻壳、棉花、纸屑等。易成豪等[52]利用两种可生物降解的聚合物，聚己内酯（PCL）和聚羟基丁酸戊酸酯（PHBV），作为碳源和微生物载体来增强系统的反硝化能力，实验结果表明，该可生物降解材料有很好的强化脱氮效果，可生物降解材料既可作为湿地中的基质为微生物提供载体，也可为反硝化细菌提供能源促进反硝化，但是 PHBV 材料相对昂贵，大量应用在实际低碳源污水处理中受到限制。因此有人提出利用一些富含纤维素的物质作为碳源，周旭[53]使用竹子烧制的生物炭作为湿地的基质处理低 C/N 生活污水，发现 TN 去除率可高达 74.7%。由上述研究发现可知，寻找一种替代碳源作为电子供体的材料可以实现处理型河岸湿地系统高效和经济地脱氮。

3.2.3　生物电化学耦合处理型河岸湿地技术

处理型河岸湿地可以与其他技术结合，以达到最佳的处理效率。生物电化学系统（BESs）作为废水脱氮的强化技术引起了越来越多的兴趣，BESs 包括微生物燃料电池（MFC）和微生物电解池（MEC）。生物电化学废水处理系统（BWTS）可以较好地进行生物修复，同时可产生能源，目前已受到广泛的关注。在 BESs 中，电活性细菌可以氧化有机物或氢，并将电子转移到 BESs 中的固体电极上，例如属于铁还原菌（FeRB）的 *Geobacter* 和 *Shewanella*，这些电子进而被提供给硝酸盐氮进行还原。此外，一些研究人员发现 Fe(Ⅲ) 有助于在 BESs 阳极中富集 FeRB[54]。在 BESs 中，NH_4^+-N 可以通过施加电压而不是通过曝气进行硝化而氧化成 NO_3^--N 或 NO_2^--N。据报道，MFC 可以将 NH_4^+-N 转化为 NO_3^--N/N_2，TN 负荷达到 0.01kg N/(m^3 • d)[55]。亚硝酸单胞菌和索氏菌属（*Thauera*）作为具有代表性的氨氧化细菌（AOB），可以氧化 NH_4^+-N，然后将这些电子转移到 BESs 的阳极[55]。AOB 的电化学活性低于 FeRB，在 BESs 的微生物群落中绝对占主导地位[55]，特别是在电极上。如果电极上的 FeRB 取代了 AOB，也可以氧化氨氮，从而提高阳极氧化的效率，促进 BESs 中的 NH_4^+-N 去除。

（1）处理型河岸湿地与 MFC 技术耦合

人工湿地 - 微生物燃料电池系统（CW-MFC）耦合已被证明是一种非常有潜力的技术，可以同时净化污水和产电。因此该组合工艺在处理型河岸湿地系统中具有非常大的应用潜力。在 CW 和 MFC 组合系统中，上段通常为好氧，下段为缺氧或厌氧。反应器底部反应为 $n\mathrm{CH_2O} + n\mathrm{H_2O} \longrightarrow n\mathrm{CO_2} + 4ne^- + 4n\mathrm{H}^+$，顶部反应为 $4ne^- + n\mathrm{O_2} + 4n\mathrm{H}^+ \longrightarrow 2n\mathrm{H_2O}$。电子在外部金属导体的帮助下从底部移动到顶部，而质子则通过内部溶液移动。近年来，CW-MFC 得到了越来越多的关注。通过填充具有导电性能的碳质填料，CW 可演化为短路微生物燃料电池[56-57]。Yadav 等[58] 构建了一个 CW-MFC 系统，利用石墨作为阳极和阴极电极，将 MFC 嵌入合成染料废水的 VSFCW 中，研究其污染物去除和产电性能。李雪等[59] 以芦苇为湿地植物构建了 CW-MFC 耦合系统，在净化污水的同时产生电能，系统能够长期稳定运行。Srivastava 等[60] 研究了开放式和封闭式 CW-MFC 的性能电路，结果表明，闭路运行时 CW-MFC 的 COD 去除率比开路运行时高 12% ～ 20%，比单独运行时高 27% ～ 49%。当将活性炭 -NZVI（纳米零价铁）添加到阳极上时，菲和蒽的去除效率为 88.5% ～ 96.4%[61]。这种操作方式实现了同时进行闭路产电和废水处理。

电化学活性细菌（EAB），如假单胞菌、红假单胞菌和脱氯单胞菌，有助于 CW-MFC 中生物电的产生。CW 和 MFC 的结合可以克服它们各自的不足，并能够利用它们各自的优势。当前较多研究集中在最佳的 CW-MFC 配置，以获得最佳的生物电能输出和污染物去除效率。在选择植物和基质、优化电极或使用金属催化剂修饰电极、调整电极间距和形状、改变流动方向、增加阴极充气等方面进行了大量研究[62-63]。在 CW-MFC 中，生物电输出主要依赖于微生物对有机物的生物降解。因为产电依赖于氧化还原反应，这种反应发生在无机物中，如金属从金属矿物的氧化和腐蚀中被释放出来，可以用来发电。尽管 CW-MFC 在废水处理方面表现出了良好的效率，但仍存在一些实际技术问题需要克服，如功率输出有限、内阻高等。

（2）处理型河岸湿地与 MEC 技术耦合

处理型河岸湿地系统与 MEC 技术耦合是一项具有巨大潜力的前沿技术，可替代传统的废水处理技术（厌氧硝化、活性污泥等）。MEC 的主要特点之一是，它们允许废水中的有机物转化为氢，从而帮助抵消处理过程中消耗的能量。

MEC 是 BWTS 中的一种。MEC 是在 BWTS 外加电源，通过改变其水流方式，使得系统中自发形成 MEC 所需的氧化还原梯度。组合式湿地型生态岸坡（CWER）系统中产生的有机物可作为 MEC 的电子供体，从而形成了耦合工艺。一方面，电解过程中产生的 H_2 可以直接被氢自养反硝化微生物作为电子供体来减少 NO_3^--N；另一方面，BESs 中的电刺激可以提高微生物的活性，促进电子的转移，增强微生物的代谢，从而增强 NO_3^--N 的去除性能。这种工艺结合了两个系统的优点，不仅降低了 MEC 的经济成本，也强化了生态岸坡（ER）的污染物去除能力。因此，BESs 及其集成过程已被广泛研究，以增强系统对 NO_3^--N 的去除效果。Zhang 等[64]采用生物膜电极 - 人工湿地（BE-CW）耦合系统对低 C/N 污水处理厂出水进行脱氮处理，NO_3^--N 的去除率为 45.5% ～ 83.4%。Xu 等[65]构建了三维生物膜电极辅助的 CW 系统，通过对微生物群落的分析，发现系统实现了自养异养反硝化同步脱氮，在没有有机碳源添加时，系统也可以实现完全的硫自养反硝化（SAD）脱氮。Wang 等[66-67]构建了 BE-CW 系统，研究了 C/N、电流强度和 pH 值对 BE-CW 中氮去除的影响，结果表明，微电场产生的电子以及阴极产生的氢气可以显著提高 BE-CW 中无机氮的去除率。

提高处理型河岸湿地的处理效果因素很大程度上取决于 MEC 选择合适的材料，这些材料应能够满足活性元件（即阳极、阴极和膜）的特殊要求，并能够在反应器的特定环境条件下工作。先前有研究，在以铁为阳极和阴极的电解人工湿地中，牺牲铁阳极氧化释放的电子和铁离子，在电流作用下能有效去除磷和氮[43, 68]。在低 COD/N 条件下，BE-CW 具有稳定的脱氮除磷效果，是处理低 COD/N 废水（如污水处理厂出水）的一种很有前途的方法。尽管有这些优点，但由于需要以外加电压 / 电势的形式输入能量，微生物电解池 - 厌氧消化（MEC-AD）的运行将增加成本。Cho 等[69]提出，在 MEC 中持续施加电压可能超过了阴极析氢反应所需的能量。

除了提高能量效率外，开 / 关模式操作还可以通过减少氢气气泡的附着来增加析氢反应的有效阴极表面积。此外，在开 / 关模式下，阴极周围的氢分压可以降低，这可能有利于厌氧消化过程，较高的氢分压可能会抑制厌氧消化过程中挥发性脂肪酸（VFA）的消耗[69]。考虑到这些方面，可以假设开 / 关模式操作有益于 MEC-AD 系统的操作。因此，使用的材料至少应满足以下要求。

① 中等至高导电性　便于电荷（电子和离子）的循环，尽可能提高反应速

率，并能够有效利用提供给 MEC 的能量。此外，内阻直接取决于电极、电解质和膜的导电性，也是 MEC 可行性的关键。

② 生物、化学和物理稳定性　理想情况下，建筑材料的性能不应受到微生物、极端 pH 值、相对较高的离子浓度、电势（腐蚀）等的影响。

③ 经济上可行　在实验室规模工作时，这不是一项重要要求，但在考虑商业大规模应用时，这显然是一个至关重要的问题。必须通过使用较便宜的材料、优化制造工艺和反应堆配置，将资本和运营成本降至最低。

④ 高比表面积　阳极和阴极反应是非均相反应，因此，应最大化电极的比表面积，以优化反应速率。

根据上述研究可知，虽然 CW-MEC 耦合系统对于污染物去除效率较高，但由于 MEC 去除污染物效率有限，同时，目前对于 MEC 耦合 CW 技术的研究还不足，许多与该耦合系统性能有关的机制还需要进一步阐明，以便更好地设计和操作。因此，将该技术进行强化需要对这几个方面做更深入的研究：系统的结构设计与基质材料选择；选择可替代的电子供体；将其与其他工艺组合。

综上，当前提高处理型河岸湿地的处理效果已逐渐引起人们的重视，结合过去几年国内外对于河岸湿地的探究，可以从湿地基质、湿地工艺及工艺参数等方面对处理型河岸湿地进行优化从而达到增强污染物去除效果的目的。未来针对提高处理型河岸湿地的处理效果可以从以下几个方面进一步研究。

① 强化硝化作用。这是湿地脱氮的控制步骤，主要措施是改变湿地生物载体类型。

② 强化植物脱氮能力。筛选出脱氮能力强、根系发达、泌氧能力强的湿地植物，优化植物混种方法，定期收割湿地植物，提高植物的脱氮效率。

③ 强化反硝化作用，与其他技术相结合。通过增加 NO_3^--N、添加碳源促进硝化和反硝化过程。

3.3 滨海围滩水产养殖水污染的生态工程技术

目前我国大部分海岸池塘水产养殖通过传统水闸进行调换水，基本不设置污染减排设施。养殖区附近海水经常受到污染，导致水体质量下降［图 3-1（a）］。普遍使用传统水闸来控制水体交换，本身没有净化水体的功能［图 3-1（b）］。海水池塘养殖尾水处理或回用是解决这类环境问题的有效途径，也是满足国家海洋环境保护和可持续利用重大需求的有力保障。然而，适用于野外运行、管理和维护简单、易于对现有养殖设施改造升级的海水池塘养殖尾水处理工艺和技术还有待研发。

(a)　(b)

图 3-1　海水池塘养殖现状

海水池塘养殖尾水与传统废水相比具有盐度和水量等问题，加大了池塘养殖尾水的处理难度。常用的初级处理技术包括物理、化学和生物方法。物理方法主要通过投放一些多孔填料，如活性炭、陶粒等，使污染物吸附在表面，来达到去除污染物的目的，通过物理技术主要可以去除悬浮物和部分化学需氧量（COD）等，物理方法简单、易操作，但容易引起二次污染。化学方法主要通过向水体中投放氢氧化物等，使污染物沉淀或降解，还可以投放药剂对水体进行杀菌处理，化学方法简单但对环境影响较大。物理、化学方法仅能作为初步处理，对水中溶解性的氮、磷污染物去除效果不佳，生物方法则可以较好地解决这一问题。生物方法主要利用植物和微生物等对污染物质的吸收与降解作用，生物方法对生态环境影响较小，效果较好，且有助于海洋环境的修复。单一的方法都无法实现污染物的较好去除，所以将物理、化学、生物方法相结合是现在的研究热点。

生态工程技术通过物理、化学和生物修复来达到污染物的去除目的，其可以通过各种物质之间相互循环，在不同阶段对待处理的污染物进行降解，最终达到净化环境的目的。生态水利学结合了生态工程与水利工程，它作为水利工程的新分支，既可以满足人类生产生活的需要，又可以净化水质保护水生生态系统的平衡，并且可以使能源得到可持续发展。生态工程技术（包括 CW、生态透水坝等）适用于野外运行，具有生态友好、管理和维护简单、费用低等优点，能调节和改善水质，适用于水产养殖业。生态工程技术应用于海水池塘养殖是现在的研究热点，但如何提升其处理效果以及提高微生物的降解能力还有待研究。

3.3.1 生态透水坝处理技术概述

近年来，滨海围滩水产养殖等产生的氮污染问题受到越来越多的关注，过多的氮元素使得“赤潮”等生态问题频发。相应的氮污染控制技术也是当前的研究热点。人工湿地等生态技术对于滨海氮污染控制仍然适用，CW 通过利用土壤、基质、植物、微生物等共同作用来处理废水中的污染物，CW 技术在淡水和海水污染控制研究中得到了广泛关注。例如，张可可等[70]研究了 CW 净化海水养殖尾水中氮的降解规律，并且研究了氮去除过程中关键微生物的重要作用。CW 适用于野外运行、管理和维护简单、能调节和改善水质，但其往往用在异位修复中，用来改造现有的已大量建成的海岸水产养殖池塘，不具备经济技术可行性。另外，选择海域建设 CW 将需要占用更多的海域面积，现有的大部分海岸水产养殖池塘的围堤上未预留足够面积来建设 CW。因此，这里着重介绍另外一种生态技术——生态透水坝技术。

生态透水坝（ecological permeable dam，EPD）作为典型的生态友好型工程系统，能用来净化受污染水体，具有占地面积小、适宜在建成的海岸水产养殖池塘进行改建的优点。目前 EPD 是处理出水的重要方法之一，可利用透水坝将生态和水质净化功能最大化提高，同时具有一般透水坝功能。废水在透水坝中停留一定时间后经物理沉淀、生物降解净化后通过坝体慢慢渗透出去，形成净水交换。传统的透水坝是利用砾石等材料在河道中人工搭建的坝体，利用储存进水并在内部通过填料及微生物的作用，吸收并降解污染物质。Abbasi 等[71]介绍了世界各地淤地坝在水土管理和径流控制中的应用，这些系统通常由各种材料建造而成，对环境改善起着重要的作用。田猛等[72]针对控制太湖流域面源污染提出了透水坝技术并进行了实验，发现透水坝能在拦蓄径流的同时，通过坝体渗流达到一定的污染物净化效果。Ni 等[73]提出了一种新型的生态坝系统，该系统由生物滤池浮床和植物浮床组成，结果表明，生物滤池上形成的生物膜对有机污染物和氮的去除起主要作用。基于透水坝技术引入 CW 以及生物强化等原理，即可设计 EPD。EPD 系统与 CW 相比，往往不种植植物，仅依靠填料的作用来过滤污染物，依靠填料上的微生物来降解污染物，该系统往往比 CW 系统更有效，这些特点使其有潜力应用于现有海岸池塘水产养殖尾水的污染治理改造中。然而，现有的 EPD 系统需要进一步提高污染物转化效率，如何进行污染降解能力的强化是现在面临的核心问题。

3.3.2 生态透水坝截污性能

提高 EPD 系统的净化效果，关键是要提高 EPD 系统中微生物降解污染物的能力。近几年，生态工程技术呈现出与其他技术结合的新发展方向，有望通过强化技术来进一步提高处理性能。可以通过增强硝化及反硝化效果来提高废水中氮的去除率，其中基质因素、增加菌株、耦合微生物电化学技术、环境因素以及透水坝构造是生态工程技术新的研究热点。这些研究仍存在一些问题需要解决，例如，如何研制更易于降解微生物富集的新型生物填料，生物填料特性对污染物的降解效果有何影响，微生物电解与氮降解转化耦合的效果如何，电化学体系电压的影响以及反应系统的放大效应。

（1）基质因素强化污染物去除

在污染控制的生态系统中，基质是影响处理效果的重要因素。微生物附着于填料上，通过添加生物填料可以增大生物膜与水体的接触面积，以此加强对水体的处理效果。填料是生态系统反应器的关键组成部分，为微生物提供生长附着环境，在微生物与污染物进行电子传递过程中发挥着重要作用，对于 EPD 系统提升出水水质至关重要，填料的种类会直接影响沉淀、过滤和吸附效果。填料作为载体，可使微生物富集在其表面上，逐渐形成生物膜，当废水流经生物膜时，其中的有机物质就会被微生物摄取，既可实现自身的繁殖又可以净化水质。目前研究较多的材料有砾石、沸石、活性炭、海绵铁、牡蛎壳等，新型复合多孔填料可以为微生物生长提供适宜的环境，将是未来研究的方向。近年来，为了提高处理效果，人们对各种填料进行了研究。

聂中林等[74]研究了四种填料（分别为陶粒、沸石 - 陶粒和两种弹性纤维材料）处理 NH_4^+-N 和有机物的效果，两种颗粒填料的 NH_4^+-N 硝化负荷要高于纤维填料，且两种颗粒填料的平均 NH_4^+-N 去除率分别达到 94.6% 和 93.7%，两种纤维填料的平均 NH_4^+-N 去除率分别达到 89.5% 和 92.6%。方媛媛等[75]选取陶粒、火山岩、沸石、轮胎颗粒四种填料，研究单一填料以及复合填料对水中氮磷的去除效果，其中沸石对 NH_4^+-N 的去除率达到了 97.2%，吸附量达到了 15.6mg/kg，当四种填料优化配比为 1∶1∶1∶1 时，对 NH_4^+-N 的去除率达到了 92.6%，吸附量达到了 13.7mg/kg。蒋林时等[76]研究得出砾石填料床不仅具有吸附、截留等处理功能，同时砾石表面形成生物膜，可实现对有机污染物的去除，且对 COD、NH_3-N 和浊度的去除率均可稳定在 50% 以上。董敏慧等[77]将沸石、石灰石、煤渣和粉煤灰等填料用于 CW，研究发现其可以提高污染物的去除效果，特别是对氮、磷的去除效果。彭立新等[78]研究新型复合材料在 CW 尾水处理中的应用，研究表明该新型复合材料对污水的处理效果良好，对 COD、NH_4^+-N、TP 的平均去除率分别为 71.3%、84.7% 和 77.5%。张延青等[79]使用竹球填料处理高浓度含氮养殖尾水，填料的最佳高度为 60cm，对 NH_4^+-N 的去除率达到 70% 以上。Webb 等[80]利用海蓬子为主体，石英砂结合石灰石为基质，对鱼和虾养殖尾水进行修复，结果表明，对无机氮的去除率达到了 98.2%，对有机氮的去除率为 23% ～ 69%，对无机磷的去除率为（67±14）%。

铁元素是一种必需的氧化还原物质，在环境中通过化学或微生物作用在 N、C、O 和 S 循环中起着重要作用，其作为电子供体，促进了反硝化性能。Zhao 等[81]研究了铁对 CW 处理效果的影响，发现在 CW 中添加无毒铁净化水产养殖尾水，当 CW 中亚铁离子浓度为 20mg/L 时，对 TN、TP 和 COD 的去除率分别为（95±1.9）%、（77±1.2）% 和（62±2）%。Ren 等[82]研究得出以含铁和活性炭作为生物滤器工艺的过滤材料，复合材料的比表面积和孔隙率明显增加，且对 NH_4^+-N 的去除率达到了 97.9%。Si 等[83]研究 CW- 海绵铁耦合体系的反硝化机理，发现在不同的 NO_3^--N 浓度（10 ～ 30mg/L）和 COD/N 为 5 的情况下，NO_3^--N 去除率提高了 16% ～ 76%，且反硝化速率与海绵铁的用量呈正相关，与进水 COD 浓度呈负相关。通过将化学还原和生物反硝化相结合，可以避免还原剂的持续供应，减少碳源用量，从而降低铁元素处理废水的成本。

综上，新型多孔填料研发是EPD技术应用于氮污染水处理的研究热点之一。

（2）增加功能菌株数量强化EPD中污染物去除

在EPD系统中增加具有降解污染物功能的微生物数量也可以提高处理效果。根据已有针对各类废水的研究报道，增加相关降解污染物功能的微生物数量能不同程度地提高系统的污染处理效果，提高出水水质。以去除某一种或某一类有害物质为目的，从自然界海水中筛选优势菌种，然后投入菌种，使其与底质之间通过直接作用或共代谢达到增强降解的目的[84]。研发生物增强剂主要包括选择环境微生物、分离适应性微生物、选择特殊降解性菌株、选择高效菌株、接受突变剂进一步筛选、发酵等环节。可以通过向水中投加硝化及反硝化细菌来强化污染物的去除效果。

Aquilino等[85]研究比较了不同生物量的毛霉菌对富营养海水的生物修复能力的差异。John等[86]研究证明蜡样芽孢杆菌、解淀粉芽孢杆菌和斯氏假单胞菌组成的微生物联合体对氨氮、亚硝酸盐、硝酸盐的去除有较好的效果。Fu等[87]分离得到一株耐盐好氧反硝化细菌 *Zobellella denitrificans* 菌株A63，研究了其对含盐废水反硝化效率和基质反硝化微生物群落结构的影响，其对NH_4^+-N、NO_3^--N和TN的去除率分别达到79.2%、95.7%和89.9%。Hong等[88]研究分离出一株具有高效生物膜形成和反硝化能力的菌株，其生物膜生长较快，加入反应器中后，对NH_4^+-N、NO_3^--N和TN去除率分别达到95%、91%和88%。肖思远等[89]从养殖池塘水体中分离出一株高效好氧反硝化细菌，在适宜的培养体系中，对NO_2^--N和TN去除率分别达到99.14%和97.06%。特异功能菌性能的发挥和维持有效的生物量是生物强化的关键。增加菌株数量强化污染物的去除效果要综合考虑水质、水量、投放量、营养物质、氧消耗量、反应器构造和HRT等诸多因素。

（3）耦合电化学强化EPD中污染物去除

电化学方法是指在直流电的作用下，阳极和阴极上发生氧化还原反应，从而实现将电解质溶液中的污染物氧化、降解、析出或沉淀的一种技术，通过电化学技术可以去除水中各类污染物质。生物电化学是通过氧化还原原理，阳极室中的微生物降解污水中的有机物并将电子转移到阳极表面，同时，产生质子通过离子交换膜迁移至阴极室；阳极表面的电子通过外电路转移至阴极，与阴极室的电子受体结合，生成相应的还原产物。目前微生物与电化学耦合的技术包括 MFC、MEC 以及生物膜电极反应器（BER）等。

MFC 采用微生物为催化剂去除污水中的污染物，并将化学能转化为电能，其工作原理为通过外部电路将阳极附近通过氧化反应产生的电子转移到阴极，然后在阴极附近参与还原反应。MFC 不但可以降解简单有机物，还可以降解难降解的有机物以及混合有机底物，并且获得电能。

MEC 是在 MFC 的基础上发展起来的新型 BESs。MEC 需要外加电压的辅助，MEC 在阳极产生质子、电子以及 NO_2，在外加电压条件下，电子通过外电路到达阴极并与氢离子发生反应生成 H_2。该技术在实现废水处理的同时，具有绿色环保等特点。

BER 是利用固定化技术将微生物固定在电极表面形成生物膜，通过施加一定的电流使污染物在化学和生物的共同作用下得以去除。BER 中电流和电压是影响污染物去除率的关键因素。Feleke 等 [90] 采用 BER 研究处理硝酸盐和难降解有机物浓度高的混合废水，实现了硝酸盐的高效去除。王海燕等 [91] 将生物膜电极氢自养和硫自养结合起来用于去除硝酸盐，在 HRT 为 1.9 ～ 5h，最小电流为 3 ～ 16mA 时，NO_3^--N 的去除率达到 90% 以上。He 等 [92] 将 CW 与 BER 相结合，在最佳条件下 TN 去除率达到了 98.11%。Wang 等 [66] 发现在 CW-BER 反应器中，电流和氢气均能提高氮类污染物的去除率。Ju 等 [68] 研究一体化潮汐流 CW，研究表明了电流强度对氮和磷的去除效果具有显著影响，随着电流强度从 1.5mA/cm^2 降低到 0.57mA/cm^2，出水 NO_3^--N 浓度从 2mg/L 降低到 0.5mg/L 以下，说明电解电流强度对氮的转化起着重要作用。还有实验研究了高电流和短 HRT 的影响，结果表明降低了硝酸盐和硫酸盐的去除性能 [93]。BER 绿色环保、不需添加化学药剂、不易造成二次污染，其与 EPD 结合来处理污染物受到越来越多的关注。

（4）环境因素影响 EPD 中污染物去除

环境因素也是影响 EPD 对污染物处理效果的关键因素，其中 HLR、HRT、温度、曝气是当前的研究重点。

HLR 以及 HRT 是影响污染物处理效果的重要参数，它们决定了反应器在一定的体积和流速下对污染物的处理能力，适宜的 HRT 可以提高脱氮速率，并且适宜的 HLR 能减少 EPD 的占地面积，并提升处理效果。Zhao 等 [94] 研究发现，在 HRT 为 8h 时，硝酸盐和亚硝酸盐取得了较高的去除率。金赞芳等 [95] 也发现以棉花为基质，在 HRT 为 8.6h 时，脱氮效率最高。丁海静等 [96] 研究发现 HLR 不同会导致 CW 中菌群的分布存在差异，并对污染物的去除效果产生影响。徐嘉波等 [97] 也发现，随着 HLR 的增加，池塘养殖尾水处理系统对 TN 的去除率下降了 34%。姚丽婷等 [98] 发现通过提高曝气量能够提高好氧氨氧化菌的活性，进而提高氨氧化速率。王博 [99] 发现在低温下系统脱氮效果明显低于适宜温度条件下的脱氮效果。

综上，将微生物电化学（BE）与传统的 EPD 技术相结合，形成新型的微生物电化学生态透水坝（BE-EPD），有望解决当前海岸池塘水产养殖尾水控污问题。然而，这种耦合技术较多关注于淡水污染的研究，针对污染海水处理的研究较少。铁强化污染海水治理也未得到重视，掺杂铁多孔填料对电化学 - 生态处理系统的氮去除强化性能及微生物学机制仍不清晰。电压、菌株、硫元素、HLR、温度以及曝气等因素对电化学 - 生态处理系统处理海水氮污染的影响需进一步研究。针对以上问题开展实验，为海水养殖尾水排放提供了重要的理论依据。

3.4　复合人工湿地对氮的深度处理

近年来，越来越多的学者开始重视 CW 的研究和应用，并试图利用其对废水进行深度处理。大量的研究表明，CW 在环境生态效益和节省费用方面具有优越性。随着环境污染物排放标准日趋严格，对污染物从源头减量排放提出了更高的要求。CW 技术已在实际应用中发挥了关键的作用，作为三级处理构筑物，对传统二级处理工艺处理过的低浓度尾水进行深度处理，使得污染物排放量进一步减少。

ICW 系统由不同类型的 CW 组合而成，目的是平衡每种湿地的优点和缺点。已有的研究较多地进行单一湿地类型的处理效果研究，较少地进行两种以上湿地类型的整合研究，但多数都是在实验尺度的湿地中进行的，与实际应用环境条件存在一定差距。这里以已投入运行的复合CW工程为对象，连续5个月对湿地进出水中的NH_4^+-N和NO_3^--N浓度进行采样分析，研究复合湿地系统对NH_4^+-N和NO_3^--N的净化效果，并采用Monod模型对处理效果进行模拟，分析进水中NH_4^+-N和NO_3^--N的含量对处理效果的影响以及COD/NH_4^+-N和COD/NO_3^--N对降解系数的影响，为优化湿地设计和提高处理效果提供参考依据。

3.4.1 ICW系统对氮的深度处理效果

（1）ICW系统概况及研究方法

该ICW系统所在地区属南亚热带海洋性气候，年平均气温为21.8℃，年平均降水量为1627.7mm，年平均日照时间为1880h。此ICW系统接收了数家工厂排放的生活和工业废水。废水经过湿地前，经过水解酸化池和曝气池等传统二级处理工艺，对进水进行预处理。该ICW系统的主要目标是进一步去除废水中的污染物，改善区域水环境质量。

如图3-2所示，ICW系统包括VSFCW、FWSCW和HSFCW 3种不同形式的湿地[8]。湿地总面积为5000m^2，VSFCW、FWSCW和HSFCW面积分别为1260m^2、1250m^2和2490m^2。填料层厚度为0.9m，填料为碎石。种植黄花美人蕉（CI）、风车草（CA）、再力花、梭鱼草和纸莎草等植物。ICW工艺流程为：进水→VSFCW→FWSCW→HSFCW→出水。湿地系统采用连续进水方式，HLR为0.17～0.31m/d，HRT为1.48～2.69d。

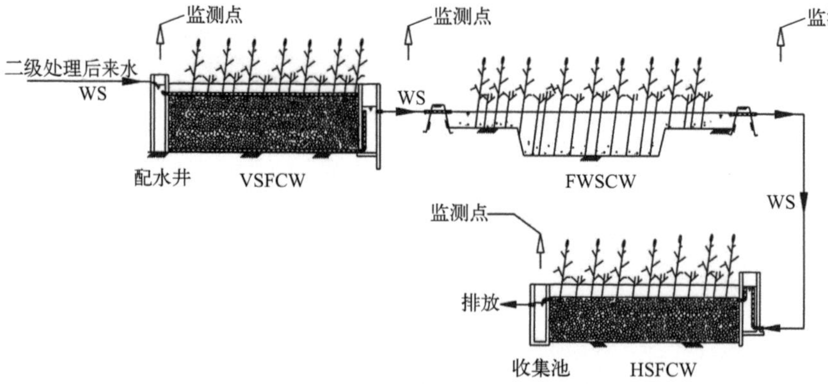

图3-2 ICW工艺以及监测点位置[8]

WS—废水

监测点设置在系统进水口和各个单元出水口处。监测点共计4个，监测指标包括水温、pH值、DO、E_h、COD、NH_4^+-N含量和NO_3^--N含量。测定方法参照《水和废水监测分析方法》（第四版）。

（2）复合人工湿地对NH_4^+-N和NO_3^--N的去除效果

根据检测结果可知，CW系统进水中氮的主要形态为NH_4^+-N和NO_3^--N，而NO_2^--N几乎可以忽略不计。

CW系统进水中，NH_4^+-N的浓度在2.07～7.46mg/L，在VSFCW中AOB的作用下，NH_4^+-N的浓度降低至1.25～3.54mg/L。FWSCW中，NH_4^+-N的浓度进一步降低，为0.95～2.70mg/L。FWSCW出水经过HSFCW之后，湿地系统最终出水中NH_4^+-N浓度在0.61～1.85mg/L［图3-3（a）］，其中69.2%低于1.5mg/L。整个ICW系统对NH_4^+-N的去除率在66.0%～77.1%。在进水中NH_4^+-N浓度较低（2.33mg/L）时，湿地对其去除率较低（66.0%）。从各功能单元对NH_4^+-N的去除率可以看出，VSFCW对NH_4^+-N的去除贡献较大，去除率在39.6%～55.8%。

ICW系统进水中，NO_3^--N浓度在4.50～11.50mg/L，在VSFCW反硝化细菌的作用下，NO_3^--N浓度降低到3.62～8.21mg/L。经过FWSCW处理后，出水中NO_3^--N浓度在3.08～5.79mg/L。FWSCW出水经过HSFCW之后，最终出水中NO_3^--N浓度在2.00～3.17mg/L［图3-3（b）］。整个湿地系统对NO_3^--N的去

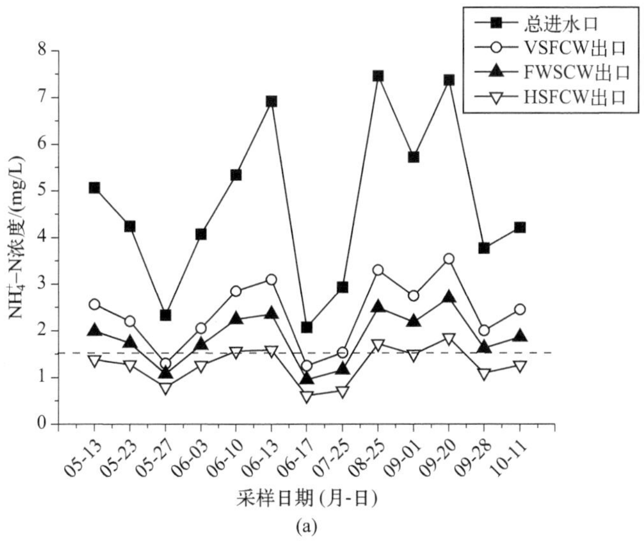

(a)

图3-3

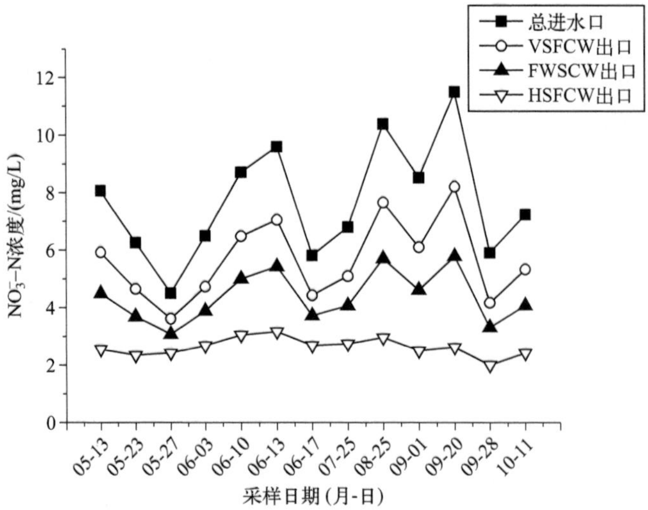

(b)

图 3-3　ICW 进、出水中 NH_4^+-N、NO_3^--N 含量的变化

除率达到 46.2% ～ 77.2%。在进水浓度较低（4.50mg/L）时，ICW 对 NO_3^--N 的去除率较低（46.2%）。从各功能单元对 NO_3^--N 的去除率可以看出，HSFCW 对 NO_3^--N 的去除贡献较大，去除率在 21.4% ～ 54.7%。由此可见，ICW 组合的形式对 NH_4^+-N 和 NO_3^--N 具有较好的去除效果。

3.4.2　复合人工湿地模型模拟及验证

（1）Monod 动力学模型

采用 Monod 动力学模型对所研究湿地进行模拟，模型假设目标污染物的降解服从 Monod 动力学，VSFCW 系统为独立的连续搅拌器（CSTR），而 FWSCW 和 HSFCW 系统都为理想的推流反应器（PF）。VSFCW（模型①）、FWSCW（模型②）和 HSFCW（模型③）系统的 Monod 动力学方程表达式分别为：

$$K_1=q(C_{in}-C_{out})(C_{half}+C_{out})/C_{out} \tag{3-1}$$

$$K_2=[C_{in}-C_{out}+C_{half}\ln(C_{in}/C_{out})]/(1/q) \tag{3-2}$$

$$K_3=[C_{in}-C_{out}+C_{half}\ln(C_{in}/C_{out})]/(1/q) \tag{3-3}$$

式中，K_1、K_2 和 K_3 为最大面积去除率常数，g/(m^2 · d)；q 为 HLR，m/d；C_{in} 为进水中污染物浓度，mg/L；C_{out} 为出水中污染物浓度，mg/L；C_{half} 为半饱和常数（限制因素），mg/L，等于最大比降解速率一半时底物的质量浓度，主要受到温度和 pH 值等因素的影响。

（2）模型模拟及验证

采用上述 Monod 动力学模型对研究的 ICW 进行模拟，模型中的半饱和常数 C_{half} 对于 NH_4^+-N 为 0.05mg/L，对于 NO_3^--N 为 0.14mg/L。引入判定系数 (R^2)、相对均方根误差（RRMSE）和模型效率（ME）3 个统计学参数来估算模型的优劣。

图 3-4 表示模型①中，函数 $f(C_{in}, C_{out}, q)$ 与 C_{out} 的关系，图 3-5 和图 3-6 表示模型②和模型③中 $f(C_{in}, C_{out}, C_{half})$ 与 $1/q$ 的关系。回归拟合线的斜率即为最大污染物去除率 K，统计参数 R^2、RRMSE 和 ME 用来表示监测值与模型预测值之间的偏差，虚线为 95% 置信带，包含了真实回归拟合线。可见，在 VSFCW、FWSCW 和 HSFCW 中，NH_4^+-N 和 NO_3^--N 去除的预测值与实验观测值吻合程度较高，表明模型①、②和③的预测较为准确。

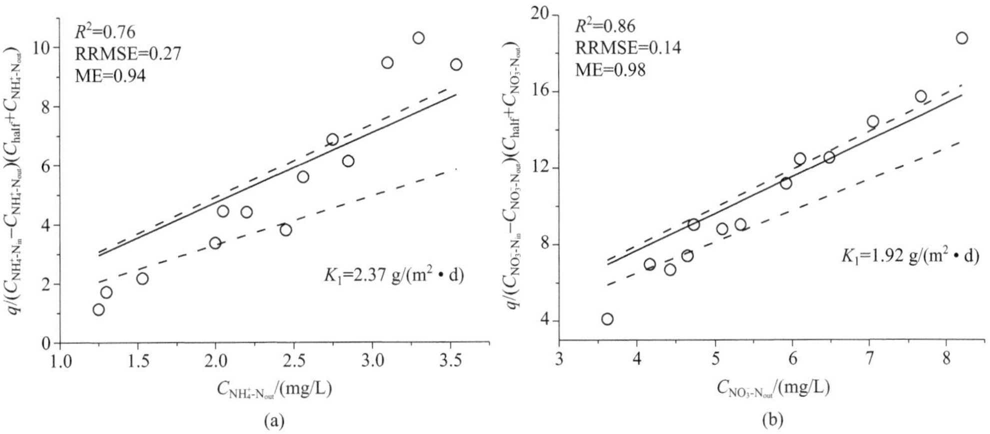

图 3-4　VSFCW 进出口 NH_4^+-N 和 NO_3^--N 监测值的 Monod&CSTR 动力学模型回归分析

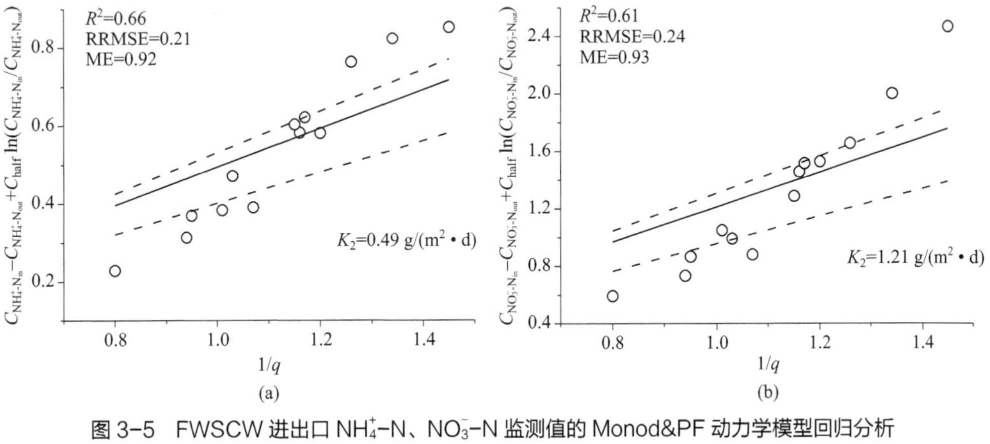

图 3-5　FWSCW 进出口 NH_4^+-N、NO_3^--N 监测值的 Monod&PF 动力学模型回归分析

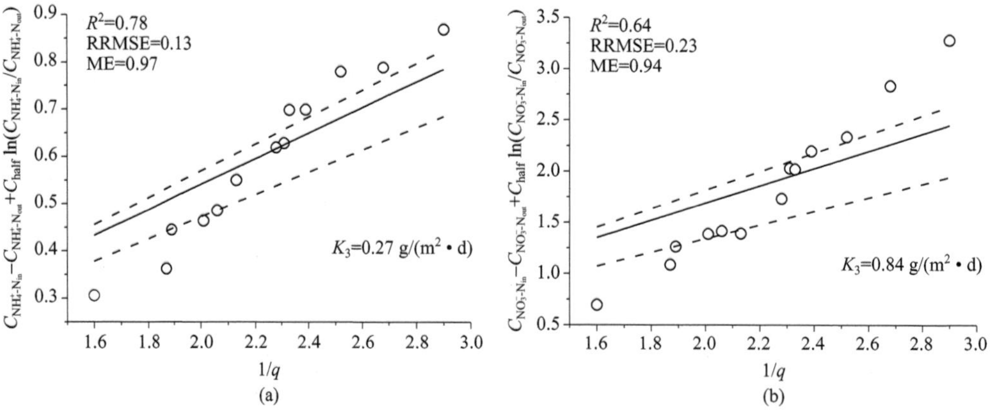

图 3-6 HSFCW 进出口 NH_4^+-N、NO_3^--N 监测值的 Monod&PF 动力学模型回归分析

3.4.3 影响复合人工湿地氮处理效果的因素

（1）复合人工湿地中的硝化和反硝化作用

微生物硝化是 ICW 中脱氮机制的重要过程，湿地为微生物提供了良好的硝化环境。监测期间湿地系统各单元水温相对稳定，平均温度在 24.8 ～ 25.7℃，水温标准差为 1.4 ～ 1.5，相对稳定的温度条件为研究结果的可靠性提供了保障。研究结果表明，NH_4^+-N 主要是在 VSFCW 中被去除的。VSFCW 具有较好的硝化作用，ICW 系统总进水口的 DO 含量较高，为 (6.70±0.5)mg/L，E_h 值同样较高，为 (188±53)mV，这些条件为 VSFCW 的硝化作用提供了良好条件。下行潜流湿地结构形成了基质床内好氧 - 厌氧 - 缺氧的 DO 条件，尤其是增强了湿地的复氧能力，湿地上栽种的再力花和 CI 都具有深扎的根状茎，起到水流通道的作用，促进了水体在湿地系统中的垂直流动与水平迁移。发达的须根系能起到疏导水流和输导氧气的作用，并能给 ICW 系统内部带来丰富的氧气，增强微生物的活性，从而保证硝化作用的有效性。FWSCW 出水口的 DO 含量为 (2.98±0.3)mg/L，VSFCW 出水口的 DO 含量为 (0.24±0.1)mg/L，FWSCW 的开放水域区中发生的自然再复氧过程提高了废水中的 DO 含量，从而促进了 NH_4^+-N 到 NO_3^--N 的硝化反应，但可能由于 FWSCW 中存在较多有机氮，导致 NH_4^+-N 的去除率并不高。HSFCW 中 DO 水平较低，为 (0.20±0.1)mg/L，因此其中的硝化强度比 VSFCW 低，这与已有的研究结果一致 [100]。

通常，CW 系统中植物和沉积物吸收的氮只占氮去除总量的很小一部分，微生物反硝化是 ICW 中主要的脱氮机制，ICW 为微生物提供了良好的反硝化环境。研究结果表明，NO_3^--N 主要在 HSFCW 中被去除。HSFCW 出水口的 DO 含量为 (0.20±0.1)mg/L，E_h 值为 (46±72)mV，这些较低值条件为反硝化作用提供了良好的环境。ICW 中 NO_3^--N 的去除主要依靠反硝化细菌完成。影响反硝化的一个主要因素是有机碳源，通过外加碳源或植物的设计可以增强反硝化的效果。有学者补充甘蔗叶作为碳源，湿地对 TN 的平均去除率显著提高 [101]。所研究的人工湿地采用再力花和 CI 等主要湿地植物，这类植物较其他水生植物具有生物量大、适应性强、易生长和腐烂时间长等优点，能提供较多可用作反硝化的碳源物质。此外，ICW 的组合工艺流程有利于补充碳源，经位于湿地系统前端的预处理装置后，在废水中的 BOD 相对较高时，直接进入碎石床，替代外加碳源；然后废水进入 FWSCW，由于废水在 FWSCW 的开放水域区中发生了硝化反应，提高了 NO_3^--N 的含量，因此，更有利于在其尾端的完全植被区中进行反硝化；通过植物补充碳源后，废水再进入 HSFCW 中，由于比 VSFCW 具有更加良好的厌氧环境，进而更容易发生反硝化反应，完成脱氮过程的最后一步。因此，整个工艺形成了良好的硝化 - 反硝化除氮过程，对废水中的 NO_3^--N 具有较好的处理效果。

（2）进水污染物含量与去除率的相关性

3 个流程的 CW 进水中，NH_4^+-N 和 NO_3^--N 含量与去除率的关系见图 3-7 ～图 3-9。随着进水中 NH_4^+-N 和 NO_3^--N 含量的增大，其去除率相应增加，这与已有的研究结果一致 [102-103]，进水污染物含量增加与去除率之间的正相关关系与传

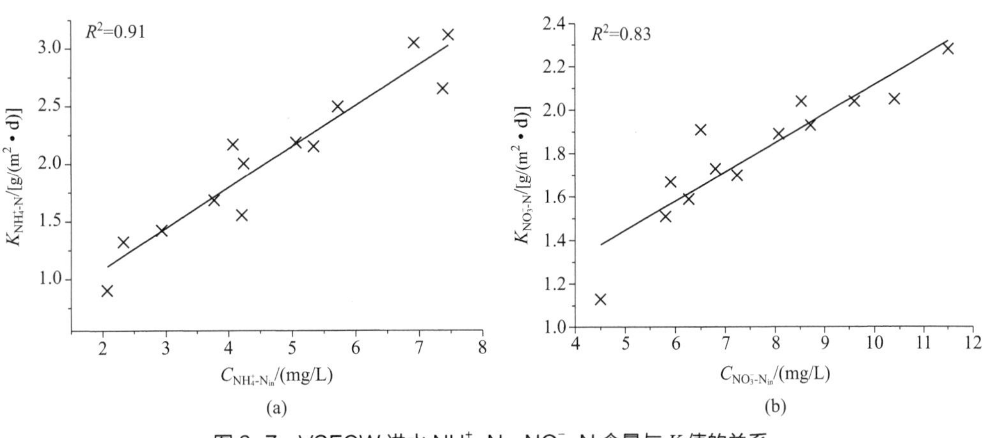

图 3-7　VSFCW 进水 NH_4^+-N、NO_3^--N 含量与 K 值的关系

统的 Monod 动力学假设一致。研究结果表明，3 个流程的 CW 进水污染物含量与去除率的相关系数都大于 0.80，表明在进水中 NH_4^+-N 和 NO_3^--N 含量较低时，湿地中硝化和反硝化作用分别受到了进水 NH_4^+-N 和 NO_3^--N 含量的限制，去除率随着进水污染物含量的增加而增大。

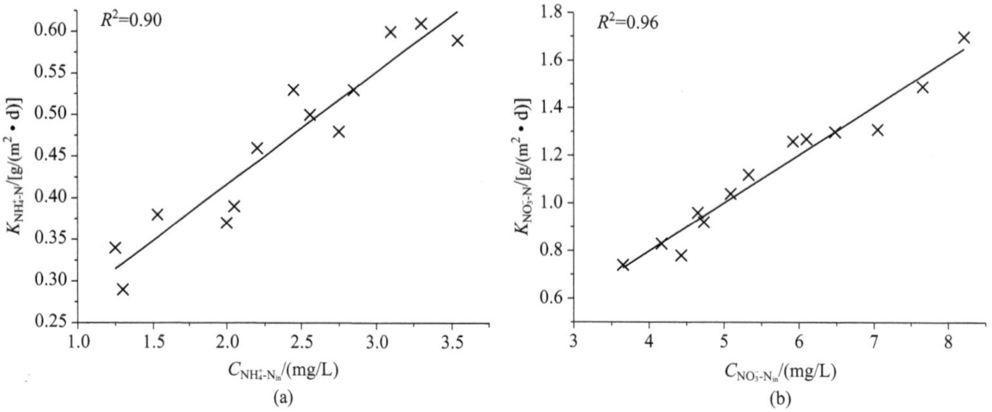

图 3-8　FWSCW 进水 NH_4^+-N、NO_3^--N 含量与 K 值的关系

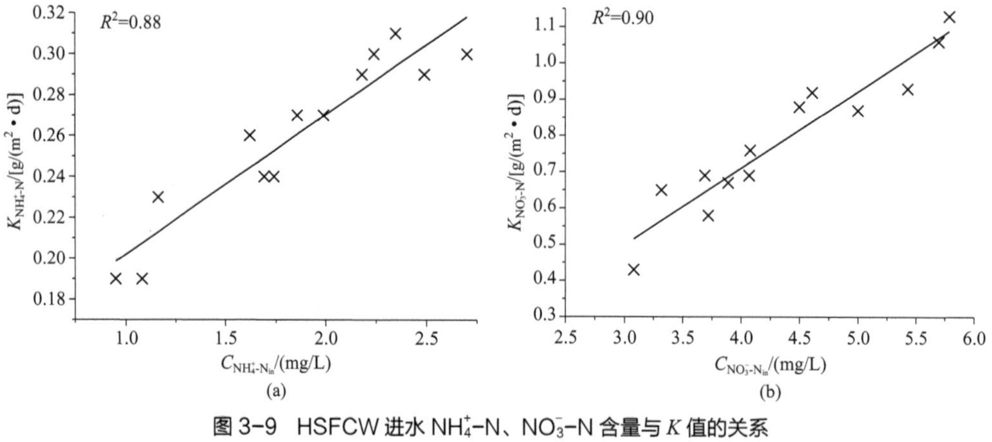

图 3-9　HSFCW 进水 NH_4^+-N、NO_3^--N 含量与 K 值的关系

（3）COD/NH_4^+-N、COD/NO_3^--N 对降解系数的影响

图 3-10 ～图 3-12 是进水 COD/NH_4^+-N、COD/NO_3^--N 与降解系数 $K_{NH_4^+-N}$、$K_{NO_3^--N}$ 的关系图。由图可见，对于 3 个流程的 CW，进水 COD/NH_4^+-N 与 $K_{NH_4^+-N}$ 的关系不明显，但仍可看出存在一定的负相关关系。COD 与 NH_4^+-N 的降解都需要 DO 的存在，DO 含量高，则有利于有机物被好氧的异养微生物利用而得到降解，也有利于 NH_4^+-N 被硝化细菌氧化成 NO_2^--N 和 NO_3^--N。然而，湿地中 DO 含

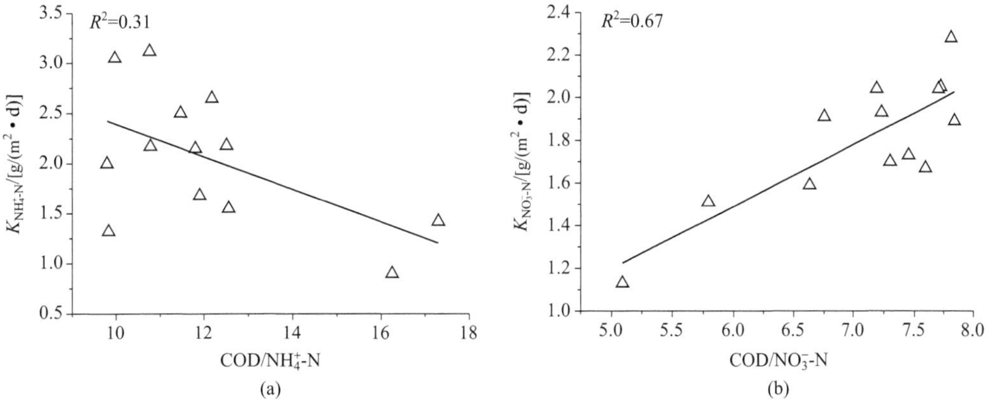

图 3-10　VSFCW 中进水 COD/NH_4^+-N、COD/NO_3^--N 的值与 Monod 动力学 K 值的关系

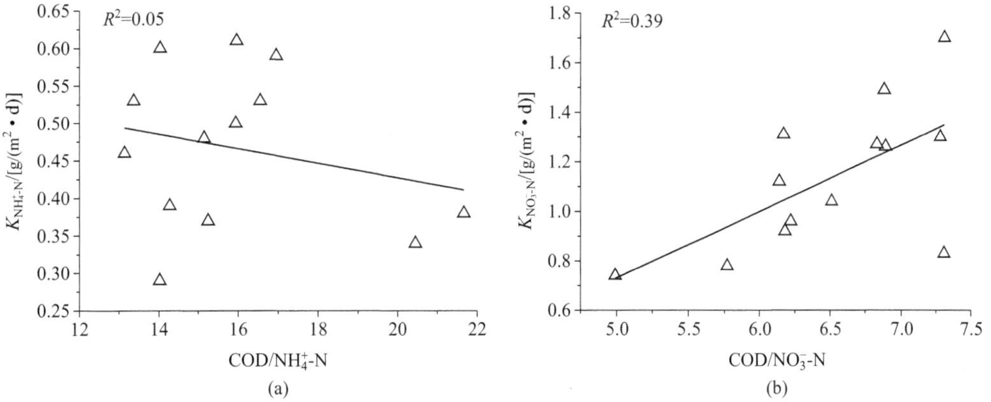

图 3-11　FWSCW 中进水 COD/NH_4^+-N、COD/NO_3^--N 的值与 Monod 动力学 K 值的关系

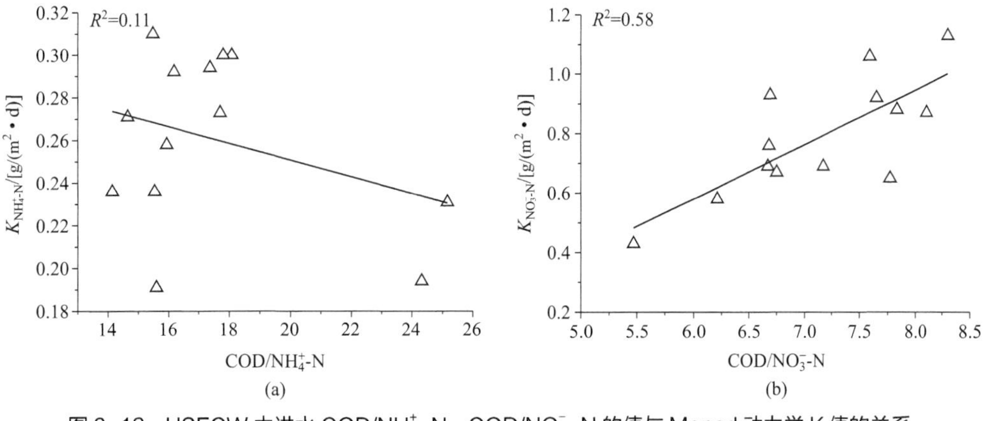

图 3-12　HSFCW 中进水 COD/NH_4^+-N、COD/NO_3^--N 的值与 Monod 动力学 K 值的关系

量十分有限，有机物与 NH_4^+-N 的降解可能存在竞争 DO 的情况。对于 3 种类型的湿地，进水 COD/NO_3^--N 与 $K_{NO_3^- -N}$ 的相关关系相对于 COD/NH_4^+-N 与 $K_{NH_4^+ -N}$ 的

相关关系较为明显，随着进水 COD/NO_3^--N 的增大，$K_{NO_3^--N}$ 也增大，这是由于湿地中反硝化作用受到了可利用碳源的限制。研究表明，进水有机物含量低，对于反硝化作用构成了限制因素，已有研究也表明 COD/TN 的值对湿地脱氮效能有显著影响[104]。

研究结果表明，CW 组合对废水中的氮去除效果较好。整个 ICW 系统对 NH_4^+-N 和 NO_3^--N 的去除率分别达到 66.0% ～ 77.1% 和 46.2% ～ 77.2%。

用 Monod 模型分别预测出的 VSFCW、FWSCW 和 HSFCW 中 NH_4^+-N 和 NO_3^--N 去除率的预测值与实验观测值吻合程度较高，模型预测较为准确。然而，该模型是对 Monod 动力学模型的简化形式，应用到不同地区、不同气候条件或者植物降解作用超过微生物降解作用的湿地时，可能达不到满意的效果。

CW 中硝化和反硝化作用受到进水中 NH_4^+-N 和 NO_3^--N 含量的影响，去除率随着进水中 NH_4^+-N 和 NO_3^--N 含量的增加而增大。由于有机物与 NH_4^+-N 在湿地中的降解可能存在竞争 DO 的问题，可利用的碳源也成为了反硝化作用的限制因素。

3.4.4 复合人工湿地中微生物群落与理化因子的研究

3.4.4.1 概述

CW 技术可用于深度处理废水，具有明显的生态和经济效益。近年来，CW 已经从单一型发展到复合型。ICW 由两种或两种以上的单一型湿地组合而成，可以集合各个湿地的优势并且可以互补各自存在的不足。

CW 沉积物中的微生物对去除污染物起到了重要的作用。CW 处理污染物的效果与微生物的多样性及其丰度有关。有较多研究关注单一类型湿地中的微生物。然而，湿地中微生物群落结构和物理化学性质的关系还不清楚。已有的研究发现 HSFCW 的上层沉积物中的微生物多样性高于下层[18,105]。研究两个 VSFCW 时也得到了类似的结果。然而，也有研究[19]发现微生物群落结构多样性及丰度不随 VSFCW 深度的改变而改变。出现这些相互不一致的研究结果可能是由于湿地结构和沉积物物理化学性质不同而造成的。一些研究发现微生物群落与湿地的物理化学性质及反硝化能力有关[20,106]。然而，也有研究发现微生物组成和沉积物基质没有任何关联[16]。因此，进一步研究微生物群落组成与湿地结构和理化性质的关系是十分必要的。

大多数湿地微生物研究是基于单一类型人工湿地或者小规模 ICW，而不是实际生产运行的 ICW 工程。由于这些不同湿地的多样性结构和内部变化的物理化学性质，ICW 系统中的微生物群落可能展示出新特征。高通量测序技术，例如下一代 DNA 测序和基因芯片，能产生大量的基因信息，有助于更深入和更综合地评价和研究 CW 微生物群落[107]。

对一个 ICW 系统的微生物群落进行深入和综合的研究，该系统用来处理生活和简单工业废水的混合废水，已经连续运行 8 年。用 Illumina 高通量测序技术对微生物群落的 16S rRNA 基因进行测序，接着进行分类分析。特别地，旨在阐明该系统中微生物组成和多样性以及研究微生物群落是如何受湿地结构和沉积物理化性质所影响的。

3.4.4.2　研究方法

（1）ICW 系统概况和采样

ICW 系统描述同第 3.4.1 节。收集 VSFCW、FWSCW 和 HSFCW 的进口和出口水样后，立刻转移到实验室并储存于 4℃备用。VSFCW 中沉积物样品采集于基质下 10cm（V-I）和 40cm（V-O）深度处，FWSCW 中沉积物样品采集于进口（F-I）和出口（F-O）的底泥下 10cm 深度处，HSFCW 中沉积物样品采集于进口（H-I）和出口（H-O）的基质下 40cm 深度处（图 3-13）。在每个深度上的水平距离约为 1.2m 处收集 3 个样品，总共 18 个样品。每个采样区的 3 个样品分别编号为 1、2 和 3。样品采集后马上装袋，然后放于冰盒中保存。在实验室人工混匀所采样品，并去除根和植物等杂质，随后保存于 −80℃备用。

（2）监测指标及分析方法

水样测试指标包括 pH 值、DO、E_h、COD、NH_4^+-N、NO_3^--N、TN、TP 和 SO_4^{2-}。沉积物测试指标包括 pH 值、E_h、TOC、NH_4^+-N、NO_3^--N、TN、TP 和 SO_4^{2-}。对每个测试指标进行 3 次重复测试。SO_4^{2-} 用 DX ICS-3000 离子色谱仪进行测量，其余指标测试方法同第 3.4.1 节。

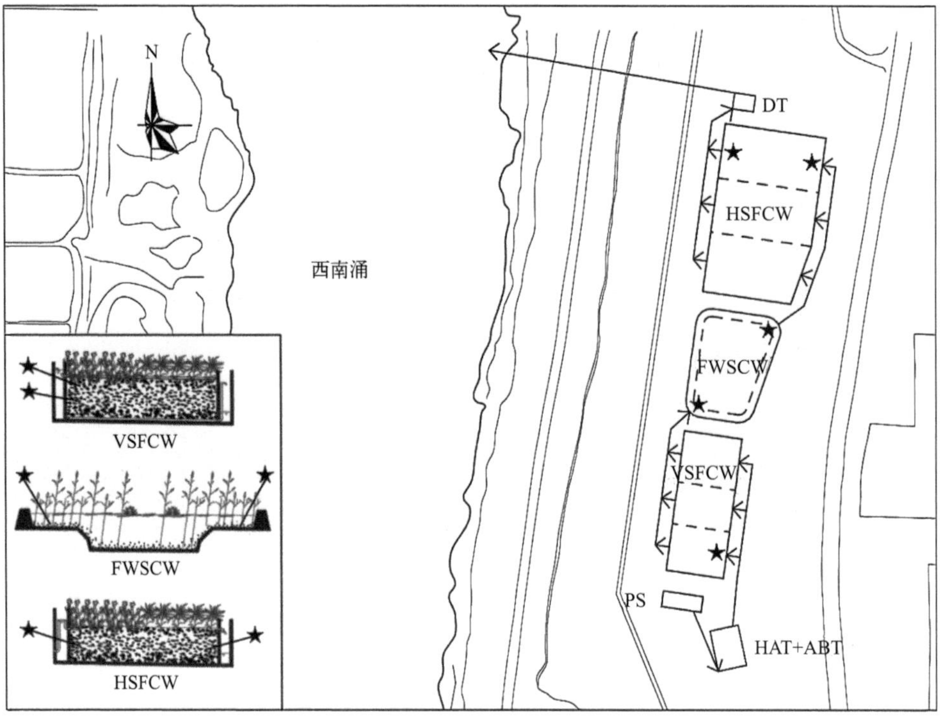

图 3-13 ICW 地理位置和布局示意图

DT—消毒池；箭头—水流方向；★—采样区；PS—泵站；HAT—水解酸化池；ABT—曝气生物池

（3）DNA 提取、PCR 扩增及高通量测序

沉积物基因组 DNAs 利用 MO-BIO PowerSoil®DNA Isolation Kit 并按其说明书进行提取，DNA 浓度用 Qubit 2.0 荧光计进行测定。利用引物 515F（5′-GTGCCAGCMGCCGCGG-3′）和 806R（5′-GGACTACVSGGGTATCTAAT-3′）对 16S rRNA 基因 V4 区进行扩增。接着进行 PCR（聚合酶链式反应）扩增反应。每个样品平行扩增三次，然后将 PCR 产物混合起来，以减小扩增过程产生的差异。PCR 扩增产物纯化后于 4℃保存。最后将每个样品的 PCR 纯化产物等物质的量地混合成一个复合样品，进行 Illumina Miseq 高通量测序（paired-end 250-bp mode）。

（4）Illumina Miseq 高通量测序数据分析

将改进的 Mothur 分析流程与 UPARSE 分析流程相结合，分析处理 16S rRNA Miseq 原始测序数据。将 3′ 端质量分数低于 30% 的低质量碱基逐个删除，接着用命令“make.contigs”来拼接每个样品的两套序列。然后，利用 Mothur 分析流程中的命令，达到数据降噪、降低测序错误和去除嵌合体的目的。最后利用命令将具有 97% 相似性的序列合并成一个运算分类单位（operational taxonomic unit，OTU），并将每个 OTU 的代表序列用 NAST 算法进行对齐，然后使用 Fast Tree 软件构建系统发育树。最后，将 OTU 代表序列与 RDP 数据库中的序列进行比对，按照 80% 置信度对 OTU 进行物种分类。

样品的微生物物种的相对丰度（%）等于该样品中该类群的序列数与序列总数的比值。计算 α 多样性指数 [包括 OTU 丰富度、Faith 系统发育多样性、OTU 数、Chao1 指数、Shannon 指数、abundance-based coverage estimators（ACE）] 和 β 多样性指数（Bray-Curtis 距离）。基于 Bray-Curtis 距离的主坐标分析（principal-coordinate analysis，PCoA）揭示三种 CW 沉积物样品聚类和样品差异主轴。β 多样性用细菌群落数据进行评估，通过韦恩（Venn）图检验群落结构和组成随着 CW 结构和采样点位置不同而产生的差异。

（5）数据分析

用 SPSS 18.0 软件和各种 R 语言包对所有的数据进行分析。

3.4.4.3　结果分析

（1）水样及沉积物的理化性质分析

ICW 系统出入口废水的理化性质见表 3-1。可以看出，除 VSFCW 中 NO_3^--N 浓度在出口高于入口外，其余各湿地污染物浓度均呈现从入口到出口降低的趋势。DO 和 E_h 的结果暗示了在 VSFCW 中发生了一个初级好氧—厌氧过程，在 FWSCW 中发生了一个初级好氧过程，在 HSFCW 中发生了一个初级厌氧过程。在三种 CW 的入口处，DO、E_h、COD、NH_4^+-N、TN 和 SO_4^{2-} 均呈现显著性差异（$p<0.05$），而 pH 值、NO_3^--N 和 TP 无显著性差异（$p>0.05$）。在三种类型 CW 的出口处，DO、E_h、COD、NH_4^+-N、NO_3^--N 和 TN 均具有显著性差异（$p<0.05$），而 pH 值、TP 和 SO_4^{2-} 差异不显著（$p>0.05$）。

表 3-1　ICW 系统出入口水质指标浓度均值（均值 ± 标准差）

指标	VSFCW		FWSCW		HSFCW	
	入口	出口	入口	出口	入口	出口
DO/（mg/L）	7.15±0.13	0.85±0.12	4.81±0.19	3.50±0.15	3.30±0.16	0.47±0.09
pH值	7.67±0.19	7.44±0.14	7.44±0.12	7.31±0.18	7.31±0.15	7.55±0.24
E_h/mV	145±13	−206±10	−59±8	21±2	20±3	−239±21

续表

指标	VSFCW		FWSCW		HSFCW	
	入口	出口	入口	出口	入口	出口
COD/（mg/L）	63.1±4.1	28.2±3.1	27.7±3.1	33.0±5.0	32.6±2.1	18.9±1.2
NH_4^+-N/（mg/L）	7.15±0.97	2.97±0.21	2.96±0.34	2.78±0.11	2.77±0.16	1.72±0.20
NO_3^--N/（mg/L）	9.79±1.24	10.60±1.52	10.60±1.43	9.29±0.96	9.32±1.10	4.66±0.99
TN/（mg/L）	18.6±2.10	14.2±1.51	14.2±1.91	13.8±1.95	13.8±0.92	7.3±1.47
TP/（mg/L）	1.52±0.19	1.18±0.08	1.17±0.20	1.37±0.08	1.38±0.12	1.04±0.20
SO_4^{2-}/（mg/L）	118±12	142±11	140±10	149±10	151±13	153±16

沉积物的理化性质见表 3-2。可以看出，VSFCW 中沉积物的 E_h 是三种 CW 中最高的；FWSCW 中沉积物的 TOC 含量是三种 CW 中最高的；FWSCW 中沉积物的 SO_4^{2-} 浓度是三种 CW 中最高的。在三种类型湿地的沉积物中，TOC、NH_4^+-N、NO_3^--N 的浓度呈现显著性差异（$p<0.05$），而 pH 值和 SO_4^{2-} 差异不显著（$p>0.05$）。

表 3-2 ICW 系统沉积物理化指标浓度均值（均值 ± 标准差）

样品名称	pH 值	E_h/mV	TOC/%	NH_4^+-N/（mg/kg）	NO_3^--N/（mg/kg）	SO_4^{2-}/（g/kg）
V-I-1	7.05±0.15	−41±17	6.42±0.34	108.65±9.68	100.64±14.48	1.21±0.12
V-I-2	7.28±0.08	−55±8	6.75±0.38	115.80±7.14	132.88±15.02	1.37±0.08
V-I-3	7.11±0.13	−36±5	5.98±0.45	98.95±8.67	115.20±18.95	1.34±0.07
V-O-1	7.21±0.13	−116±13	2.50±0.41	80.70±6.25	144.80±15.40	1.38±0.11
V-O-2	6.98±0.10	−97±18	3.09±0.48	75.40±4.83	126.72±10.83	1.23±0.13
V-O-3	7.24±0.19	−122±8	3.36±0.43	70.65±4.01	116.96±16.16	1.45±0.09
F-I-1	7.10±0.10	−206±14	5.13±0.60	77.75±6.72	120.80±11.50	1.53±0.05
F-I-2	7.22±0.04	−228±8	3.89±0.74	83.90±8.44	100.08±13.14	1.39±0.07
F-I-3	7.19±0.04	−218±11	5.05±0.73	68.53±8.06	125.36±15.77	1.50±0.09
F-O-1	7.04±0.20	−211±7	5.32±0.26	65.08±8.46	97.04±7.99	1.30±0.06
F-O-2	7.32±0.19	−200±8	4.79±0.29	75.53±5.91	118.40±10.55	1.23±0.07
F-O-3	7.06±0.19	−195±9	4.86±0.29	63.30±5.46	113.84±9.21	1.36±0.08
H-I-1	7.26±0.09	−154±12	3.71±0.14	52.20±4.29	116.64±14.01	1.35±0.14
H-I-2	7.13±0.05	−187±24	3.93±0.10	58.63±5.07	97.68±20.21	1.22±0.08
H-I-3	7.24±0.07	−160±18	3.79±0.09	63.33±7.38	133.68±19.81	1.15±0.08
H-O-1	7.42±0.17	−221±20	4.73±0.46	52.50±3.70	58.56±13.10	1.25±0.07
H-O-2	7.36±0.07	−165±31	4.08±0.30	48.00±5.98	52.00±9.12	1.11±0.05
H-O-3	7.21±0.08	−196±33	4.09±0.35	43.93±3.19	71.12±6.94	1.12±0.12

注：表中数据为对每个样品重复测试三次得到的均值和标准差。

（2）沉积物微生物多样性和群落组成

从 18 个沉积物样品中获取了 692215 条高质量序列，每个群落有 24686 到 55705 条序列（表 3-3）。一共确认了 17201 个 OTU，其中 12.5% 的 OTU 仅在单个样品中检出。

表 3-3　沉积物样品中 16S rRNA Miseq 序列、OTU 和微生物多样性

样品名称	序列数	微生物类群数	OTU 数	Chao1 指数	Faith's PD 指数	ACE	Shannon 指数
V-I-1	41475	4521	3529	6166	156	6364	8.69
V-I-2	47174	4891	3575	6350	158	6570	8.76
V-I-3	50861	5628	4032	6914	169	7077	9.52
V-O-1	33322	4925	4272	7235	171	7432	9.92
V-O-2	29582	4783	4382	7403	173	7633	9.94
V-O-3	25336	4496	4441	7411	176	7580	10.00
F-I-1	28699	4810	4463	7772	184	8148	10.10
F-I-2	42209	5384	4166	7223	175	7585	9.72
F-I-3	43463	5686	4359	7489	180	7782	10.00
F-O-1	41912	5493	4247	7542	177	7895	9.74
F-O-2	53306	5758	3953	7195	170	7564	9.19
F-O-3	55705	6363	4312	7680	180	8129	9.75
H-I-1	37017	5891	4929	7846	191	8156	10.50
H-I-2	33006	5456	4795	7714	185	7842	10.40
H-I-3	24686	4769	4769	7572	183	7817	10.40
H-O-1	40062	5726	4535	7810	183	8207	10.00
H-O-2	35691	6153	5182	8577	207	8927	10.60
H-O-3	28709	4676	4340	7335	180	7695	9.94

注：微生物 α 多样性指数（例如 Faith's PD 指数、Shannon 指数和 Chao1 指数）是基于 97% OTU 聚类、每个样品随机选择的 24686 条有效序列、100 次迭代进行估计的。

所有沉积物样品中优势微生物种类门水平的相对丰度见表 3-4。在 VSFCW 和 HSFCW 沉积物群落组成中，细菌（Bacteria）占极大比例（>92.0%），古细菌（Archaea）只占很小比例（<8.0%）。而在 FWSCW 沉积物群落组成中，古菌所占比例相对较高，达到 18.9% ～ 36.4%。在 31 个细菌门水平鉴定中，变形菌门（Proteobacteria）在所有沉积物样品中都占主导地位（20.8% ～ 40.0%），其他相对丰度较高的细菌门有酸杆菌门（Acidobacteria）（4.8% ～ 13.0%）、拟杆菌门（Bacteroidetes）（4.7% ～ 10.0%）和疣微菌门（Verrucomicrobia）（2.0% ～ 11.6%）等。值得注意的是，大多数古细菌的序列属于广古菌门（Euryarchaeota），其相对丰度在 FWSCW 中达到最大值。Bacteroidetes 的相对丰度在所有样品

表 3-4 所有沉积物样品中优势微生物种类门水平的相对丰度

单位：%

门名称	沉积物样品名称																	
	F-I-1	F-I-2	F-I-3	F-O-1	F-O-2	F-O-3	H-I-1	H-I-2	H-I-3	H-O-1	H-O-2	H-O-3	V-I-1	V-I-2	V-I-3	V-O-1	V-O-2	V-O-3
Euryarchaeota	12.9	21.4	15.4	17.7	29.1	18.6	0.6	0.5	0.6	1.8	3.7	2.0	2.0	1.8	1.4	0.5	0.5	0.7
Proteobacteria	32.8	24.6	29.8	28.6	20.8	28.2	33.4	33.3	34.8	40.0	32.5	31.3	35.4	37.0	35.4	35.1	36.6	40.0
Acidobacteria	5.6	5.5	6.1	5.8	5.4	4.8	13.0	12.8	12.4	8.8	10.1	9.4	10.2	9.2	9.4	6.9	7.7	6.7
Bacteroidetes	8.8	5.8	7.2	8.3	5.3	8.4	6.9	6.6	6.0	9.3	7.9	8.4	8.1	10.0	9.9	4.7	4.9	5.7
Verrucomicrobia	3.3	2.0	3.1	2.5	2.2	2.6	5.5	4.8	4.4	8.0	9.1	11.6	3.9	4.1	3.7	2.6	4.0	4.1
Nitrospira	0.3	0.3	0.2	0.2	0.2	0.2	6.0	6.7	5.5	3.1	1.9	2.5	6.6	6.3	7.5	12.4	10.9	6.1
Chloroflexi	3.9	3.7	3.9	4.6	4.2	5.0	1.9	1.6	1.4	1.8	1.9	2.0	3.7	3.7	3.4	3.7	2.4	5.2
Planctomycetes	1.7	1.4	1.8	1.6	1.9	1.7	3.1	3.3	2.9	2.2	3.3	3.3	1.5	1.6	1.6	1.1	0.8	1.5
Firmicutes	1.5	1.5	1.7	1.7	1.2	1.5	1.2	1.0	1.2	1.2	1.1	0.9	1.2	1.2	1.0	0.8	0.9	1.0
其他	29.3	33.8	30.8	29.1	29.8	29.0	28.3	29.6	30.8	23.8	28.6	28.7	27.5	25.2	26.7	32.2	31.4	28.9

中相对稳定，而硝化螺旋菌门（Nitrospira）的相对丰度则有明显变化。在同一个CW中的生物样品（V-I相对于V-O，F-I相对于F-O，H-I相对于H-O）中，Proteobacteria、Euryarchaeota、厚壁菌门（Firmicutes）、浮霉菌门（Planctomycetes）和绿弯菌门（Chloroflexi）的丰度相对稳定。在FWSCW（F-I相对于F-O）中，几乎所有微生物的相对丰度沿着水流方向仅有轻微变化。在VSFCW和HSFCW（V-I相对于V-O，H-I相对于H-O）中，Acidobacteria、Bacteroidetes、Verrucomicrobia和Nitrospira的相对丰度沿着水流方向呈现明显变化。在这3种湿地中，Euryarchaeota、Firmicutes、Verrucomicrobia和Planctomycetes在FWSCW和HSFCW中的相对丰度更高，Proteobacteria和Nitrospira在VSFCW和HSFCW中的相对丰度更高（图3-14）。

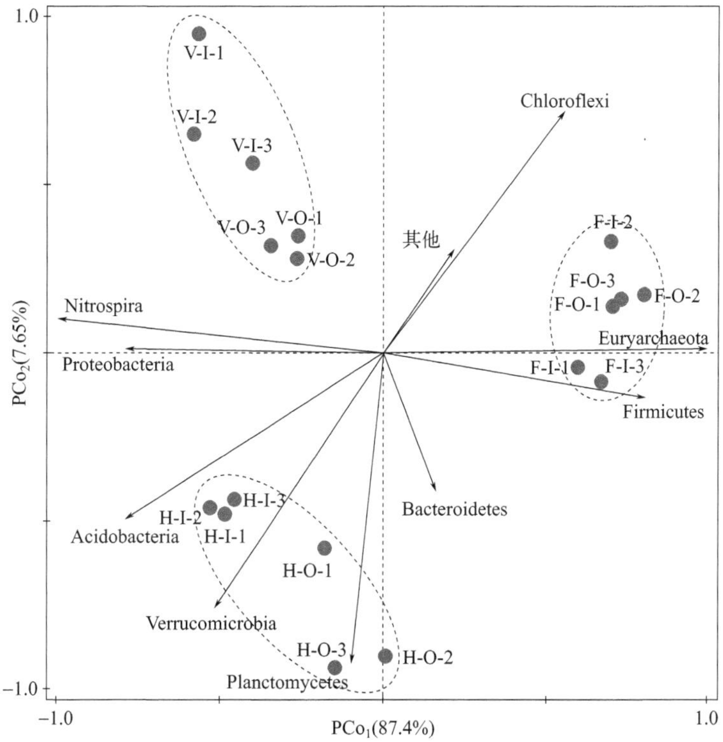

图3-14　所有沉积物样品中优势微生物种类门水平丰度数据的主坐标分析（PCoA）

在属水平上，硝化螺旋菌（*Nitrospira*）、地发菌（*Geothrix*）、硫化细菌（*Thiobacillus*）、厌氧氨氧化菌（*Candidatus Brocadia*）、土壤杆菌（*Sediminibacterium*）、动胶菌属（*Zoogloea*）、反硝化菌（*Denitratisoma*）和固氮螺菌属（*Azospira*）最常被检测到（表3-5）。*Nitrospira*的相对丰度在VSFCW中最高，为(8.6±3.0)%，

表 3-5　基于 16S rRNA Miseq 测序的三种湿地中主要的属水平微生物及其相对丰度

单位：%

属名称	沉积物样品名称																	
	F-I-1	F-I-2	F-I-3	F-O-1	F-O-2	F-O-3	H-I-1	H-I-2	H-I-3	H-O-1	H-O-2	H-O-3	V-I-1	V-I-2	V-I-3	V-O-1	V-O-2	V-O-3
Methanosaeta	1.3	1.6	2.0	1.3	1.4	1.3	0.2	0.4	0.0	0.0	0.0	0.0	0.0	0.0	0.0	0.6	0.4	0.3
Methanobacterium	1.3	1.1	1.2	0.3	0.6	0.6	0.3	0.5	0.3	0.1	0.2	0.1	0.1	0.1	0.3	0.6	0.7	0.3
Methanoregula	0.6	0.8	0.7	0.5	0.5	0.5	0.0	0.1	0.0	0.0	0.0	0.0	0.0	0.0	0.0	0.0	0.0	0.0
Methanolinea	0.6	0.8	0.7	0.5	0.4	0.5	0.0	0.0	0.0	0.0	0.0	0.0	0.0	0.0	0.0	0.1	0.0	0.0
Nitrospira	0.5	0.4	0.4	0.6	0.7	0.4	3.5	2.0	2.8	6.1	6.7	5.5	13.1	11.7	6.4	6.7	6.3	7.6
Geothrix	2.1	1.5	1.7	2.2	2.1	2.3	2.7	2.1	1.7	2.1	2.2	2.3	1.6	1.9	2.1	2.8	2.9	2.6
Thiobacillus	1.1	0.9	1.0	1.8	1.4	1.6	0.4	0.5	0.3	0.2	0.1	0.1	6.9	5.6	6.5	1.7	1.4	1.0
Candidatus Brocadia	0.5	0.8	0.4	0.1	0.1	0.1	0.5	0.2	1.0	0.2	0.3	0.3	7.5	8.0	1.8	0.8	0.9	0.9
Sediminibacterium	1.4	1.0	1.3	1.3	1.0	1.2	1.8	1.4	1.3	1.4	1.4	1.2	0.8	0.9	1.1	1.7	1.9	2.0
Denitratisoma	1.3	0.9	0.9	1.6	1.2	1.5	2.9	1.6	1.8	0.4	0.4	0.4	1.9	2.5	2.0	0.3	0.3	0.4
Azospira	1.2	0.7	0.9	1.4	1.0	1.2	1.8	1.1	1.0	1.0	1.1	0.9	1.4	1.7	1.7	1.1	1.5	1.2
Dechloromonas	2.6	1.8	2.9	1.3	0.5	0.8	0.2	0.2	0.2	0.5	0.5	0.5	0.2	0.3	0.2	0.4	0.5	0.5
Comamonas	0.3	0.3	0.5	0.7	0.5	0.6	1.2	0.9	0.7	0.8	0.9	0.7	0.6	0.8	0.8	0.7	1.0	1.0
Zoogloea	0.7	0.4	0.5	0.7	0.6	0.6	1.1	0.6	0.6	0.6	0.6	0.6	0.7	0.9	0.9	0.8	0.9	0.7
Azonexus	0.8	0.4	0.7	0.7	0.3	0.6	0.5	0.4	0.4	0.3	0.3	0.4	0.4	0.4	0.5	0.4	0.5	0.5
Anaerolinea	0.2	0.1	0.2	0.1	0.1	0.1	0.1	0.2	0.1	0.2	0.1	0.1	0.6	0.5	0.7	1.2	1.2	1.1
Opitutus	0.2	0.2	0.2	0.1	0.1	0.1	0.3	1.3	0.5	0.4	0.6	0.5	0.2	0.1	0.2	0.4	0.3	0.4

续表

属名称	沉积物样品名称																	
	F-I-1	F-I-2	F-I-3	F-O-1	F-O-2	F-O-3	H-I-1	H-I-2	H-I-3	H-O-1	H-O-2	H-O-3	V-I-1	V-I-2	V-I-3	V-O-1	V-O-2	V-O-3
Gemmatimonas	0.0	0.0	0.0	0.1	0.0	0.0	0.2	0.3	0.1	0.5	0.6	0.7	0.3	0.3	0.5	0.8	0.8	0.9
Candidatus Methylopumilus	0.7	0.5	0.6	1.3	0.7	1.2	0.1	0.1	0.0	0.0	0.0	0.0	0.2	0.2	0.2	0.0	0.1	0.1
Anaeromyxobacter	0.2	0.2	0.2	0.2	0.2	0.2	0.3	0.2	0.2	0.7	0.5	0.8	0.1	0.1	0.2	0.5	0.3	0.6
Nitrosospira	0.4	0.2	0.3	0.5	0.3	0.3	0.2	0.2	0.1	0.1	0.2	0.1	0.4	0.5	0.5	0.5	0.3	0.3
Caldilinea	0.2	0.2	0.2	0.1	0.1	0.1	0.2	0.3	0.4	0.3	0.4	0.3	0.2	0.1	0.9	0.4	0.4	0.4
Azoarcus	0.4	0.2	0.3	0.3	0.2	0.3	0.4	0.2	0.2	0.2	0.2	0.2	0.3	0.3	0.4	0.3	0.3	0.3
Geobacter	0.2	0.2	0.3	0.3	0.1	0.2	0.2	0.4	0.2	0.5	0.5	0.5	0.1	0.1	0.2	0.2	0.3	0.2
Lysobacter	0.2	0.2	0.2	0.2	0.3	0.3	0.3	0.3	0.2	0.3	0.3	0.3	0.2	0.3	0.3	0.3	0.4	0.3
Georgfuchsia	0.5	0.3	0.5	0.4	0.2	0.3	0.1	0.1	0.1	0.1	0.1	0.1	0.3	0.3	0.3	0.2	0.2	0.4
Luteolibacter	0.1	0.1	0.1	0.2	0.0	0.1	0.3	1.1	0.8	0.3	0.3	0.3	0.0	0.0	0.0	0.0	0.1	0.0
Syntrophobacter	0.3	0.3	0.4	0.4	0.4	0.4	0.2	0.1	0.1	0.1	0.0	0.1	0.2	0.1	0.2	0.2	0.2	0.2
Steroidobacter	0.2	0.2	0.1	0.1	0.1	0.1	0.5	0.3	0.5	0.3	0.2	0.2	0.2	0.2	0.1	0.2	0.1	0.1
Thermomonas	0.2	0.1	0.1	0.2	0.2	0.2	0.3	0.3	0.1	0.2	0.2	0.2	0.2	0.2	0.2	0.3	0.2	0.2

在 FWSCW 中最低，为（0.5±0.1）%。*Thiobacillus* 的相对丰度由 VSFCW 入口处的（6.3±0.7）% 降到了 HSFCW 出口处的（0.3±0.1）%。类似地，*Candidatus Brocadia* 的相对丰度从 VSFCW 入口处到 HSFCW 出口处也有所降低。*Geothrix* 的相对丰度在所有 CW 中都比较相近，为（2.2±0.4）%。*Denitratisoma*、*Azospira*、*Dechloromonas* 和 *Zoogloea* 都属于红环菌科（Rhodocyclaceae），Rhodocyclaceae 也是检测到的相对丰度最高的科。总的来说，系统分类结果揭示出了 FWSCW 的微生物群落结构在门和属水平上与其他两个 CW 存在显著性差异（$p<0.05$）。

ACE、OTU 数和 Faith's PD 在每个采样位置的均值分别为 6670 ～ 8276、3712 ～ 4831、161 ～ 190（表 3-3），这些指标也显示出 CW 沉积物中微生物多样性在这个三个湿地中显著增加（$p<0.005$）。在 VSFCW 中，采样区 V-O 的微生物多样性显著高于 V-I，而在 FWSCW 和 HSFCW 入口和出口之间生物多样性差异不显著。在所有湿地中，最高和最低的生物多样性分别出现在采样区 V-I 和 H-O（表 3-3）。

基于 Bray-Curtis 的 PCoA 和样本聚集分析的结果显示出三种 CW 的样品分布在不同的数据空间（图 3-15 和图 3-16），这表明不同 CW 沉积物的群落组成存在显著性差异（$p<0.005$）。韦恩图（图 3-17）的结果表明 538 个 OTU

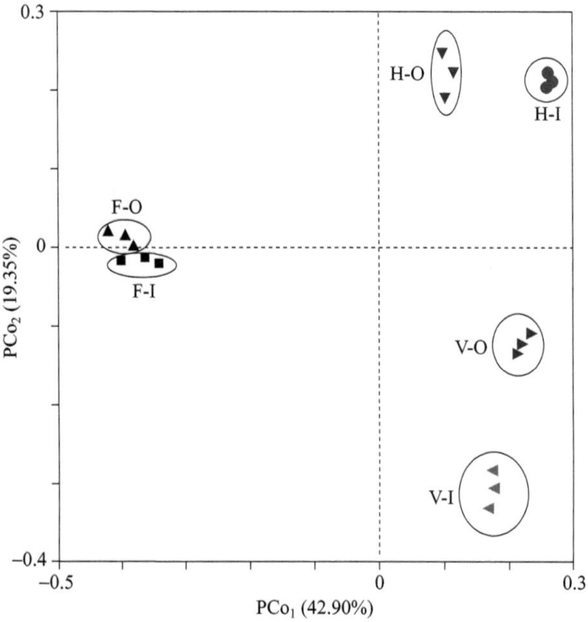

图 3-15 基于 Bray-Curtis 相似性指标的微生物群落组成的主坐标分析（PCoA）

（68.9%）属三种湿地共有，VSFCW 和 HSFCW 中的细菌菌落共有的 OTU 是最多的。VSFCW 的进出水中共有 668 个 OTU（85.6%）是两个群落共有的。类似地，FWSCW 和 HSFCW 的进出水中分别有 655 个 OTU（84.0%）和 679 个 OTU（83.3%）是两个群落共有的。

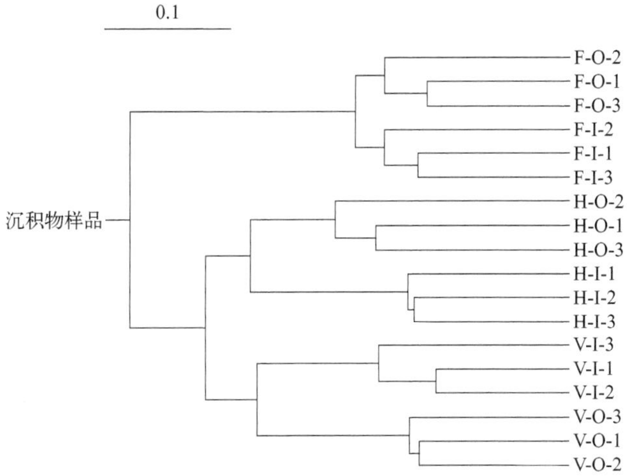

图 3-16　沉积物样品的层次聚类分析

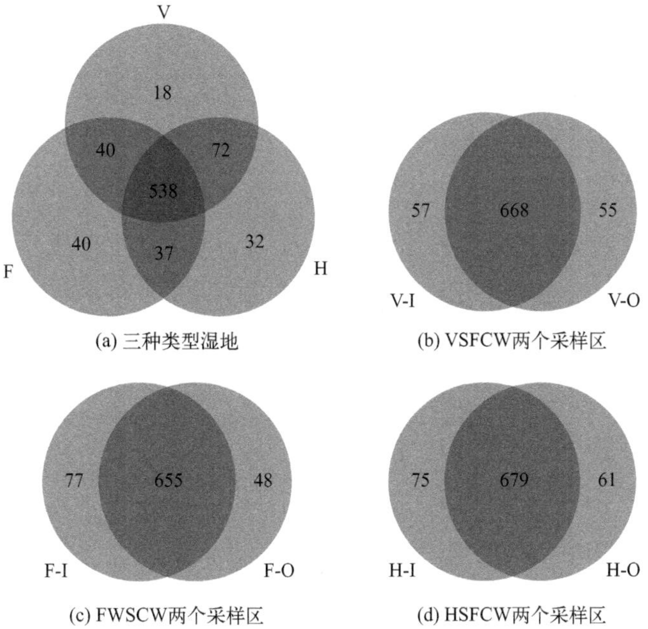

图 3-17　显示独立和共享 OTU（系统发育距离为 0.03）的韦恩图

（3）沉积物理化性质对微生物群落的影响

微生物多样性指数（Shannon、Chao1、ACE 和 Faith's PD）与 NH_4^+-N 浓度呈显著性相关，决定系数 R^2 分别为 0.666、0.733、0.737 和 0.701（$p<0.005$）。样本整体的群落差异主要是由于 E_h 不同，其解释度为 41.2%。然而，环境变量对每种类型 CW 的群落差异性影响程度不同。在 VSFCW 中，TOC 和 NH_4^+-N 对群落差异性有最大的解释度（87.9%）；在 FWSCW 中，E_h、NH_4^+-N 和 SO_4^{2-} 对群落差异性的最大解释度为 86.8%；在 HSFCW 中，TOC、NH_4^+-N 和 NO_3^--N 对群落差异性的最大解释度为 76.4%。这些相关性的意义也通过蒙特卡洛置换检验（Monte Carlo permutation test）得到了证实。由 RDA（图 3-18）结果得出 E_h、NH_4^+-N 和 TOC 是整个群落差异的最相关变量，对 OTU 的解释度为 33%。

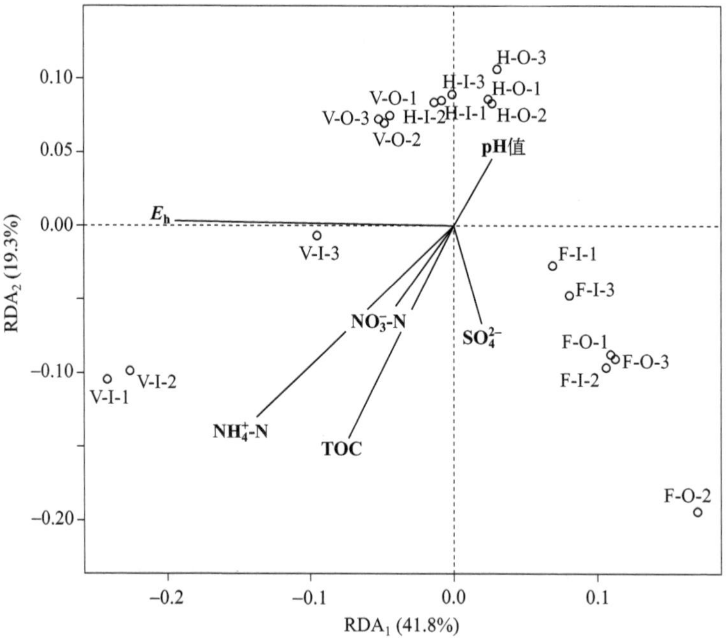

图 3-18 所有 OTU 的物种多样性和理化性质的 RDA

在属水平上，E_h、NH_4^+-N 和 TOC 是群落差异性的最相关变量。RDA 显示 E_h、NH_4^+-N 和 TOC 解释了 62.8% 的优势属（以 30 种被鉴定出的最优势属为代表）。如图 3-19 所示，种群的转变与沉积物理化性质有关。*Zoogloea*、*Candidatus Brocadia* 和 *Nitrospira* 与 E_h 更相关，*Nitrosospira*、*Azoarcus* 和 *Denitratisoma* 与 NH_4^+-N、TOC 和 NO_3^--N 更相关。此外，RDA 确定古菌（Archaea）中的 *Methanosaeta* 等

和细菌中的 *Thiobacillus* 分别与 E_h 和 SO_4^{2-} 更相关。

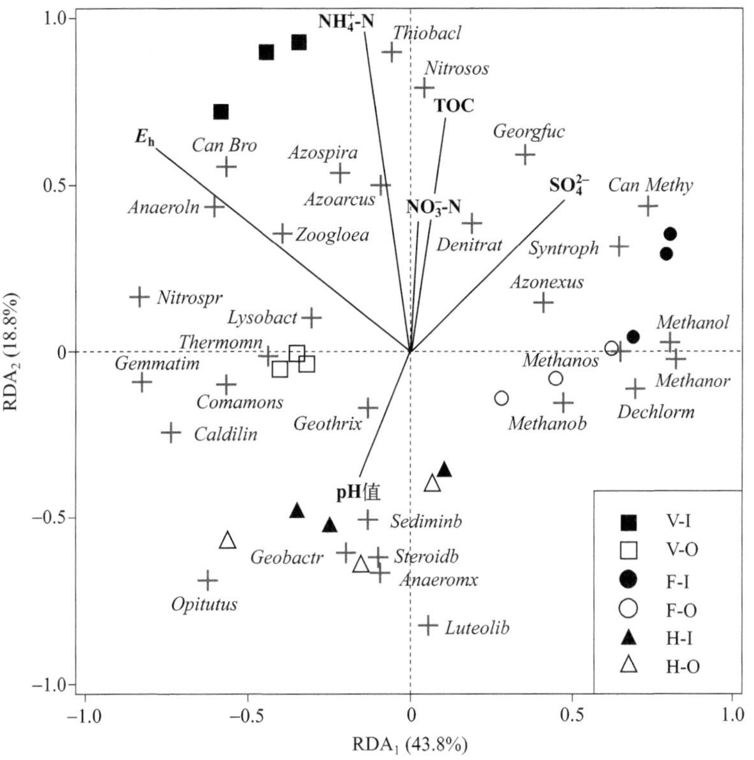

图 3-19　三种湿地中丰度最高的前 30 菌属与沉积物样品理化性质的 RDA 图

Anaeroln—Anaerolinea；*Anaeromx—Anaeromyxobacter*；*Caldilin—Caldilinea*；*Can Bro—Candidatus Brocadia*；*Can Methy—Candidatus Methylopumilus*；*Comamons—Comamonas*；*Dechlorm—Dechloromonas*；*Denitrat—Denitratisoma*；*Gemmatim—Gemmatimonas*；*Geobactr—Geobacter*；*Georgfuc—Georgfuchsia*；*Luteolib—Luteolibacte*；*Lysobact—Lysobacter*；*Methanob—Methanobacterium*；*Methanol—Methanolinea*；*Methanor—Methanoregula*；*Methanos—Methanosaeta*；*Nitrosos—Nitrosospira*；*Nitrospr—Nitrospira*；*Sediminb—Sediminibacterium*；*Steroidb—Steroidobacter*；*Syntroph—Syntrophobacter*；*Thermomn—Thermomonas*；*Thiobacl—Thiobacillus*

3.4.4.4　讨论

（1）ICW 中微生物组成和多样性

从深层次的系统发育水平上描述 ICW 系统中微生物群落结构组成。通常认为，Proteobacteria 作为 CW 和天然湿地中起主导作用的细菌门，对有机物和氮的去除起着重要的作用，其包括 *Zoogloea*、*Thiobacillus*、*Comamonas*、*Nitrosospira*、*Denitratisoma*、*Azonexus* 和 *Azospira*[108-109]。ICW 系统中 *Zoogloea*、*Nitrospira*、*Denitratisoma*、*Azospira*、*Candidatus Brocadia* 和 *Thiobacillus* 的高丰度表明该系统为有机物、氮、硫化合物的去除提供了良好的条件。作为硝化细菌的 *Nitrospira*

在几种 CW 中存在的明显波动以及 Euryarchaeota 在 FWSCW 中的高丰度，暗示了湿地结构和理化性质会影响其相对丰度。FWSCW 中 Chloroflexi 的最高相对丰度显示出了丝状菌的快速生长和其在凋落物分解中潜在碳循环中的作用，并且为 HSFCW 提供了有效碳源。作为 CW 的最主要任务，值得对氮去除微生物予以更多关注。首先，在 ICW 中 *Nitrospira* 的丰度远多于 *Nitrosospira* 和 *Nitrosomonas*（表 3-5）。*Nitrospira* 可将 NH_4^+-N 转化成 NO_3^--N。由于 *Nitrospira* 的相对丰度较高以及在其工程系统中较多出现，完整的氨氧化过程很可能在该 ICW 系统中发生。其次，ICW 系统中大多数的异养反硝化菌属可能归属于 β-Proteobacteria。特别地，序列被分配到丛毛单胞菌科（Comamonadaceae）的丛毛单胞菌属（*Comamonas*）和氢噬胞菌属（*Hydrogenophaga*）以及 Rhodocyclaceae 的 *Azospira*、*Denitratisoma*、脱氯单胞菌属（*Dechloromonas*）和索氏菌属（*Thauera*），这个结果与已有研究结果类似[109]。反硝化细菌的相对丰度与硝酸盐的处理效率不完全吻合，显示出反硝化细菌生理功能的重要性。再次，在 V-I 中占比较大的 *Candidatus Brocadia* 很可能促进了 ICW 系统中的厌氧氨氧化进程，而 Chen 等[110]的研究显示 CW 中只有非常有限的厌氧氨氧化菌。丰富的厌氧氨氧化菌可能有助于减少 N_2O 排放。此外，在采样区 V-I 出现的高丰度硫杆菌（*Thiobacillus*）可能是废水中还原性硫化合物处理效果较好的原因。

ICW 系统中微生物的 α 多样性明显高于单一类型的 CW。较高的群落多样性和丰度可归因于 ICW 系统中多样性的条件和适宜的理化参数，对提高废水处理效率起着非常重要的作用。

（2）不同结构 CW 的微生物菌落结构

与单一类型的 CW 类似，在 ICW 系统中湿地结构对微生物群落有重要影响。VSFCW 的结构允许废水以短路径自上而下流动，并带入大量空气。因此，好氧微生物中的 *Nitrospira* 数量最大。在 HSFCW 中，废水流经地下基质一段相对较长的路径，从而创造了一个更厌氧的环境。从 HSFCW 的入口到出口，反硝化菌 *Denitratisoma* 和 *Azospira* 的丰度增加。硝化细菌的存在可能是由于少量的 DO 进入了湿地填料的上部。硝化细菌属、反硝化细菌属以及其他分解功能菌在 H-I 和 H-O 区域之间的不同丰度表明微生物群落沿着水流路径发生变化，这有助于 HSFCW 中的氮和有机物的去除。FWSCW 有相对开放的水域，这个特点跟天然湿地相似。风引起了更大的水力干扰，影响了细菌组成和动力学。因此，在 FWSCW 的入口和出口，无论是水和沉积物的理化性质还是微生物聚类分析，都比在 VSFCW 和 HSFCW 中更接近（表 3-1、表 3-2、图 3-16）。FWSCW 的深度（0.6 ～ 1.6m）看起来更合适，其反硝化菌丰度比 VSFCW 和 HSFCW 的高，这个深度减少了沉积物中浮游植物释放的氧气，且增加了 HRT，有利于反硝化细菌发挥作用。FWSCW 的构造造成的更厌氧环境也产生了高丰度的产甲烷菌属。

ICW 系统中相邻 CW 的连接允许 DO、可用碳源以及物种随水流传递。因此，从 VSFCW 到 HSFCW 的多样性增加可能是由三种 CW 之间的相互作用造成的（表 3-3）。此外，ICW 系统中共有 538 个 OTU（68.9%）（图 3-18），这一比例高于单一类型的 CW。VSFCW 和 HSFCW 相似的结构导致了共有的 OTU 比例最高。这些高比例的共有 OTU 表明在变化的环境中，一些核心微生物总是以不同的相对丰度存在。

（3）理化性质和细菌群落相关性

微生物群落也受一些理化性质的影响，影响最大的是 E_h（图 3-19），这跟已有的研究结果相似[111]。E_h 是影响沉积物整个群落差异的关键因素，前面提到的类群也反映了 E_h 的生态效应，沉积物中不同的氧化还原梯度会影响氧化还原过程。在 CW 中，E_h 通常与 DO 呈正相关，好氧和厌氧微生物分别喜好高的和低的 E_h 条件。少数属例外，比如 *Sediminibacterium*、*Candidatus Brocadia*、*Azoarcus*、*Denitratisoma*、*Anaerolinea* 和 *Azospira*，这可能与它们的生理代谢特征、ICW 系统中足够的氧化还原环境以及其他有利因素（例如更多营养元素）有关。

当不超过报道的阈值时，NH_4^+-N 浓度是 CW 氮循环中的一个重要影响因素。研究结果表明，NH_4^+-N 的生态效应对一些物种的影响大于整个微生物群落。沉积物中 *Nitrosospira*、*Azoarcus* 和 *Denitratisoma* 的丰度随着 NH_4^+-N 和 NO_3^--N 浓度的增加而增长（图 3-19）。NH_4^+-N 浓度对群落组成的影响大于 NO_3^--N，表明进水中 NH_4^+-N 浓度低于阈值，而 NO_3^--N 浓度接近阈值。总之，ICW 系统有潜力处理更高浓度的 NH_4^+-N 和 NO_3^--N。

由于 CW 中通常碳源匮乏，TOC 被看作是促进反硝化作用的一个有利因素。

大量研究表明，TOC 或有机质的增加会提高 CW 中微生物群落（特别是反硝化细菌）的多样性和丰度 [20,110]。研究结果表明，TOC 的生态效应对一些物种的影响大于整个微生物群落。TOC 在 VSFCW 入口处很高，在 HSFCW 入口处由于存在植物残体而有所增加。TOC 只影响部分反硝化菌的丰度，这可能是由于其他异养菌群的竞争 [112]。*Denitratisoma* 和 *Azonexus* 与 TOC 呈正相关，而 *Azoarcus* 和 *Candidatus Brocadia* 与 TOC 呈负相关。ICW 系统中相对充足的碳源可能是满足了部分反硝化菌的需要，从而导致一些反硝化细菌的丰度与 TOC 不相关。

3.4.4.5 小结

ICW 系统展现出比先前报道的单一类型 CW 更多样的微生物表型，微生物表型在串联的三种 CW 中显著增长。*Zoogloea*、*Comamonas*、*Thiobacillus*、*Nitrosospira*、*Denitratisoma*、*Azonexus* 和 *Azospira* 显示出相对高的丰度，有利于有机物和氮的去除。湿地构造在影响微生物群落结构组成中起到了至关重要的作用。三种串联 CW 的相互作用对增加微生物系统多样性和高比例的共有 OTU 起到了关键作用，即使环境改变，一些核心微生物也一直存在。虽然每个类型的湿地中造成群落差异性的环境因素不同，但 E_h 和 NH_4^+-N 是影响整个微生物群落结构组成的重要因素，TOC 只影响了部分反硝化细菌的丰度。

3.4.5 复合人工湿地中植物对污染物去除的影响

3.4.5.1 引言

覆盖在湿地上的植物从环境中吸收了营养物和重金属并存储于它们的组织中，在植物体内发挥了重要的作用。当湿地植物用于处理含有营养物和重金属的废水时，有必要研究它们同时去除这两种污染物的效果。当过量重金属存在时，植物的光合作用器官可能会受到重金属（例如 Cr、Cu 和 Zn）的毒性影响，降低了对营养物的吸收能力。很多研究者开展了植物单独对营养物或重金属去除效果的研究，很少有研究者调查植物同时对营养物和重金属的吸收效果，尤其是在实际工程中。以往对植物生物量和植物组织中的污染物浓度的相关性及其影响因素的研究结果并不一致 [113-116]。此外，尽管大部分的重金属积累在植物位于地下的组织中[117]，重金属在植物根、茎和叶中的浓度可以随着季节变化及向地上部迁移而改变[118]。不同植物组织对重金属去除的贡献尚不清楚，而且很多植物种类还没有被广泛地用于处理含有营养物和重金属的混合废水中。

湿地植物的另外一个重要作用是利用植物根系对沉积物理化性质和根系微生物产生影响。以往有些研究表明植物能通过根和根系分泌物（氧和碳物质）提供更适宜的细菌生长条件，从而增加细菌的数量[119-120]。相反，还有的研究表明植物根系分泌的具有抑制作用的化合物对削弱硝化作用起到了重要作用[121]；根系增加的DO对湿地中反硝化细菌产生了不利影响，减弱了反硝化作用[122]。虽然有以上这些发现，但是对于根既能刺激又能抑制细菌的生长的现象，仍然缺乏较好的解释。对CW中除氮功能基因的分布规律已有过研究，但是涉及不同植物（例如CI和CA）对基因分布规律的影响研究仍然不足。

这里调查ICW中的两种湿地类型（VSFCW和HSFCW）中的CI和CA两种植物不同组织的生物量，分析CI和CA两种湿地植物各组织中营养物和重金属含量，研究CI和CA两种植物对硝化、反硝化和厌氧氨氧化微生物的影响。

3.4.5.2　材料和方法

（1）湿地系统描述和取样流程

对ICW、植物布置和管理运行的描述详见第3.4.1节。当VSFCW和HSFCW中的CI和CA分别长到1.2m和1.0m时，将它们连根收割。每年收割时间为1月、6月和9月上旬。采集这两种湿地植物样品的时间接近每年6月的收割日期，采样点布置见图3-20。分别采集CI和CA各4个植物样品，所选植株的高度代表这个采样区域的平均水平。CI样品的标号为V-CI1、V-CI2、H-CI3和H-CI4，CA样品标号分别为V-CA1、V-CA2、H-CA3和H-CA4。根际沉积物（RS）和非根际沉积物（NRS）样品均在深度为20cm处采集，每个样点之间的水平距离约为0.5m。保留在植物根部的沉积物被仔细剥离后作为每个采样点的RS样品，共采集16个RS样品。采集好的样品装入袋中后立刻置于冰盒中保存。将样品转移至实验室后手动混匀，并挑出其中的根和植物等杂质，随后保存于−80℃环境中。分别从VSFCW和HSFCW的入口和出口采集水样，并立刻将其转移到实验室存储于4℃备用。

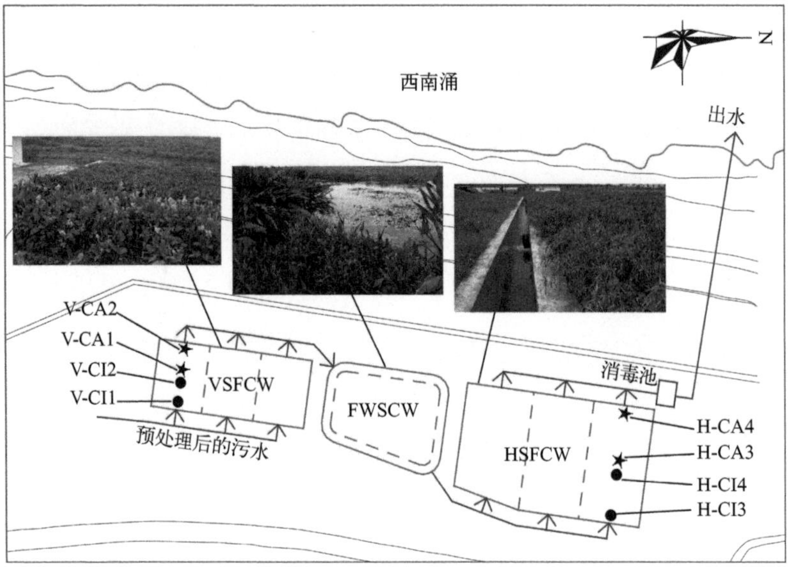

图 3-20 ICW 的地理位置、空间布局、实景照片和采样点位置

↑—水流方向；●—CI 的采样位置；★—CA 的采样位置

（2）理化指标分析方法

水样和沉积物样品中 Cd、Cr、Cu、Ni 和 Zn 用 ICP-6300 电感耦合等离子体发射光谱仪进行测量，其余理化指标分析方法详见第 3.4.1 节。

植物中 TN 的测量方法为：首先进行烘干、消解等前处理，之后添加奈氏试剂用紫外分光光度计读取 425nm 处的吸光值进行测量。植物中 TP 浓度测量方法为：将植物样品经过硫酸 - 硝酸混合酸消解后用磷钼钒酸比色法进行测定。Cd、Cu、Ni 和 Zn 地上和地下部分的含量测定同上述沉积物样品中的测定方法。

（3）植物各组织的生物量

称量各个组织的干重即为植物各组织的生物量。

（4）DNA 提取及荧光定量 PCR

按试剂盒有关操作步骤进行底泥中生物的 DNA 提取。

① PCR 扩增引物及反应条件　目标基因包括 16S rRNA、联氨合酶基因（*hzsA*）、氨氧化细菌氨单加氧酶基因（AOB *amoA*）、硝酸盐还原酶基因（*narG*）、亚硝酸盐还原酶基因（*nirS*）、一氧化二氮还原酶基因（*nosZ*），所选取的引物均由华大基因科技有限公司合成。

PCR 扩增体系如下：0.25μL 5U/μL *Ex Taq* DNA 聚合酶、5μL 10×*Ex Taq* buffer、

4μL dNTP Mixture（2.5mmol/L each）、1μL 10μmol/L 的正反向引物、1μL DNA 模板，加超纯水至最终体积为 50μL。PCR 扩增在 PCR 仪上进行。

② PCR 产物纯化　PCR 扩增产物使用 OMEGA 胶回收纯化试剂盒进行纯化，纯化的步骤参考厂商提供的说明书。

③ 连接反应　用 pGEM-T easy 载体连接试剂盒，对回收的目标片段进行连接。

④ 转化反应　先进行平板制备，再进行重组体转化与克隆。

⑤ 构建标准曲线　将测序结果与 BLAST 比对后，将所保存的菌液进行扩大培养，然后提取质粒，构建标准曲线。标准质粒提取使用 OMEGA 质粒提取试剂盒，步骤参照试剂盒说明书。

将提取出来的 DNA 通过 Qubit 2.0 荧光光度计定量测定，用 EASY Dilution 稀释 6 个梯度后作为标准样品跟其他待测样品一起加入 96 孔板里，扩增体系如下：10μL SYBR Green Supermix，0.2μL 正反向引物，1μL DNA 模板，加超纯水至最终体积为 20μL。

最后在 96 孔板上覆盖光学膜，使之完全紧密封住，短暂离心后，放置于荧光定量 PCR 仪上进行实验，整个实验过程尽量避光操作。

（5）数据分析

采用 SPSS 18.0 软件对所有数据进行统计分析。独立样本 *t*- 检验用来检验在不同类型 CW 系统中同种植物生物量的差异。Pearson 相关系数用来评估生物量和理化参数之间的相关性。One-way 方差分析（ANOVA）用来比较各采样点之间的污水理化性质的差异、底泥理化性质的差异、营养物浓度的差异、重金属浓度的差异及功能基因数的差异。Post-hoc 检验用 Duncan’s statistics 在 $p = 0.05$ 水平上分析各组数据之间的差异。

3.4.5.3　结果与讨论

（1）植物生物量和影响因素

VSFCW 和 HSFCW 中的两种植物第 150 天的生物量列于表 3-6 中。可以看出，VSFCW 中 CI 的总生物量和各组织（除根以外）的生物量均显著高于 HSFCW 中的（$p<0.05$），CA 也呈现一个相同的趋势，CI 根、茎和叶的生物量

显著高于其他组织（$p<0.05$）。在 VSFCW 中 CI 的生物量高于 CA 的，但是没有达到显著性差异（$p>0.05$）。在 HSFCW 中 CI 的生物量显著高于 CA 的（$p<0.05$）。CI 地上部的生物量显著高于地下部的（$p<0.05$），而 CA 地上部生物量低于地下部的，但没达到显著性差异（$p>0.05$）。

表 3-6　VSFCW 和 HSFCW 两种湿地中两种植物在第 150 天的生物量

单位：g（DW）/m^2

植物	采样点	总计	根	根茎	茎	叶	花
CI	V-CI1	703	60.3	201	196.3	231	14.4
	V-CI2	686	57.0	193	193.4	227	15.6
	H-CI3	599	45.8	168	176.5	198	10.7
	H-CI4	576	41.5	156	177.7	191	9.8
	p	<0.05	<0.05	>0.05	<0.05	<0.05	<0.05
CA	V-CA1	665	117.0	248	275	20.9	4.1
	V-CA2	689	122.0	252	288	22.7	4.3
	H-CA3	540	89.7	214	216	16.9	3.4
	H-CA4	527	87.4	209	212	15.4	3.2
	p	<0.05	<0.05	<0.05	<0.05	<0.05	<0.05

注：DW 表示干重。

CI 和 CA 均为植物修复的植物类型，其生物量直接影响污染物的吸收能力和湿地的总污染物去除能力，水和沉积物中营养物含量不同的主要原因可能是同种植物生物量在不同类型的湿地中是不同的（表 3-7 和表 3-8）。植物吸收 NH_4^+-N 比吸收 NO_3^--N 需要更少的能量，Brix 等[123]研究表明大部分的大型水生植物更喜欢利用 NH_4^+-N 作为氮源。与 NH_4^+-N 或 NO_3^--N 作为单一氮源相比，同时提供 NO_3^--N 和 NH_4^+-N 作为氮源能够明显提高植物的生长速度和生物量[124]。研究结果表明，VSFCW 中高 NH_4^+-N 浓度和能够同时提供 NO_3^--N 和 NH_4^+-N 均有利于两种类型植物的生长，这与生物量呈现出比 NO_3^--N 更好的相关性。尽管营养物和重金属浓度在 VSFCW 中是最高的，但是该湿地中两种植物的生物量与以往的研究结果是相当的[115]，说明高浓度的营养物和重金属并没有对两种湿地植物的生长造成明显的伤害。植物在营养物浓度高的区域生长得更好，也没有被重金属所伤害，生物量和 RS 的重金属浓度呈现正相关（表 3-8 和表 3-9），这可能是由于该湿地的重金属浓度比以往报道的阈值更低[125]。

表 3-7　ICW 系统中的 VSFCW 和 HSFCW 水质监测数据（平均值）

参数	VSFCW		HSFCW		p
	进水	出水	进水	出水	
温度/℃	$(26.6\pm0.2)^{a}$	$(25.5\pm0.2)^{b}$	$(27.1\pm0.1)^{c}$	$(26.0\pm0.2)^{d}$	<0.001
DO/（mg/L）	$(6.75\pm0.30)^{a}$	$(0.80\pm0.25)^{c}$	$(3.70\pm0.40)^{b}$	$(0.42\pm0.10)^{c}$	<0.001
pH值	7.27 ± 0.24	7.16 ± 0.20	7.11 ± 0.17	7.25 ± 0.25	>0.05
E_h/mV	$(132\pm17)^{a}$	$(-218\pm13)^{c}$	$(18\pm9)^{b}$	$(-234\pm11)^{c}$	<0.001
COD/（mg/L）	$(52.8\pm5.6)^{a}$	$(21.7\pm4.2)^{bc}$	$(23.5\pm3.4)^{b}$	$(15.3\pm2.7)^{c}$	<0.001
NH_4^+-N/（mg/L）	$(8.25\pm1.25)^{a}$	$(3.50\pm0.28)^{b}$	$(3.27\pm0.19)^{b}$	$(1.54\pm0.20)^{c}$	<0.001
NO_3^--N/（mg/L）	$(9.10\pm2.22)^{a}$	$(9.46\pm1.83)^{a}$	$(8.19\pm2.10)^{a}$	$(3.72\pm0.85)^{b}$	<0.05
TN/（mg/L）	$(18.40\pm1.90)^{a}$	$(14.36\pm2.43)^{ab}$	$(13.67\pm2.21)^{b}$	$(6.37\pm2.13)^{c}$	<0.05
TP/（mg/L）	1.32 ± 0.20	0.90 ± 0.26	1.12 ± 0.25	0.85 ± 0.22	>0.05
Cd/（mg/L）	0.003 ± 0.002	0.002 ± 0.001	0.001 ± 0.001	<0.001	>0.05
Cu/（mg/L）	$(0.013\pm0.003)^{a}$	$(0.009\pm0.003)^{bc}$	$(0.007\pm0.001)^{c}$	$(0.005\pm0.002)^{c}$	<0.05
Ni/（mg/L）	$(0.015\pm0.002)^{a}$	$(0.012\pm0.001)^{bc}$	$(0.011\pm0.003)^{c}$	$(0.01\pm0.002)^{c}$	<0.05
Zn/（mg/L）	0.015 ± 0.003	0.012 ± 0.002	0.010 ± 0.002	0.009 ± 0.001	>0.05

注：每个样品进行三次重复计算，得出平均值和标准偏差值（平均值 ± 标准差，n=3）；a、b、c 和 d 表示差异显著性。

表 3-8 RS 和 NRS 沉积物样品的物理化学指标

植物	样品名称	理化指标										
		pH 值	E_h/mV	TOC/%	NH_4^+-N /（mg/kg）	NO_3^--N /（mg/kg）	TN /（g/kg）	TP /（g/kg）	Cd /（mg/kg）	Cu /（mg/kg）	Ni /（mg/kg）	Zn /（mg/kg）
CI	V-CI1-RS	(6.97±0.12)^{ab}	(−96±8)^{d}	(5.64±0.45)^{c}	(103.3±5.9)^{d}	(112.3±8.7)^{cd}	(1.84±0.15)^{cd}	(1.36±0.10)^{abc}	(2.0±0.3)^{cd}	(197.5±9.4)^{a}	(36.6±2.1)^{bc}	(1254.6±15.8)^{d}
	V-CI1-NRS	(7.19±0.13)^{cd}	(−89±11)^{d}	(4.25±0.50)^{b}	(85.9±11.0)^{c}	(105.8±8.1)^{bc}	(1.94±0.20)^{d}	(1.31±0.15)^{abc}	(2.4±0.4)^{d}	(184.4±7.3)^{ab}	(43.5±4.0)^{d}	(1190.5±20.6)^{c}
	V-CI2-RS	(7.13±0.09)^{bcd}	(−92±20)^{d}	(6.07±0.71)^{c}	(118.2±4.2)^{e}	(96.7±4.6)^{b}	(1.81±0.15)^{cd}	(1.55±0.12)^{a}	(1.8±0.1)^{c}	(186.5±10.2)^{ab}	(38.8±3.3)^{cd}	(1178.8±43.1)^{c}
	V-CI2-NRS	(7.34±0.09)^{d}	(−110±22)^{cd}	(4.18±0.39)^{b}	(82.6±8.6)^{c}	(104.6±9.3)^{bc}	(1.77±0.13)^{bcd}	(1.46±0.19)^{ab}	(2.1±0.2)^{cd}	(178.6±13.5)^{b}	(31.3±5.1)^{b}	(1243.8±22.2)^{d}
	H-CI3-RS	(6.89±0.14)^{a}	(−136±18)^{bc}	(3.27±0.51)^{ba}	(47.8±10.8)^{ab}	(120.2±5.4)^{de}	(1.63±0.17)^{abc}	(1.21±0.20)^{bc}	(0.5±0.1)^{a}	(53.8±4.0)^{c}	(23.4±2.5)^{a}	(470.1±41.7)^{a}
	H-CI3-NRS	(7.12±0.06)^{bc}	(−165±9)^{ab}	(2.68±0.42)^{a}	(55.3±6.4)^{b}	(132.5±8.2)^{de}	(1.52±0.08)^{ab}	1.20±0.09)^{bc}	(1.2±0.2)^{b}	(46.1±6.5)^{c}	(20.8±3.6)^{a}	(490.9±35.3)^{ab}
	H-CI4-RS	(7.15±0.13)^{bcd}	(−177±18)^{a}	(2.90±0.78)^{a}	(40.5±8.9)^{a}	(93.4±6.1)^{b}	(1.48±0.07)^{a}	(1.13±0.10)^{c}	(0.8±0.1)^{ab}	(34.6±4.3)^{d}	(20.3±2.7)^{a}	(531.3±18.5)^{b}
	H-CI4-NRS	(7.20±0.11)^{cd}	(−180±23)^{a}	(2.71±0.66)^{a}	(47.7±4.1)^{ab}	(71.1±11.2)^{a}	(1.50±0.13)^{a}	(1.16±0.10)^{c}	(1.1±0.3)^{b}	(54.2±4.6)^{cd}	(22.4±1.9)^{a}	(510.6±23.3)^{ab}
	p	<0.05	<0.001	<0.001	<0.001	<0.001	<0.05	<0.05	<0.001	<0.001	<0.001	<0.001

续表

植物	样品名称	理化指标										
		pH 值	E_h/mV	TOC/%	NH_4^+-N /（mg/kg）	NO_3^--N /（mg/kg）	TN /（g/kg）	TP /（g/kg）	Cd /（mg/kg）	Cu /（mg/kg）	Ni /（mg/kg）	Zn /（mg/kg）
CA	V-CA1-RS	(7.04±0.10)^{abc}	(−86±17)^{c}	(6.06±0.85)^{c}	(96.5±7.3)^{b}	(94.9±8.5)^{a}	(1.62±0.07)^{bc}	(1.28±0.20)^{bc}	(1.8±0.1)^{cd}	(207.9±12.0)^{d}	(38.1±2.2)^{d}	(1260.2±26.7)^{d}
	V-CA1-NRS	(7.16±0.09)^{cd}	(−105±20)^{bc}	(5.70±0.23)^{cb}	(120.6±9.8)^{c}	(101.5±6.1)^{a}	(1.80±0.05)^{c}	(1.39±0.10)^{c}	(1.6±0.1)^{c}	(194.7±8.8)^{cd}	(33.4±2.5)^{c}	(1210.0±45.5)^{c}
	V-CA2-RS	(7.11±0.08)^{bcd}	(−93±15)^{c}	(5.81±0.32)^{cb}	(94.3±10.4)^{b}	(118.7±10.5)^{b}	(1.76±0.10)^{bc}	(1.42±0.12)^{c}	(1.7±0.2)^{cd}	(186.4±11.4)^{c}	(28.9±1.9)^{cb}	(1194.7±35.5)^{c}
	V-CA2-NRS	(7.28±0.05)^{d}	(−92±22)^{c}	(5.12±0.56)^{b}	(105.7±8.1)^{b}	(98.4±9.4)^{a}	1.75±0.13)^{bc}	(1.34±0.30)^{bc}	(2.0±0.2)^{d}	(196.8±9.5)^{cd}	(30.5±3.5)^{c}	(1285.0±17.5)^{d}
	H-CA3-RS	(6.86±0.13)^{ab}	(−126±14)^{b}	(3.55±0.24)^{a}	(51.1±3.5)^{a}	(104.0±5.0)^{a}	(1.58±0.09)^{bc}	(1.17±0.10)^{abc}	(1.1±0.1)^{b}	(61.3±6.7)^{b}	(23.6±2.7)^{a}	(551.5±28.9)^{b}
	H-CA3-NRS	(6.95±0.14)^{ab}	(−133±13)^{b}	(3.13±0.51)^{a}	(40.0±9.6)^{a}	(125.5±7.3)^{b}	(1.61±0.15)^{bc}	(1.05±0.10)^{ab}	(0.7±0.3)^{a}	(70.5±5.1)^{b}	(24.8±1.7)^{ba}	(590.4±31.4)^{b}
	H-CA4-RS	(7.02±0.08)^{ac}	(−167±18)^{a}	(3.89±0.45)^{a}	(45.7±4.8)^{a}	(103.5±9.0)^{a}	(1.37±0.14)^{a}	(1.04±0.20)^{ab}	(0.9±0.1)^{ab}	(44.7±5.6)^{a}	(27.7±3.4)^{cb}	(452.1±12.8)^{a}
	H-CA4-NRS	(7.15±0.10)^{cd}	(−174±9)^{a}	(3.30±0.30)^{a}	(40.6±6.2)^{a}	(91.8±5.3)^{a}	(1.55±0.20)^{ab}	(0.95±0.10)^{a}	(1.0±0.2)^{ab}	(56.4±3.7)^{ab}	(21.0±2.6)^{a}	(564.7±18.1)^{b}
	p	<0.05	<0.001	<0.001	<0.001	<0.05	<0.05	<0.05	<0.001	<0.001	<0.001	<0.001

注：样品采集于 VSFCW 和 HSFCW 中基质下 20cm 深处；对每个样品进行三次重复计算，得出平均值和标准偏差值（平均值 ± 标准差，n=3）；a、b、c 和 d 表示差异显著性。

表 3-9　植物生物量和 RS 理化指标的 Pearson 相关系数

植物	参数	NH_4^+-N	NO_3^--N	TN	TP	Cd	Cu	Ni	Zn
CI	地下生物量	0.94	0.17	0.99*	0.83	0.92	0.99*	0.96*	0.96*
	地上生物量	0.97*	0.00	0.96*	0.87	0.97*	1.00**	0.98*	0.99*
CA	地下生物量	0.99**	0.27	0.84	0.93	0.98*	0.98*	0.66	0.99*
	地上生物量	0.98*	0.32	0.84	0.93	0.96*	0.97*	0.63	0.98*

注：** 具有统计学意义（$p < 0.01$，双侧检验）；* 具有统计学意义（$p < 0.05$，双侧检验）。

（2）营养物和重金属在植物各组织中的分配

图 3-21 为 VSFCW 和 HSFCW 中两种湿地植物八个采样点根中的营养物浓度 [mg/g(DW)] 和重金属浓度 [μg/g(DW)]，图 3-22 为茎中的相应浓度。

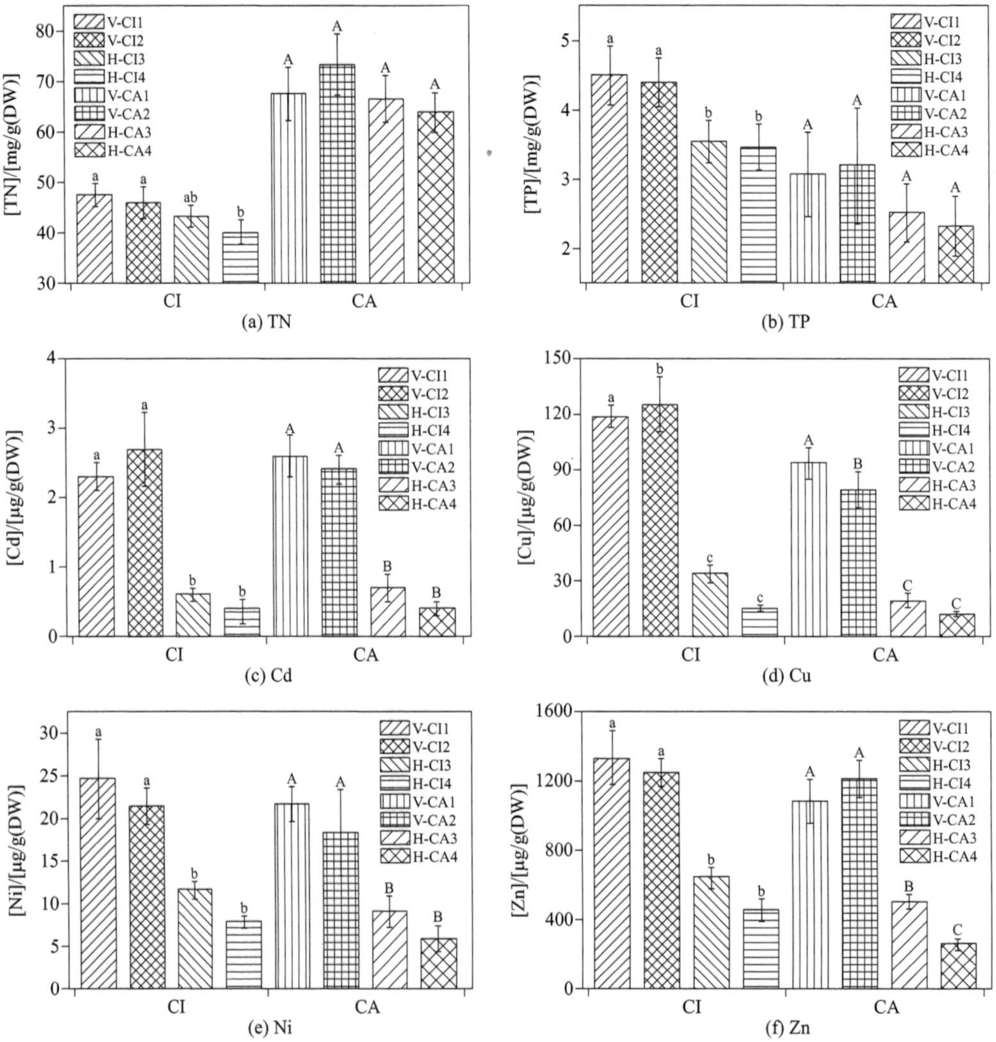

图 3-21　VSFCW 和 HSFCW 中两种湿地植物八个采样点根中的营养物浓度和重金属浓度

a、b、c 和 d—CI 样品的差异显著性；A、B、C 和 D—CA 样品的差异显著性

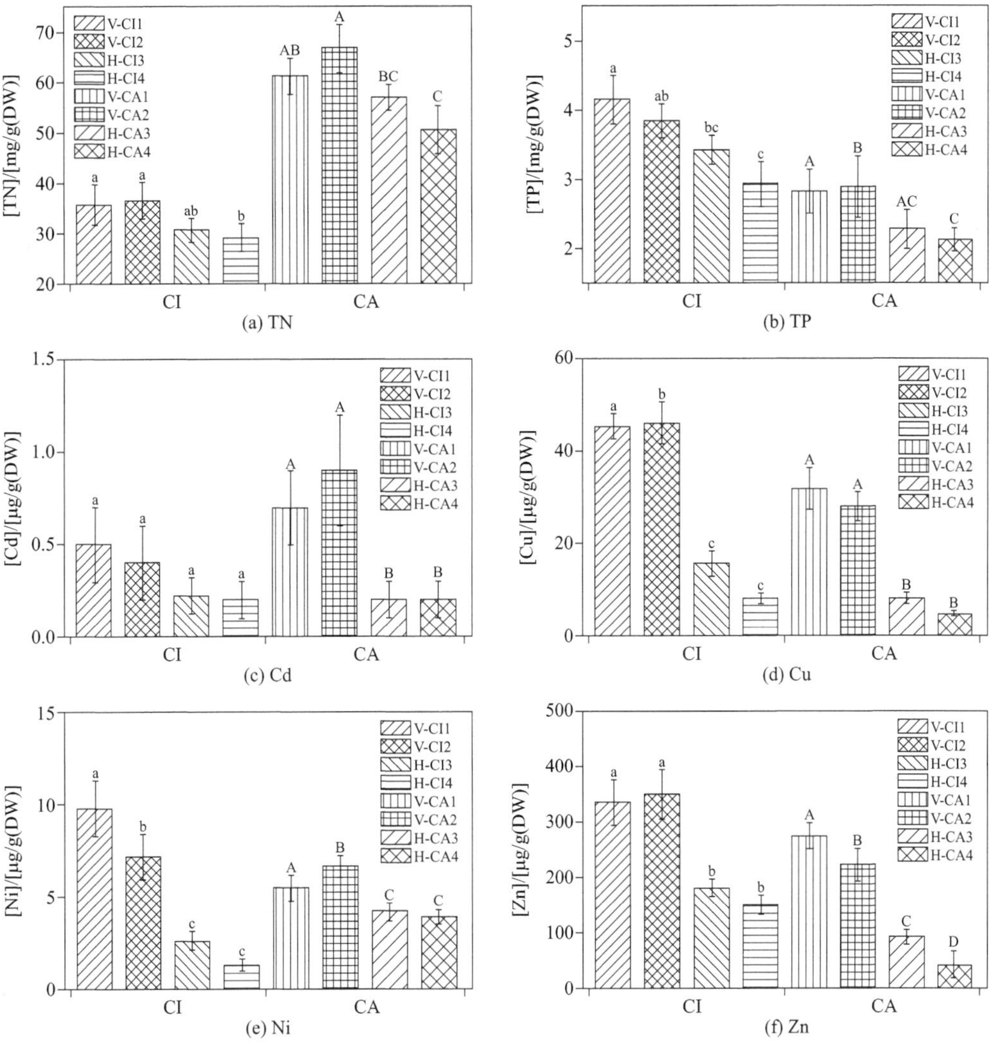

图 3-22　VSFCW 和 HSFCW 中两种湿地植物八个采样点茎中的营养物浓度和重金属浓度

a、b、c 和 d—CI 样品的差异显著性；A、B、C 和 D—CA 样品的差异显著性

CI 根中的营养物和重金属浓度在四个采样点中呈显著相关（$p<0.05$ 或 0.001），与 HSFCW 相比，更高的浓度值出现在 VSFCW 中。CA 根中的营养物浓度在四个采样点中的差异不显著（$p>0.05$），而重金属浓度在四个采样点中的差异呈极显著（$p<0.001$）。CI 根中 TN 的浓度低于 CA 中的 TN 浓度，而 CI 根中的重金属浓度高于 CA 中的重金属浓度（除了 Cd 浓度在两种植物根中的含量基本相同外）。重金属和营养物浓度在 CI 四个采样点的茎和叶中显示出与根相似的规律，CI 花中的 TN 浓度低于 CA 叶中的 TN 浓度（表 3-10）。TN 浓度在 CI 花中低于其在叶中，而 TP 浓度在 CI 花中和叶中几乎相等（表 3-10）。CI

表 3-10 VSFCW 和 HSFCW 中两种湿地植物八个采样点地上部分的营养物浓度 [mg/g（DW）] 和重金属浓度 [μg/g（DW）]

组织	指标	CI					CA				
		V-CI1	V-CI2	H-CI3	H-CI4	p	V-CA1	V-CA2	H-CA3	H-CA4	p
茎	TN	(29.4±3.5)^{a}	(29.7±2.6)^{a}	(25.1±3.4)^{a}	(23.5±2.9)^{a}	＞0.05	(55.7±5.65)^{A}	(58.4±4.11)^{A}	(45.5±3.73)^{B}	(44.2±3.34)^{B}	＜0.05
	TP	(3.26±0.65)^{a}	(2.64±0.27)^{ab}	(2.16±0.21)^{bc}	(1.64±0.49)^{c}	＜0.05	(1.92±0.34)^{A}	(2.01±0.25)^{A}	(1.47±0.11)^{B}	(1.31±0.18)^{C}	＜0.001
	Cd	(0.3±0.1)^{a}	(0.2±0.2)^{a}	(0.2±0.1)^{a}	(0.1±0.1)^{a}	＞0.05	(0.2±0.1)^{A}	(0.3±0.1)^{A}	(0.1±0.1)^{A}	＜0.1^{B}	＜0.001
	Cu	(23.4±3.1)^{a}	(20.1±2.4)^{a}	(9.7±1.7)^{b}	(6.8±0.6)^{b}	＜0.001	(14.8±1.7)^{A}	(18.1±2.3)^{B}	(6.8±0.8)^{C}	(4.6±0.3)^{C}	＜0.001
	Ni	(1.2±0.3)^{a}	(1.1±0.2)^{a}	(0.8±0.2)^{a}	(0.6±0.2)^{b}	＜0.05	(0.8±0.3)^{A}	(0.6±0.2)^{A}	(0.8±0.3)^{A}	(0.5±0.1)^{A}	＞0.05
	Zn	(62.5±7.4)^{a}	(55.8±4.8)^{a}	(42.9±6.1)^{b}	(35.1±4.3)^{b}	＜0.05	(31.9±0.4)^{A}	(35.5±4.1)^{A}	(9.0±1.2)^{B}	(6.2±0.9)^{B}	＜0.001
叶	TN	(27.5±4.20)^{a}	(25.6±3.33)^{a}	(23.4±3.50)^{a}	(22.3±2.64)^{a}	＞0.05	(45.6±3.64)^{A}	(48.8±5.27)^{A}	(34.3±6.18)^{B}	(29.5±4.81)^{B}	＜0.05
	TP	(2.11±0.79)^{a}	(1.75±0.55)^{ab}	(1.26±0.43)^{ab}	(0.88±0.32)^{b}	＞0.05	(1.18±0.35)^{A}	(1.25±0.41)^{A}	(0.86±0.12)^{AB}	(0.53±0.18)^{B}	＞0.05
	Cd	＜0.1^{a}	＜0.1^{a}	＜0.1^{a}	＜0.1^{a}	＞0.05	＜0.1^{A}	＜0.1^{A}	＜0.1^{A}	＜0.1^{A}	＞0.05
	Cu	(5.7±0.4)^{a}	(4.6±0.5)^{b}	(2.6±0.2)^{c}	(1.2±0.2)^{d}	＜0.001	(3.1±0.5)^{A}	(3.4±0.6)^{A}	(1.6±0.5)^{B}	(1.4±0.4)^{B}	＜0.05
	Ni	(0.3±0.1)^{a}	＜0.1^{b}	＜0.1^{b}	＜0.1^{b}	＜0.001	＜0.1^{A}	(0.2±0.1)^{B}	＜0.1^{A}	＜0.1^{A}	＜0.001
	Zn	(23.1±3.2)^{a}	(18.9±2.2)^{b}	(11.4±1.9)^{c}	(5.7±0.4)^{d}	＜0.001	(17.5±3.1)^{A}	(22.1±2.6)^{B}	(9.8±1.1)^{C}	(6.6±0.9)^{C}	＜0.001
花	TN	(22.3±4.5)^{a}	(23.6±3.1)^{a}	(22.6±3.9)^{a}	(20.9±2.2)^{a}	＞0.05	(31.3±4.38)^{AB}	(37.8±6.52)^{A}	(23.6±5.17)^{BC}	(20.9±3.61)^{C}	＜0.05
	TP	(4.74±0.71)^{a}	(3.79±0.66)^{ab}	(3.97±0.20)^{ab}	(3.41±0.33)^{b}	＞0.05	(4.54±0.46)^{A}	(4.68±0.42)^{A}	(3.82±0.28)^{B}	(3.20±0.34)^{B}	＜0.05
	Cd	＜0.1^{a}	＜0.1^{a}	＜0.1^{a}	＜0.1^{a}	＞0.05	＜0.1^{A}	＜0.1^{A}	＜0.1^{A}	＜0.1^{A}	＞0.05
	Cu	(7.3±1.1)^{a}	(6.5±1.5)^{ab}	(4.7±0.9)^{bc}	(2.8±0.5)^{c}	＜0.05	(4.2±0.5)^{A}	(5.3±0.3)^{B}	(3.4±0.5)^{AC}	(2.7±0.4)^{C}	＜0.001
	Ni	＜0.1^{a}	＜0.1^{a}	＜0.1^{a}	＜0.1^{a}	＞0.05	＜0.1^{A}	＜0.1^{A}	＜0.1^{A}	＜0.1^{A}	＞0.05
	Zn	(31.4±2.6)^{a}	(39.7±3.4)^{b}	(23.4±2.8)^{c}	(18.9±1.9)^{c}	＜0.001	(21.3±2.1)^{A}	(17.8±2.0)^{A}	(13.7±1.7)^{B}	(11.7±2.0)^{B}	＜0.05

注：a、b、c 和 d 表示 CI 样品的差异显著性；A、B、C 和 D 表示 CA 样品的差异显著性。

花和叶中的重金属浓度基本高于 CA 花和叶中的重金属浓度。总之，TN 在 CI 中的浓度低于其在 CA 中的浓度，而重金属在 CI 中的浓度高于其在 CA 中的浓度。CI 中营养物的浓度在其地下部和地上部组织中差异不显著（$p>0.05$），CA 中也呈现相同的趋势。两种植物地下部组织中重金属含量均明显高于地上部组织中的含量。

植物和重金属性质及水和沉积物中的污染物浓度可能是影响植物中营养元素和重金属含量的最主要因素。研究结果表明，CI 在根中的 TN 和 TP 最高浓度分别达到了 47.5mg/g(DW) 和 4.51mg/g(DW)。CI 根中的营养物浓度大于茎、叶和花中的浓度（除了花中的 TP 浓度最高以外），这可能是由于其具有较好的根部性质。Mei 等 [116] 也发现 CI 植物组织中的 N 和 P 吸收浓度高于菖蒲（*Acorus calamus*）、花叶芦竹（*Arundo donax* var. *versicolor*）、鸢尾（*Iris tectorum*）和水葱（*Scirpus validus*）组织中的，尤其在地下部分。虽然 CA 中 TP 含量低于 CI，但其 TN 含量却高于 CI，根和茎中的 TN 含量分别达到了 67.6mg/g（DW）和 55.7mg/g(DW)，这个含量与 Cui 等 [114] 的研究结果相似。通过相关性分析发现，植物各组织中 TN 和 TP 浓度与其生物量及水和沉积物中 TN 和 TP 浓度呈正相关。研究还发现，CA 比 CI 能去除或累积更高的重金属浓度，这个结果与 Yadav 等 [126] 的研究结果一致，他们发现 CI 比 CA 和狭叶香蒲能去除或累积更高的重金属浓度。研究发现植物对 Cu 和 Zn 的累积能力更强，这是由于植物对重金属的吸收偏好 [127]。Cheng 等 [128] 也研究发现，CA 对 Cu 和 Zn 有很好的累积能力，分别累积了基质中 75% 的 Cu 和 6.72% 的 Zn。此外，研究证实了 CI 和 CA 的根也倾向于对 Cu 和 Zn 进行累积，这与其他的植物类似 [129]。植物地上部分组织中重金属积累较少是为了保护其暴露在空气中的植物组织免受重金属的毒害，特别是光合作用器官。

（3）湿地植物对根系微生物 16S rRNA 和功能基因的影响

两种湿地中 16 个沉积物样品的细菌 16S rRNA, *hzsA*, AOB *amoA*, *narG*, *nirS* 和 *nosZ* 定量分析结果见图 3-23。对于每种植物，这些基因丰度在 8 个采样点均呈显著性差异（$p<0.05$）（除了 CI 样品的 *nirS* 外）。以往的研究表明，总细菌 16S rRNA 和功能基因的拷贝数会随周围环境、采样点位置和深度的变化而变化 [130]。该研究结果表明，总细菌 16S rRNA 和功能基因的拷贝数均在以往报道的范围之内 [130-131]。

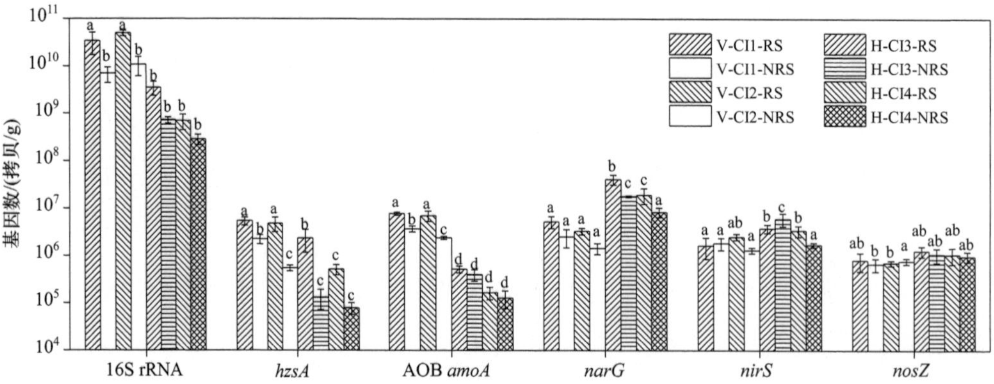

(a) CI

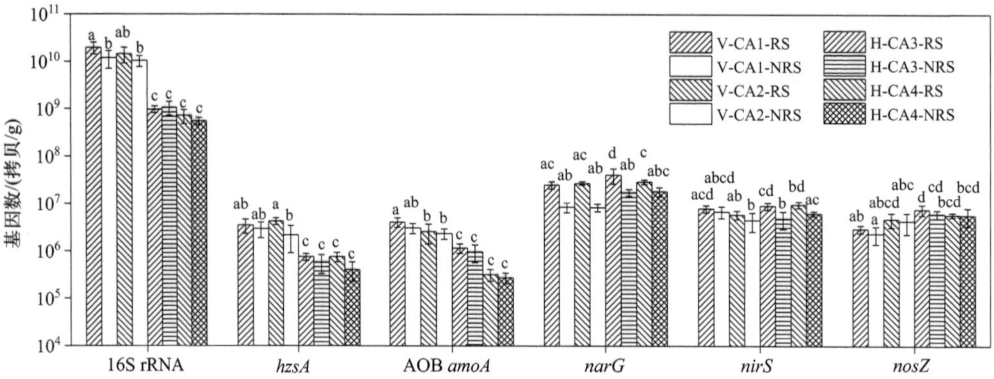

(b) CA

图 3-23 VSFCW 和 HSFCW 中两种植物 RS 和 NRS 中总细菌 16S rRNA 和功能基因的定量分析

误差棒—三个独立样品的标准偏差

对于 CI，总细菌 16S rRNA 的拷贝数变化范围为 $2.19\times10^8\sim5.52\times10^{10}$ 拷贝 /g，且在 RS 中高于在 NRS 中，在 VSFCW 中呈显著性差异。*hzsA* 和 AOB *amoA* 也表现出同样的显著性差异，拷贝数分别在 $6.30\times10^4\sim6.62\times10^6$ 拷贝 /g 和 $9.00\times10^4\sim8.76\times10^6$ 拷贝 /g 范围内变化。在 VSFCW 中，*narG* 拷贝数在 RS 中高于在 NRS 中，但没有呈现显著性差异，*nirS* 拷贝数在 RS 和 NRS 中没有呈现显著性差异。在 HSFCW 中，*nirS* 的分布没有表现出规律性。*nosZ* 拷贝数在八个采样点中均没有呈现显著性差异，在 RS 中的拷贝数略高于 NRS 中的。

对于 CA，总细菌 16S rRNA 和功能基因的拷贝数在 $4.68\times10^8\sim2.31\times10^{10}$ 拷贝 /g 范围内变化，且 RS 中的拷贝数高于 NRS 中的，在 VSFCW 和 HSFCW 中均没有呈现显著性差异。*hzsA* 和 AOB *amoA* 也表现出同样的显著性差异，其拷贝数分别在 $2.05\times10^5\sim5.07\times10^6$ 拷贝 /g 和 $2.25\times10^5\sim4.88\times10^6$ 拷贝 /g 范围内变化。*narG* 和 *nirS* 的拷贝数在 RS 中均高于 NRS 中，显著性差异仅出现在

HSFCW 中。RS 中的 *nosZ* 拷贝数略高于 NRS 中的。

总的来说，RS 中的功能基因数高于 NRS 中的，表明植物对湿地中氮的去除具有重要的影响。植物对湿地中氮去除最显著的影响是根系渗氧和其对根际 E_h 的作用以及植物释放碳化合物。当植物存在时，携带上述功能基因的微生物繁殖力明显提高，即使是兼性厌氧菌（例如厌氧氨氧化菌）也是如此。根系渗氧在植物的 RS 中创造了一个有氧和厌氧共存的环境。好氧菌更倾向于在 RS 中繁殖，以满足其新陈代谢的需要。携带 *hzsA* 基因的厌氧氨氧化菌更偏好集中在根表面的厌氧环境中，在 Yang 等[132]的研究中，推荐 $E_h = 0$ 用于单级硝化/厌氧氨氧化过程。在 RS 中比在 NRS 中发现了更多的反硝化细菌（携带 *narG*、*nirS* 和 *nosZ* 基因），可能是由于好氧反硝化活动，使其转化率可以与厌氧反硝化作用相比[133-135]。一些细菌偏好好氧反硝化，并能根据环境条件迅速做出反应[136]。因此，反硝化基因的丰度在好氧条件下更高，可能是一些微生物群落适应这种条件的结果[106]。此外，*narG*、*nirS* 和 *nosZ* 的拷贝数在 CA 的 RS 中更高，可能是由于与 CI 相比，CA 有更多的碳源可以供非自养型反硝化细菌所利用。尽管一些研究表明，根能释放出少量的碳源，且只对在碳源缺乏环境中存活的反硝化细菌起作用[137]，该研究中植物收割后残留的根不能被忽略，其可作为碳源对下茬种植植物的根系微生物起作用。CI 的 RS 中总菌 16S rRNA 和 AOB *amoA* 的拷贝数均高于 CA 中的，CI 的 RS 可能更有利于有机物的分解，进而促进细菌和厌氧氨氧化细菌生长。这可能是由于 CI 比 CA 具有更显著的根系泌氧功能[116]，好的根系泌氧功能可以提高好氧菌的繁殖能力。CA 具有纤维状和更分散的根系，这可能能够提供一个均匀的环境，因而 *hzsA* 的拷贝数在 CA 的 RS 和 NRS 中没有表现出像 CI 那样显著的差异。

结果表明，两种植物种类对氮循环的多步反应均有意义，并且能够显著改变湿地中的除氮微生物。尽管 CI 和 CA 的存在对功能基因的影响有差异，但是它们对除氮细菌具有相似且有利的作用。然而，根的分泌物或者特定的植物种类可能对碳和氮的循环具有直接的作用，对于 RS 土壤有机物降解菌具有激发作用，而且可能通过抑制土壤硝化细菌而抑制硝化过程[138]。一些研究[121,139]发现，湿地植物和它们之间的差别对细菌数量或功能具有负面的或很小的影响。相反，另一些研究[131,140]发现，某些植物的存在能够促进携带 *nirS* 基因的细菌生长，影响微生物群落多样性、群落生理性质及反硝化细菌的群落结构。因此，生物抑制氮去除可能取决于植物种类和根系分泌化合物的性质。

3.4.5.4 小结

结果表明，在 CW 工程中种植 CI 和 CA 两种具有植物修复功能的植物对营养物和重金属的同时去除具有重要的作用。CI 和 CA 在高浓度的营养物区域生长得更好（除 NO_3^--N 外），并且没有受到重金属的毒害。营养物浓度在两种植物的地上和地下不同组织中没有显示出显著性差异，而重金属在它们的地下组织中浓度明显高于地上组织。CA 显示了比 CI 更好的 TN 吸收效果和较差的重金属吸收效果。植物种类、重金属性质及根区污染物浓度是影响植物中营养物和重金属含量的最主要因素。在 VSFCW 和 HSFCW 中，RS 中的功能基因丰度总体上高于 NRS。混合种植两种植物有利于同时去除营养物和重金属，并且没有抑制除氮微生物的生长。

参考文献

[1] 李涛，周律，武红功. 人工湿地分散式污水处理系统的设计和运行 [J]. 化工环保，2015, 35(3): 221-225.

[2] RIVAS A, BARCELó -QUINTAL I, MOELLER G E. Pollutant removal in a multi-stage municipal wastewater treatment system comprised of constructed wetlands and a maturation pond, in a temperateclimate [J]. Water Science and Technology, 2011, 64(4): 980-987.

[3] WANG W L, GAO J Q, GUO X, et al. Long-term effects and performance of two-stage baffled surface flow constructed wetland treating polluted river [J]. Ecological Engineering, 2012, 49: 93-103.

[4] ÁVILA C, GARFÍM, GARCÍA J. Three-stage hybrid constructed wetland system for wastewater treatment and reuse in warm climate regions [J]. Ecological Engineering, 2013, 61: 43-49.

[5] MASI F, CAFFAZ S, GHRABI A. Multi-stage constructed wetland systems for municipal wastewater treatment [J]. Water Science and Technology, 2013, 67(7): 1590-1598.

[6] WU Y H, HAN R, YANG X, et al. Long-term performance of an integrated constructed wetland for advanced treatment of mixed wastewater [J]. Ecological Engineering, 2017, 99:91-98.

[7] 张雨葵，吴英海，张龙江，等. 人工河岸湿地对面源污染的处理效果研究 [J]. 环境污染与防治，2010, 32(2): 29-32.

[8] 吴英海，韩蕊，林必桂，等. 复合人工湿地中低浓度有机物的去除及 Monod 模型模拟 [J]. 环境工程学报，2013, 7(6): 2139-2146.

[9] 吴英海，杨旭楠，韩蕊，等. 复合人工湿地对氮的深度处理效果及影响因素 [J]. 湿地科学，2014, 12(1): 35-42.

[10] SONG X S, WANG S Y, WANG Y H, et al. Addition of Fe^{2+} increase nitrate removal in vertical subsurface flow constructed wetlands [J]. Ecological Engineering, 2016, 91: 487-494.

[11] YOO K, LEE T K, CHOI E J, et al. Molecular approaches for the detection and monitoring of microbial communities in bioaerosols: a review [J]. Journal of Environmental Sciences, 2017, 51: 234-247.
[12] BOUALI M, ZRAFI-NOUIRA I, BAKHROUF A, et al. The structure and spatio-temporal distribution of the Archaea in a horizontal subsurface flow constructed wetland [J]. Science of the Total Environment, 2012, 435-436: 465-471.
[13] RUPPELT J P, TONDERA K, WALLACE S J, et al. Assessing the role of microbial communities in the performance of constructed wetlands used to treat combined sewer overflows [J]. Science of the Total Environment, 2020, 736: 139519.
[14] WU Y H, HAN R, YANG X, et al. Correlating microbial community with physicochemical indices and structures of a full-scale integrated constructed wetland system [J]. Applied Microbiology and Biotechnology, 2016, 100(15): 6917-6926.
[15] ZHAO C C, SHANG D W, ZOU Y L, et al. Changes in electricity production and microbial community evolution in constructed wetland-microbial fuel cell exposed to wastewater containing Pb(II) [J]. Science of the Total Environment, 2020, 732: 139127.
[16] ADRADOS B, S NCHEZ O, ARIAS C, et al. Microbial communities from different types of natural wastewater treatment systems: vertical and horizontal flow constructed wetlands and biofilters [J]. Water Research, 2014, 55: 304-312.
[17] PERALTA R M, AHN C, GILLEVET P M. Characterization of soil bacterial community structure and physicochemical properties in created and natural wetlands [J]. Science of the Total Environment, 2013, 443: 725-732.
[18] JI G D, WANG R J, ZHI W, et al. Distribution patterns of denitrification functional genes and microbial floras in multimedia constructed wetlands [J]. Ecological Engineering, 2012, 44: 179-188.
[19] SLEYTR K, TIETZ A, LANGERGRABER G, et al. Diversity of abundant bacteria in subsurface vertical flow constructed wetlands [J]. Ecological Engineering, 2009, 35(6): 1021-1025.
[20] YU Y, WANG H, LIU J, et al. Shifts in microbial community function and structure along the successional gradient of coastal wetlands in Yellow River Estuary [J]. European Journal of Soil Biology, 2012, 49: 12-21.
[21] FESTER T, GIEBLER J, WICK L Y, et al. Plant–microbe interactions as drivers of ecosystem functions relevant for the biodegradation of organic contaminants [J]. Current Opinion in Biotechnology, 2014, 27: 168-175.
[22] CHEN Z J, TIAN Y H, ZHANG Y, et al. Effects of root organic exudates on rhizosphere microbes and nutrient removal in the constructed wetlands [J]. Ecological Engineering, 2016, 92: 243-250.
[23] MEI X Q, YANG Y, TAM N F Y, et al. Roles of root porosity, radial oxygen loss, Fe plaque formation on nutrient removal and tolerance of wetland plants to domestic wastewater [J]. Water Research, 2014, 50:147-159.
[24] VYMAZAL J. Plants used in constructed wetlands with horizontal subsurface flow: A review [J]. Hydrobiologia, 2011, 674(1): 133-156.
[25] 巩佳佳，吕锡武，杨子萱，等．4 种冷季型禾草吸收氮磷营养盐的动力学特性 [J]．净水技术，2019, 38(7): 60-64.
[26] 张震，刘伸伸，胡宏祥，等．3 种湿地植物对农田沟渠水体氮、磷的消减作用 [J]．浙江农林大学学报，2019, 36(1): 88-95.

[27] WU Y H, HE T, CHEN C, et al. Impacting microbial communities and absorbing pollutants by Canna Indica and Cyperus Alternifolius in a full-scale constructed wetland system [J]. International Journal of Environmental Research and Public Health, 2019, 16(5): 802.

[28] 梅金星，张平，彭佩钦，等．人工湿地系统中梭鱼草和香蒲对镉积累的动态变化 [J]．水生态学杂志，2020, 41(2): 98-104.

[29] ZHAO Q, HUANG J C, HE S B, et al. Enhancement of a constructed wetland water treatment system for selenium removal [J]. Science of the Total Environment, 2020, 714(C): 136741.

[30] LI R, TANG T, QIAO W, et al. Toxic effect of perfluorooctane sulfonate on plants in vertical-flow constructed wetlands [J]. Journal of Environmental Sciences, 2020, 92: 176-186.

[31] SANCHEZ C A, CHILDERS D L, TURNBULL L, et al. Aridland constructed treatment wetlands II: Plant mediation of surface hydrology enhances nitrogen removal [J]. Ecological Engineering, 2016, 97: 658-665.

[32] SUBBARAO G V, ARANGO J, MASAHIRO K, et al. Genetic mitigation strategies to tackle agricultural GHG emissions: The case for biological nitrification inhibition technology [J]. Plant Science, 2017, 262: 165-168.

[33] 邓玉，何聪，倪福全，等．蚯蚓生态滤池 - 人工湿地组合装置低温下处理畜禽废水 [J]．水处理技术，2018, 44(7): 90-94.

[34] RODRIGO M A, SEGURA M. Plankton participation in the performance of three constructed wetlands within a Mediterranean natural park [J]. Science of the Total Environment, 2020, 721: 137766.

[35] 储昭升，靳明，叶碧碧，等．海菜花 - 螺蛳经济湿地对农田低污染水的净化 [J]．环境科学研究，2015, 28(6): 975-980.

[36] 杨清海，李秀艳，赵丹，等．植物 - 水生动物 - 填料生态反应器构建和作用机理 [J]．环境工程学报，2008(6): 852-857.

[37] 赵占军．重庆市长寿区城市河岸生态修复技术研究 [D]．北京：北京林业大学，2011.

[38] LI L F, LI Y H, BISWAS D K , et al. Potential of constructed wetlands in treating the eutrophic water: evidence from Taihu lake of China [J]. Bioresource Technology, 2008, 99(6): 1656-1663.

[39] 熊家晴，王怡雯，葛媛，等．不同基质复合人工湿地对高污染河水的净化 [J]．工业水处理，2015, 35(7): 35-39.

[40] 靳同霞，王程丽，张永静，等．两种人工湿地不同填料层净化污水效果研究 [J]．河南师范大学学报 (自然科学版)，2012, 40(1): 116-120.

[41] 李松，王为东，强志民，等．自动增氧型垂直流人工湿地处理农村生活污水试验研究 [J]．农业环境科学学报，2010, 29(8): 1566-1570.

[42] 杨广伟．微生物燃料电池—人工湿地系统处理污水效果及产电性能 [D]．哈尔滨：哈尔滨工业大学，2015.

[43] GAO Y, XIE Y W, ZHANG Q, et al. Intensified nitrate and phosphorus removal in an electrolysis -integrated horizontal subsurface-flow constructed wetland [J]. Water Research, 2017, 108: 39-45.

[44] 宋铁红，尹军，崔玉波．不同进水方式人工湿地除污效率对比分析 [J]．安全与环境工程，2005, (3): 46-48,51.

[45] LAVROVA S, KOUMANOVA B. Influence of recirculation in a lab-scale vertical flow constructed wetland on the treatment efficiency of landfill leachate [J]. Bioresource Technology, 2010, 101(6): 1756-1761.

[46] GE Y, WANG X C, ZHENG Y C, et al. Functions of slags and gravels as substrates in large-scale demonstration constructed wetland systems for polluted river water treatment [J]. Environmental Science and Pollution Research, 2015, 22(17): 12982-12991.

[47] WEN J, DONG H R, ZENG G M. Application of zeolite in removing salinity/sodicity from wastewater: a review of mechanisms, challenges and opportunities [J]. Journal of Cleaner Production, 2018, 197: 1435-1446.

[48] 史鹏博，朱洪涛，孙德智．人工湿地不同填料组合去除典型污染物的研究 [J]．环境科学学报，2014, 34(3): 704-711.

[49] FENG Z, MA X, SUN Y, et al. Promotion of nitrogen removal in a denitrification process elevated by zero-valent iron under low carbon-to-nitrogen ratio [J]. Bioresource Technology, 2023, 386: 129566.

[50] SONG T, ZHANG X L, LI J, et al. A review of research progress of heterotrophic nitrification and aerobic denitrification microorganisms (HNADMs) [J]. Science of the Total Environment, 2021, 801: 149319.

[51] ILYAS H, MASIH I. The performance of the intensified constructed wetlands for organic matter and nitrogen removal: A review [J]. Journal of Environmental Management, 2017, 198: 372-383.

[52] 易成豪，秦伟，陈湛，等．聚己内酯与聚羟基丁酸戊酸酯的脱氮性能对比 [J]．环境科学，2019, 40(9): 4143-4151.

[53] 周旭．生物炭联合曝气强化人工湿地处理低碳氮比污水的效能及其过程研究 [D]．咸阳：西北农林科技大学，2018.

[54] LOVLEY D R. Microbial fuel cells: novel microbial physiologies and engineering approaches [J]. Current Opinion in Biotechnology, 2006, 17(3): 327-332.

[55] HE Z, KAN J J, WANG Y B, et al. Electricity production coupled to ammonium in a microbial fuel cell [J]. Environmental Science & Technology, 2009, 43(9): 3391-3397.

[56] YANG Y G, GUO J, SUN G P, et al. Characterizing the snorkeling respiration and growth of *Shewanella decolorationis* S12 [J]. Bioresource Technology, 2013, 128: 472-478.

[57] ERABLE B, ETCHEVERRY L, BERGEL A. From microbial fuel cell (MFC) to microbial electrochemical snorkel (MES): Maximizing chemical oxygen demand (COD) removal from wastewater [J]. Biofouling, 2011, 27(3): 319-326.

[58] YADAV A K, DASH P, MOHANTY, et al. Performance assessment of innovative constructed wetland-microbial fuel cell for electricity production and dye removal [J]. Ecological Engineering, 2012, 47: 126-131.

[59] 李雪，王琳，王丽．微生物燃料电池-人工湿地耦合系统处理污水及产电性能研究 [J]．水处理技术，2018, 44(2): 109-114.

[60] SRIVASTAVA P, YADAV A, MISHRA B. The effects of microbial fuel cell integration into constructed wetland on the performance of constructed wetland [J]. Bioresource technology, 2015, 195: 223-230.

[61] WANG Q, HU Y B, XIE H J, et al. Constructed wetlands: a review on the role of radial oxygen loss in the rhizosphere by macrophytes [J]. Water, 2018, 10(6): 678.

[62] DOHERTY L, ZHAO Y, ZHAO X, et al. Nutrient and organics removal from swine slurry with simultaneous electricity generation in an alum sludge-based constructed wetland incorporating microbial fuel cell technology [J]. Chemical Engineering Journal, 2015, 266: 74-81.

[63] ZHAO Y, COLLUM S, PHELAN M, et al. Preliminary investigation of constructed wetland incorporating microbial fuel cell: batch and continuous flow trials [J]. Chemical Engineering Journal, 2013, 229: 364-370.

[64] ZHANG P F, PENG Y K, LU J L, et al. Microbial communities and functional genes of nitrogen cycling in an electrolysis augmented constructed wetland treating wastewater treatment plant effluent [J]. Chemosphere, 2018, 211: 25-33.

[65] XU D, XIAO E R, XU P, et al. Bacterial community and nitrate removal by simultaneous heterotrophic and autotrophic denitrification in a bioelectrochemically-assisted constructed wetland [J]. Bioresource Technology, 2017, 245: 993-999.

[66] WANG J F, WANG Y H, BAI J H, et al. High efficiency of inorganic nitrogen removal by integrating biofilm-electrode with constructed wetland: autotrophic denitrifying bacteria analysis [J]. Bioresource Technology, 2017, 227: 7-14.

[67] SRINANDAN C S, D'SOUZA G, SRIVASTAVA N, et al. Carbon sources influence the nitrate removal activity, community structure and biofilm architecture [J]. Bioresource Technology, 2012, 117: 292-299.

[68] JU X X, WU S B, ZHANG Y S, et al. Intensified nitrogen and phosphorus removal in a novel electrolysis-integrated tidal flow constructed wetland system [J]. Water Research, 2014, 59: 37-45.

[69] CHO S K, LEE M E, LEE W, et al. Improved hydrogen recovery in microbial electrolysis cells using intermittent energy input [J]. International Journal of Hydrogen Energy, 2019, 44(4): 2253-2257.

[70] 张可可，崔正国，李悦悦，等．海水人工湿地氮降解动力学模拟及其影响因素分析 [J]．渔业现代化，2020, 47(4): 44-52.

[71] ABBASI N A, XU X, LUCAS-BORJA M, et al. The use of check dams in watershed management projects: Examples from around the world [J]. Science of the Total Environment, 2019, 676: 683-691.

[72] 田猛，张永春．用于控制太湖流域农村面源污染的透水坝技术试验研究 [J]．环境科学学报，2006(10): 1665-1670.

[73] NI Z F, WU X G, LI L F, et al. Pollution control and in situ bioremediation for lake aquaculture using an ecological dam [J]. Journal of Cleaner Production, 2018, 172: 2256-2265.

[74] 聂中林，马赫，梁鹏，等．不同填料曝气生物滤池处理微污染河水的效果 [J]．中国给水排水，2020, 36(17): 41-48.

[75] 方媛瑗，戴国飞，杨平，等．不同填料组合对污水中氮磷去除效果的研究 [J]．应用化工，2020, 49(10): 2475-2477, 2482.

[76] 蒋林时，王磊，李靖平，等．砾石填料床预处理沈抚灌渠污水的试验研究 [J]．中国给水排水，2010, 26(7): 77-79.

[77] 董敏慧，胡曰利，吴晓芙．基质填料在人工湿地污水处理系统中的研究应用进展 [J]．资源环境与发展，2006(3): 40-42,49.

[78] 彭立新，王永秀，雷志洪，等．复合填料在人工湿地尾水深度处理工艺中的应用 [J]．安徽农业科学，2012, 40(23): 11805-11807.

[79] 张延青，王森，刘鹰．利用竹球作为曝气生物滤池填料处理高浓度含氮海水的实验研究 [J]．农业环境科学学报，2007(4): 1287-1291.

[80] WEBB J M, QUINTÃR, PAPADIMITRIOU S, et al. Halophyte filter beds for treatment of saline wastewater from aquaculture [J]. Water Research, 2012, 46(16): 5102-5114.

[81] ZHAO Z M, ZHANG X, WANG Z F, et al. Enhancing the pollutant removal performance and biological mechanisms by adding ferrous ions into aquaculture wastewater in constructed wetland [J]. Bioresource Technology, 2019, 293: 122003.
[82] REN Z J, FU X L, ZHANG G M, et al. Study on performance and mechanism of enhanced low-concentration ammonia nitrogen removal from low-temperature wastewater by iron-loaded biological activated carbon filter [J]. Journal of Environmental Management, 2022, 301: 113859.
[83] SI Z H, SONG X S, WANG Y H, et al. Untangling the nitrate removal pathways for a constructed wetland- sponge iron coupled system and the impacts of sponge iron on a wetland ecosystem [J]. Journal of Hazardous Materials, 2020, 393: 122407.
[84] 郑茂佳．四环素降解菌的筛选及其对养殖废水的净化能力 [D]．大连：辽宁师范大学，2018.
[85] AQUILINO F, PARADISO A, TRANI R, et al. Chaetomorpha linum in the bioremediation of aquaculture wastewater: optimization of nutrient removal efficiency at the laboratory scale [J]. Aquaculture, 2020, 523: 735133.
[86] JOHN E M, KRISHNAPRIYA K, SANKAR T. Treatment of ammonia and nitrite in aquaculture wastewater by an assembled bacterial consortium [J]. Aquaculture, 2020, 526: 735390.
[87] FU G P, ZHAO L, HUANGSHEN L K, et al. Isolation and identification of a salt-tolerant aerobic denitrifying bacterial strain and its application to saline wastewater treatment in constructed wetlands [J]. Bioresource Technology, 2019, 290: 121725.
[88] HONG P, WU X Q, SHU Y L, et al. Bioaugmentation treatment of nitrogen-rich wastewater with a denitrifier with biofilm-formation and nitrogen-removal capacities in a sequencing batch biofilm reactor [J]. Bioresource Technology, 2020, 303: 122905.
[89] 肖思远，朱文娟，陈思宇，等．反硝化细菌的筛选及菌藻共培养体系除氮特性 [J]．环境科学与技术，2021, 44(8): 154-162.
[90] FELEKE Z, SAKAKIBARA Y. A bio-electrochemical reactor coupled with adsorber for the removal of nitrate and inhibitory pesticide [J]. Water Research, 2002, 36(12): 3092-3102.
[91] 王海燕，曲久辉，雷鹏举．电化学氢自养与硫自养集成去除饮用水中的硝酸盐 [J]．环境科学学报，2002(6): 711-715.
[92] HE Y, WANG Y H, SONG X S. High-effective denitrification of low C/N wastewater by combined constructed wetland and biofilm-electrode reactor (CW–BER) [J]. Bioresource Technology, 2016, 203: 245-251.
[93] TANG Q, SHENG Y Q, LI C Y, et al. Simultaneous removal of nitrate and sulfate using an up-flow three-dimensional biofilm electrode reactor: Performance and microbial response [J]. Bioresource Technology, 2020, 318: 124096.
[94] ZHAO Y X, FENG C P, WANG Q H, et al. Nitrate removal from groundwater by cooperating heterotrophic with autotrophic denitrification in a biofilm-electrode reactor [J]. Journal of Hazardous Materials, 2011, 192(3): 1033-1039.
[95] 金赞芳，陈英旭，小仓纪雄．以棉花为碳源去除地下水硝酸盐的研究 [J]．农业环境科学学报，2004(3): 512-515.
[96] 丁海静，游俊杰，王敦球，等．水力负荷与有机负荷协同作用对人工湿地微生物群落结构的影响 [J]．环境污染与防治，2020, 42(1): 61-65, 70.
[97] 徐嘉波，施永海，刘永士．不同水力负荷对池塘养殖尾水处理系统净化效果的影响 [J]．西北农林科技大学学报 (自然科学版)，2022, 50(7): 109-117.

[98] 姚丽婷，梁瑜海，陈漫霞，等．高溶解氧条件下不同曝气量对短程硝化性能及微生物特征的影响 [J]．环境科学学报，2021, 41(8): 3258-3267.

[99] 王博．复合型人工湿地对黑臭水体的净化性能及其微生物学机制研究 [D]．哈尔滨：哈尔滨工业大学，2019.

[100] 黄娟，王世和，鄢璐，等．潜流型人工湿地硝化和反硝化作用强度研究 [J]．环境科学，2007(9): 1965-1969.

[101] 朱太涛，崔理华，林伟仲，等．垂直流-水平潜流一体化人工湿地对菜地废水的净化效果 [J]．农业环境科学学报，2012, 31(1): 166-171.

[102] ALBUQUERQUE A, OLIVEIRA J, SEMITELA S, et al. Influence of bed media characteristics on ammonia and nitrate removal in shallow horizontal subsurface flow constructed wetlands [J]. Bioresource Technology, 2009, 100(24): 6269-6277.

[103] CALHEIROS C, RANGEL A, CASTRO P. Treatment of industrial wastewater with two-stage constructed wetlands planted with *Typha latifolia* and *Phragmites australis* [J]. Bioresource Technology, 2009, 100(13): 3205-3213.

[104] 谭洪新，刘艳红，周琪，等．添加碳源对潜流＋表面流组合湿地脱氮除磷的影响 [J]．环境科学，2007(6): 1209-1215.

[105] TRUU J, NURK K, JUHANSON J, et al. Variation of microbiological parameters within planted soil filter for domestic wastewater treatment [J]. Journal of Environmental Science and Health, Part A, 2005, 40(6-7): 1191-1200.

[106] LIGI T, OOPKAUP K, TRUU M, et al. Characterization of bacterial communities in soil and sediment of a created riverine wetland complex using high-throughput 16S rRNA amplicon sequencing [J]. Ecological Engineering, 2014, 72:56-66.

[107] ANSOLA G, ARROYO P, SÁENZ DE MIERA L. Characterisation of the soil bacterial community structure and composition of natural and constructed wetlands [J]. Science of the Total Environment, 2014, 473-474:63-71.

[108] ARROYO P, SÁ ENZ DE MIERA L E, ANSOLA G. Influence of environmental variables on the structure and composition of soil bacterial communities in natural and constructed wetlands [J]. Science of the Total Environment, 2015, 506-507: 380-390.

[109] ZHONG F, WU J, DAI Y R, et al. Bacterial community analysis by PCR-DGGE and 454-pyrosequencing of horizontal subsurface flow constructed wetlands with front aeration [J]. Applied Microbiology and Biotechnology, 2015, 99(3): 1499-1512.

[110] CHEN Y, WEN Y, TANG Z R, et al. Effects of plant biomass on bacterial community structure in constructed wetlands used for tertiary wastewater treatment [J]. Ecological Engineering, 2015, 84: 38-45.

[111] DUŠEK J, PICEK T, ČÍŽKOV H. Redox potential dynamics in a horizontal subsurface flow constructed wetland for wastewater treatment: Diel, seasonal and spatial fluctuations [J]. Ecological Engineering, 2008, 34(3): 223-232.

[112] JOHNSON L T, ROYER T V, EDGERTON J M, et al. Manipulation of the dissolved organic carbon pool in an agricultural stream: responses in microbial community structure, denitrification, and assimilatory nitrogen uptake [J]. Ecosystems, 2012, 15(6): 1027-1038.

[113] CALHEIROS C S C, RANGEL A O S S, CASTRO P M L. Constructed wetland systems vegetated with different plants applied to the treatment of tannery wastewater [J]. Water Research, 2007, 41(8): 1790-1798.

[114] CUI L H, OUYANG Y, CHEN Y, et al. Removal of total nitrogen by *Cyperus alternifolius* from wastewaters in simulated vertical-flow constructed wetlands [J]. Ecological Engineering, 2009, 35(8): 1271-1274.
[115] LI L, YANG Y, TAM N F Y, et al. Growth characteristics of six wetland plants and their influences on domestic wastewater treatment efficiency [J]. Ecological Engineering, 2013, 60: 382-392.
[116] MEI X Q, YANG Y, TAM F Y, et al. Roles of root porosity, radial oxygen loss, Fe plaque formation on nutrient removal and tolerance of wetland plants to domestic wastewater [J]. Water Research, 2014, 50: 147-159.
[117] YEH Y W, WU C H. Pollutant removal within hybrid constructed wetland systems in tropical regions [J]. Water Science & Technology, 2009, 59(2): 233-240.
[118] BRAGATO C, SCHIAVON M, POLESE R, et al. Seasonal variations of Cu, Zn, Ni and Cr concentration in *Phragmites australis* (Cav.) *Trin ex steudel* in a constructed wetland of North Italy [J]. Desalination, 2009, 246(1): 35-44.
[119] RUIZ-RUEDA O, HALLIN S, BA ERAS L. Structure and function of denitrifying and nitrifying bacterial communities in relation to the plant species in a constructed wetland [J]. FEMS Microbiology Ecology, 2009, 67(2): 308-319.
[120] SHELEF O, GROSS A, RACHMILEVITCH S. Role of plants in a constructed wetland: current and new perspectives [J]. Water, 2013, 5: 405-419.
[121] SUBBARAO G V, SAHRAWAT K L, NAKAHARA K, et al. A paradigm shift towards low-nitrifying production systems: the role of biological nitrification inhibition (BNI) [J]. Annals of Botany, 2013, 112(2): 297-316.
[122] BASTVIKEN S K, ERIKSSON P G, PREMROV A, et al. Potential denitrification in wetland sediments with different plant species detritus [J]. Ecological Engineering, 2005, 25(2): 183-190.
[123] BRIX H, DYHR-JENSEN K, LORENZEN B. Root-zone acidity and nitrogen source affects *Typha latifolia* L. growth and uptake kinetics of ammonium and nitrate [J]. Journal of Experimental Botany, 2002, 53(379): 2441-2450.
[124] ZHOU X H, WANG G X, YANG F. Characteristics of growth, nutrient uptake, purification effect of *Ipomoea aquatica*, *Lolium multiflorum*, and *Sorghum sudanense* grown under different nitrogen levels [J]. Desalination, 2011, 273(2): 366-374.
[125] CHENG S, REN F, GROSSE W, et al. Effects of cadmium on chlorophyll content, photochemical efficiency, and photosynthetic intensity of *Canna indica* Linn [J]. International Journal of Phytoremediation, 2002, 4(3): 239-246.
[126] YADAV A K, ABBASSI R, KUMAR N, et al. The removal of heavy metals in wetland microcosms: effects of bed depth, plant species, and metal mobility [J]. Chemical Engineering Journal, 2012, 211-212: 501-507.
[127] KUMARI M, TRIPATHI B D. Efficiency of *Phragmites australis* and *Typha latifolia* for heavy metal removal from wastewater [J]. Ecotoxicology and Environmental Safety, 2015, 112: 80-86.
[128] CHENG S, GROSSE W, KARRENBROCK F, et al. Efficiency of constructed wetlands in decontamination of water polluted by heavy metals [J]. Ecological Engineering, 2002, 18(3): 317-325.
[129] YEH T Y, CHOU C C, PAN C T. Heavy metal removal within pilot-scale constructed wetlands receiving river water contaminated by confined swine operations [J]. Desalination, 2009, 249(1): 368-373.

[130] GARCÍA-LLEDóA, VILAR-SANZ A, TRIAS R, et al. Genetic potential for N_2O emissions from the sediment of a free water surface constructed wetland [J]. Water Research, 2011, 45(17): 5621-5632.

[131] CHEN Y, WEN Y, ZHOU Q, et al. Effects of plant biomass on denitrifying genes in subsurface-flow constructed wetlands [J]. Bioresource Eechnology, 2014, 157: 341-345.

[132] YANG J, TRELA J, PLAZA E, et al. Oxidation-reduction potential (ORP) as a control parameter in a single-stage partial nitritation/anammox process treating reject water [J]. Journal of Chemical Technology and Biotechnology, 2016, 91(10): 2582-2589.

[133] COBAN O, KUSCHK P, KAPPELMEYER U, et al. Nitrogen transforming community in a horizontal subsurface-flow constructed wetland [J]. Water Research, 2015, 74: 203-212.

[134] THOMSON A J, GIANNOPOULOS G, PRETTY J, et al. Nitrous oxide: the forgotten greenhouse gas[J]. Philosophical Transactions Biological Sciences, 2012, 367(1593): 1157-1168.

[135] JONES C M, GRAF D R H, BRU D, et al. The unaccounted yet abundant nitrous oxide-reducing microbial community: a potential nitrous oxide sink [J]. The ISME Journal, 2013, 7(2): 417-426.

[136] MIYAHARA M, KIM S W, FUSHINOBU S, et al. Potential of aerobic denitrification by *Pseudomonas stutzeri* TR2 to reduce nitrous oxide emissions from wastewater treatment plants [J]. Applied and Environmental Microbiology, 2010, 76(14): 4619-4625.

[137] STOTTMEISTER U, WIE NER A, KUSCHK P, et al. Effects of plants and microorganisms in constructed wetlands for wastewater treatment [J]. Biotechnology Advances, 2003, 22(1): 93-117.

[138] HAICHAR F, SANTAELLA C, HEULIN T, et al. Root exudates mediated interactions belowground [J]. Soil Biology and Biochemistry, 2014, 77: 69-80.

[139] PRASSE C E, BALDWIN A H, YARWOOD S A. Site History and edaphic features override the influence of plant species on microbial communities in restored Tidal freshwater wetlands [J]. Applied and Environmental Microbiology, 2015, 81(10): 3482-3491.

[140] ZHANG C B, WANG J, LIU W L, et al. Effects of plant diversity on microbial biomass and community metabolic profiles in a full-scale constructed wetland [J].Ecological Engineering, 2009, 36(1): 62-68.

第4章

基于微生物电化学方法的处理技术

4.1　微生物电解池反应器处理低浓度含氮废水

城镇综合废水和农业废水等含氮污水排放量很大，如果不经过处理，大量的氮元素会排入水体中，从而导致水体酸化和富营养化。通常采用二级生物反应池进行脱氮，处理后污水中仍残余低浓度氮。由于日趋严格的水环境目标要求和排放限值，低浓度氮也需要进一步处理。因此，去除废水中的低浓度氮素是市政工程的一个重要课题。为满足含氮废水的排放要求，需要发展对低浓度含氮废水有较高的去除率且经济适用的净化方法。

微生物电解池（MEC）反应器由电源、池体、阴极室、阳极室、离子交换膜、外部电路和电极附近的产电微生物组成。根据是否有膜可分为单室 MEC 反应器和双室 MEC 反应器。在阳极室，利用微生物作为催化剂发生生物催化反应，微生物氧化阳极室内基质中的某些组分（如乙酸盐、葡萄糖、氢气等）参与反应，生成二氧化碳、质子、电子。产生的电子通过纳米导线、胞内传递等方式传递到阳极表面，随后通过外电路传导到阴极表面，质子则通过扩散方式穿过离子到达阴极室，在阴极室，发生化学催化或生物催化反应，与扩散到阴极表面的质子和电子结合生成氢气、甲烷等产物。MEC 处理废水目前还处于实验室研究阶段，但它高效处理废水的能力和清洁的反应过程有着很大的潜力且顺应未来的发展。对于 MEC 脱氮体系而言，影响反应器除氮效率的因素有很多，例如电极材料的选择、离子半透膜的选择、电流密度、微生物、电解池的内阻等。这里从影响因素介绍 MEC 反应器在处理低浓度含氮废水领域的研究进展。

4.1.1　电极对系统的氮去除效果的影响

电极是 MEC 反应器的重要组成部分，是传递电子的重要媒介和微生物附着的载体。主要的化学反应和生物反应都是在电极附近发生的。不同电极材料的选择影响着整个反应器的反应效率，同时对于附着在电极附近的微生物活性和微生物分布都有不同程度的影响。电极是微生物附着并充当电子受体或供体的底层。电极材料主要包括碳基电极、金属基电极和复合电极。碳基电极有着较好的生物相容性和耐腐蚀性，所以是常用的优质电极材料，其可在氢键、静电力和范德瓦耳斯力的作用下让生物膜附着在电极上。这些生物膜是电子从阳极传递到阴极的通道。

（1）阳极

阳极是生物膜附着的主要场所，对微生物的附着和生存具有重要的影响。阳极的材料应具有高导电性、生物相容性、稳定性、耐腐蚀性、价格低廉等特性。在阳极表面形成的生物膜具有很好的电活性，所以阳极材料可以不用选取复杂昂贵的电极材料。同时，这也是MEC反应器阳极材料的优点，造价低等特点也给未来工业化规模的扩大提供了可能。大多数MEC反应器用碳材料作为阳极，碳材料的电极很好地符合了阳极的要求，并且碳材料的形状易于改变，所以在作为阳极的时候改变碳材料的物理外观可以起到更好的效果。石墨毡、颗粒和刷子有着高孔隙率和比表面积，可以实现更好的性能和更高的效率。像石墨颗粒、碳刷、石墨纤维刷等被称为“3D型的电极”，很容易改变其物理外观用于增加比表面积，且它们有着多孔、高导电的特性，但是价格昂贵。

由于阳极材料有种类限制，可以通过对阳极材料的修饰来提高反应器的效率。根据Call等[1]的报道，采用经过高温氨气预处理的碳纤维刷作为单室MEC反应器的阳极，得到了293A/m^3的电流强度，这个数值高于石墨颗粒作为阳极时的电流强度，通过修饰阳极的方式提高了反应的效率。

（2）阴极

阴极材料的选择与阴极氢气回收率这一重要指标有关。阴极氢气回收率（RCAT）是表征阴极材料对于在阴极发生的析氢反应效率的一个重要指标。它确切的定义是阴极实际产氢量与由电流计算得到的理论产氢量之比，评定阴极材料的优劣可以参考阴极氢气回收率的数值。碳是MEC反应器电极的常见材料，如碳布、碳纸、石墨颗粒等。阴极析氢过电位会导致阴极的析氢反应变慢。为了解决这个问题并提高H_2的释放量，通常会在阴极涂上催化剂用于提高氢气的释放量。Call等[1]采用5%浓度的Nafion膜溶液与铂碳混合，涂覆在碳布上，获得了96%的阴极氢气回收率和3.12$m^3/(m^3 \cdot d)$的氢气产率。金属阴极有着和碳相似的催化活性。Rossi等[2]发现以镍钼合金作为阴极催化剂时，与铂产生了相似的电流密度和 50mV 的最小过电位。在使用 Ni-Mo Ht 催化剂的 MEC 测试中，氢气以 (81±3) L/(L・d) 的最高速率产生 [电流密度为 (44.4±0.9) A/m^2，电池电压为 −0.86V，库仑效率＞97%]。

生物阴极可以优化贵金属催化剂且具有成本低、可持续运行的特点。根据 Rozendal 等 [3] 的报道，实验反转电极的极性可以有效地将乙酸盐和氢氧化生物阳极转变为产生氢的生物阴极。以这种方式获得的生物阴极在 −0.7V 的电势下具有约 −1.2A/m^2 的电流密度，这比对照电极（−0.3A/m^2）的电流密度高不少。在氢气的产出方面，生物阴极的产气效率明显高于对照组，但同时也存在微生物失活、反应不稳定的缺点。Shi 等 [4] 报道了通过群体感应可提高 MEC 生物阴极的稳定性，并且提高了反应器的效率，证实了生物阴极未来工程化是一条可行的道路。

4.1.2　离子半透膜对系统的氮去除效果的影响

离子交换膜的选取也能影响到反应器的反应效率。常见的膜有阳离子交换膜、阴离子交换膜和复合膜，在双室 MEC 的反应器中膜起到分隔阴阳两极的作用，以防止产物交叉并提高氢气的纯度，限制微生物对于氢的消耗，从而避免短路问题的出现。

脱氮效率是通过离子交换膜影响 MEC 中氢气产量进而影响反硝化速率的。González-Pabón 等 [5] 在两室微生物电解池中评估了氢气的产生，其中电解池廊道使用的是由聚乙烯醇 / 壳聚糖（PVA/CS）制成的新型经济环保膜进行分离，将 MEC 的性能与 Nafion 的性能进行了比较，发现 PVA/CS 和 Nafion 膜之间的 MEC 制氢性能没有显示出显著差异，PVA/CS 的 MEC 阴极产氢速率和产氢量分别为 (1277±46)mL /(L・d) 和 (974±116)mL/g 乙酸盐，PVA/CS 膜的乙酸盐去除率比 Nafion 膜高 7%，这是由于较低的 pH 值梯度和较低的电压降增加了离子在膜上的转移速率。Park 等 [6] 开发了一种磺化聚亚芳基醚砜（SPAES）/ 聚酰亚胺纳米纤维（PIN）复合质子交换膜，这种新型的膜具有对质子的高度选择性，可以排除其他的竞争阳离子。所以在用于实际的 MEC 反应器时可以显著地缓解阳极中质子积累的问题。对膜的合理运用可以丰富反应器的结构和功能，提高反应器的性能。

4.1.3 电流密度对系统的氮去除效果的影响

氢气产出率受电流密度 / 外加电压的影响，电流密度 / 外加电压是 MEC 反应器中能产生氢气和完成水处理任务重要的一环。为了使阴极处的电流密度最大化，Rousseau 等[7] 设计了体积为 6L 的 MEC，发现高盐电解质（45g/L NaCl）可导致 0.10Ω 的低电阻，并使其能够在数周内保持约 $50A/m^2$ 的电流密度，峰值可达 $90A/m^2$，保持数小时，这是迄今为止在 MEC 反应器中达到的最高电流密度。气体出口含有至少 66% 的 H_2，这使得阴极表面的氢气流速高达 $650L/(d \cdot m^2)$。此外，MEC 中其他活泼元素也可能会受到电流密度的影响而促进氮的去除。Zhang 等[8] 在 MEC 反应器中施加 0.5V 的低强度直流电场时，产生了更多的 Fe^{2+} 离子，并富集了更多的硝酸盐还原亚铁氧化菌（NRFOB），包括 *Acidovorax* 和 *Bradyrhizobium*，以还原煤热解废水中的硝酸盐，从而提高了 TN 的去除率。

电压通常设置为 0.3 ～ 1.0V，通过改变电压的大小也能明显改变反应器的效率。研究表明，当外加电压为 1.0V 时，产氢量达到了 $(6.0 \pm 1.5)L/m^2$，在电压变到 0.3V 时氢气的产量最低；当电压升高到 1.0V 以上后生物的活性持续降低，达到 2.0V 时生物活性完全停止[9-10]。相应地改变电解池的内阻来变相地影响电压，也可以影响反应器的反应速率。石书银等[11] 发现，施加电压组 MEC 电压由 0.2V 升高到 0.4V 时，NH_4^+-N 的去除率高于未施加外加电压的对照组，随后外加电压升高到 0.8V 时，NH_4^+-N 的去除率下降甚至低于对照组。出现这种情况的原因可能是电压升高影响了 MEC 反应体系中酶的活性，非生物氧化产生的有毒化合物对微生物有毒害作用。

电流密度或施加的电压与电解池的内阻相关。伴随着 MEC 的研究发展，MEC 反应器的结构也在逐步改良，这种结构的改良改善了电解池的内阻问题。其中双室结构是在阴极和阳极之间添加了生物隔膜，使得阴阳两极各自形成独立的单元，并令氢气的产量获得提升。但是，隔膜的使用影响了质子从阳极向阴极的传递，质子在阳极积累，造成两室间的 pH 值梯度，影响了产电菌活性且升高了系统的内阻，从而降低了 MEC 的产氢性能。随着研究的不断发展，单室结构应运而生。在单室结构中，取消了隔膜这一结构单元，这样单室的 MEC 就获得了比双室更高的电流密度、反应速率，也降低了电解池的内阻。除此之外，也减少了装置的成本。

4.1.4　微生物对系统的氮去除效果的影响

微生物在 MEC 反应器中起到把底物中的化学能转变为氢能的作用。在电极附近的产电微生物通过胞外电子传递过程把底物厌氧呼吸所产生的电子传递到电极，并经过外电路传递到阴极用于还原反应。产电微生物传递电子的方式有直接电子传递、介体电子穿梭和纳米导线传递。直接电子传递是指产电微生物直接与电极的表面接触，利用细胞膜上的细胞色素 C 把电子传递到电极上。介体电子穿梭是以自身分泌的或外加中介体（氧化还原介体）为载体，让胞内电子传递到电极上。纳米导线传递是指产电微生物利用微生物表面生长的具有导电性类似鞭毛的结构将电子传递到电极，完成电子的传递。胞外电子的传递过程不是单独存在的，而可能是多种方式结合进行的。根据 Lovley[12] 的报道，*Geobacter sulfurreducens* 利用鞭毛作为纳米导线进行细胞与细胞间的电子传递，并由细胞色素 Omcz 把电子由细菌传递到电极。

微生物的另一个重要作用是可以产生具有电活性的生物膜。它们对电子的传递和 MEC 反应器的反应效率起到至关重要的作用。如 *Shewanella* sp. 和 *Geobacter* sp. 是被探索最多的阳极呼吸细菌，能够促进生物膜的生长，有助于细胞外电子转移，这些微生物可以不借助外界帮助直接进行电子转移 [13]。铁还原细菌和一些类似的物种（例如假单胞菌）在生物膜形成中具有补充作用。因为一种微生物的代谢物可以被另一种微生物当作营养物质，所以提高了 MEC 反应的效率。电活性生物膜附着在电极上，由细菌组成。根据细菌种类在生物膜中的位置不同，细菌可以通过不同的机制与 MEC 的固体电极和导电电极交换电子。因此，一些物种会在它们的膜表面合成电毛，与电极直接接触，而另一些物种则利用他们的外膜细胞色素与溶解的分子交换电子。

在 MEC 中，温度的变化会导致微生物群落活性的变化，从而影响 MEC 的反应效率。温度是一个很重要的参数，可以对微生物的活性、选择产生重大影响。

4.2　生物膜电极 – 人工湿地系统对低浓度含氮废水的去除强化效果及机制

过多的氮会导致水体富营养化，对水生动物和人类健康造成严重危害。CW可以用于去除水中的含氮污染物。通常，生物脱氮可分为自养微生物驱动过程和异养微生物驱动过程两种。自养脱氮技术是微生物以无机碳为碳源，以 H_2、Fe^{2+} 等为电子供体进行反硝化和厌氧氨氧化（anammox）的污染物去除过程。相反，异养反硝化中的异养菌则需要足够的有机物作为电子供体。因此，自养技术更适合我国城市废水低 C/N 的现状。然而，CW 中的碳源缺乏已成为反硝化去除氮的主要障碍，从而限制了 CW 的应用。研究人员将生物膜电极（BE）耦合到 CW 中形成生物膜电极 - 人工湿地（BE-CW），进行系统结构和技术的改进，BE-CW 有利于 NO_3^--N 的去除，此时自养反硝化菌以阴极中的 H_2 为主要末端电子供体，强化废水处理过程。然而，通过 BE-CW 高效脱氮仍然是一个挑战。提高 BE-CW 自身性能，强化脱氮效率成为国内外目前的研究热点。

使用相同的有机玻璃圆柱容器建立四组上行式 VSFCW（内径 10cm，高 66cm）（图 4-1），每个反应器的有效容积为 2.25L。其中两个反应器中分别填充

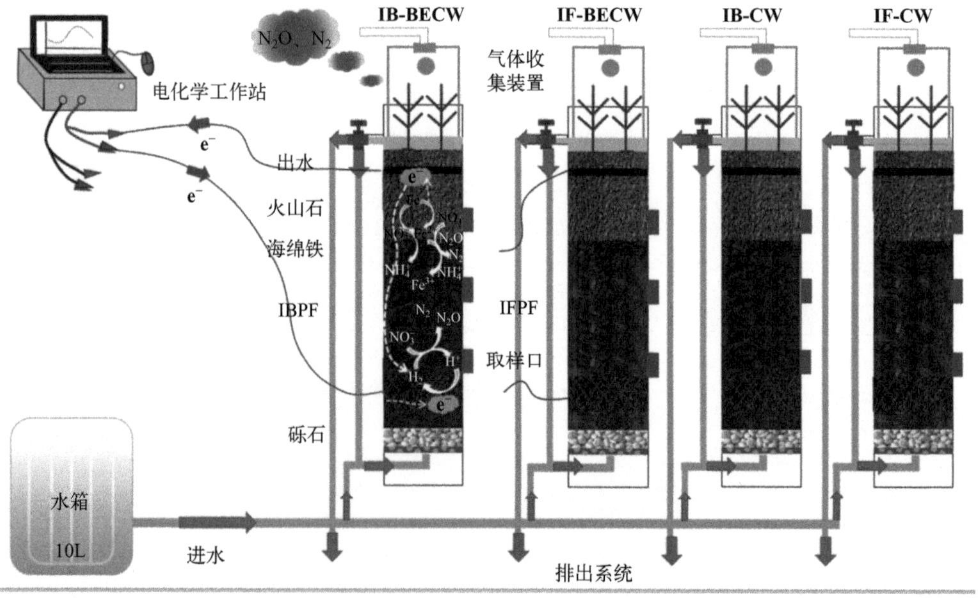

图 4-1　四组上行式 VSFCW 实验系统装置图

IBPF（铁基多孔填料）[孔隙率 50%，含铁率（13±0.2）%]、火山石（孔隙率 50%）、砾石和海绵铁，构建 IB-BECW 和 IB-CW 系统，另外两个反应器中分别填充 IFPF(无铁多孔填料)（孔隙率 50%）、火山石（孔隙率 50%）、砾石和海绵铁，构建 IF-BECW 和 IF-CW 系统。四个 CW 均以石墨电极板（50mm×50mm）作为阳极，铁网包裹活性炭颗粒（50mm×50mm）作为阴极。阳极固定在底部上方 8.5cm 处，阴极电极在顶部下方 10cm 处。在两个闭路系统中，阴极和阳极通过钛丝连接，外部由电化学工作站提供稳定电压。每个反应器顶部，种植大小和重量相似的牛筋草、葎草、附地菜、半夏等植物。四个反应器的出水口安装在距顶部 60mm 处，进水口在距底部 50mm 处。

在反应器挂膜阶段，为促进反应器中生物膜的形成，每个反应器均接种大连市夏家河污水处理厂的活性污泥和大连市凌水河中的污泥。启动阶段，每个反应器在循环进水情况下进行。每 3 天向系统中补充一次营养物质，连续运行 180d。实验采用制备的合成废水作为进水，使 NH_4^+-N、NO_3^--N 和 COD 浓度分别保持在 30mg/L、50mg/L、480mg/L，并分别在生物膜形成和驯化后的第 35 天、45 天、50 天、55 天以及 60 天对每个反应器中的 DO、pH 值、温度、COD、NH_4^+-N、NO_3^--N、TN 和 TP 进行测定。检测亚硝酸盐和硝酸盐浓度，根据其处理效果判断微生物膜是否已成熟。

实验系统实物如图 4-2 所示。系统启动后，所有反应器以回流比 240%（出水流速 / 回流流速）从出水口回流到进水口，连续运行。为了研究不同条件下系统对污染物去除性能和微生物群落的影响，IB-BECW 和 IF-BECW 在外加电压 1.8V 的闭路模式下运行，IB-CW 和 IF-CW 在开路模式下运行。在确定优选系统后，将优选系统电压分别设置为 1.2V、1.5V、2.0V、2.4V。在得到最优电压后，将系统进水 C/N 分别设置为 2.5、5、7.5、10。在每个实验开始前将四个反应器中的污水混合均匀并平均分配于四个反应器中，以保证初始浓度一致。在配水柱溢流口取水样作为进水水样，在湿地溢流口取水样作为出水水样。从每个反应器中收集 3 个进出水平行水样，每 3 天取一次。为了减小误差，每次取的水样体积应一致，取完水样后，在每 300mL 的水样中加入 100μL 浓硫酸，保证其 pH＜2，并置于冰箱 4℃冷藏保存。为了减少实验误差，每日取水样前在每个反应器水箱中加入自来水补充蒸发量。在 IB-BECW、IF-BECW、IB-CW 和 IF-CW

中分别取相同位置的中层填料样品，同时分别在顶部收集气体样品，将四组微生物样品粉碎后冷藏，进行高通量测序。

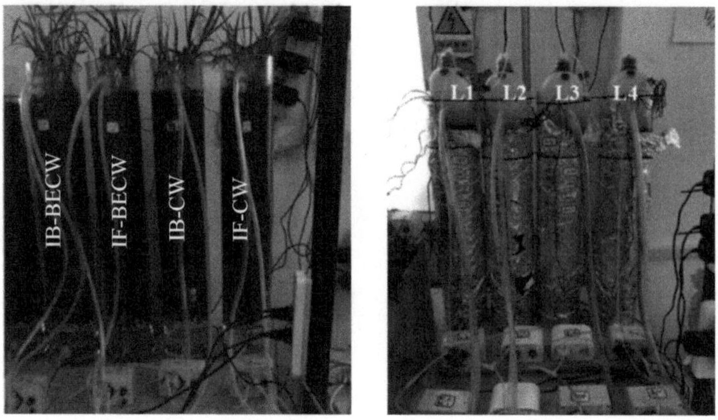

(a) 实验系统种植植物实物　　(b) 实验系统气体收集装置

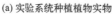

图 4-2　四组实验系统实物图

对出水 NH_4^+-N、NO_3^--N、NO_2^--N、TN、TOC、DO 和 pH 值进行测定，水质指标相应的检测方法及数据统计分析方法见第 3.4.1 节。

采用双因素方差分析评价铁和外加电压对污染物去除的影响。采用单因素方差分析不同进水 C/N 和外加电压对系统的氮去除性能的差异。所有检验均以 $p < 0.05$ 为显著水平，差异具有统计学意义。相关的图像均使用 Origin 9.0 设计和绘制。

填料样品在洁净的工作平台上粉碎，避免了外界微生物的污染。离心后用于 DNA 提取。测序引物为 515F（5′-GTG CCA GCM GCC GCG GTA A-3′）和 806R（5′-GGA CTA CHV GGG TWT CTA AT-3′），分别为细菌和古菌 16S rRNA 基因的 V4 区不同的条形码。混合后的扩增子在 Illumina Miseq 平台（paired-end-250-bp mode）上进行测序。所有不同的细菌个体和古菌序列 reads（测序片段）均聚类成操作分类单元（OTU），一致性大于 97%，并在此基础上获得相关分析结果。采用冗余分析（RDA）评价样品中微生物群落结构的差异性，识别废水水质特征对微生物群落结构的影响。该分析通过 Canoco for Windows 的 4.5 版本软件包执行。

为了进一步分析四个系统中氮的去除途径，实验结束时进行气体采集并测定其中的 N_2 和 N_2O 浓度。实验结束后，采用气体收集装置收集气体［图 4-2（b）］。

每个反应器顶部均覆盖一个无底密闭方形聚乙烯容器，在容器顶端通过软管连接蠕动泵，每个容器侧壁带有一个橡胶垫，容器底部插入反应器顶部水面下进行液封，通过蠕动泵将容器内空气排净，使容器内呈完全真空状态。在第一阶段实验结束后，四个系统同时开始收集气体，并记录每个系统的产气速率。经 24h 后，使用 1000μL 阀门型微量进样器抽取气体，将抽取的气体打入 20mL 真空瓶中。N_2O 的测定采用电子捕获检测器（ECD），测试前用气袋或顶空瓶直接抽取 1mL 样品，之后采用气相色谱仪（Trace 1310，Thermo Scientific，USA）进行分析。样品中 N_2 的检测采用美国赛默飞世尔科技公司的 Trace GC Ultra，样品中气体经气相色谱柱分离后，用热导检测器（TCD）进行测定。

4.2.1 构造因素

四个系统进水和出水的水质指标见表 4-1。可以看出，四个系统进水污染物浓度一致条件下，出水浓度均有明显降低，且出水 TOC 浓度存在明显差异，其中 IB-BECW 具有最低的 TOC 出水浓度。四个系统对 NO_3^--N 的去除率均在 85% 以上，IB-BECW 去除率为 97%，去除效果优于其他三个系统。四个系统对于 NH_4^+-N 的去除效果差异较明显，IB-BECW 和 IB-CW 中 NH_4^+-N 去除率高于 IF-BECW 和 IF-CW。同时，IB-BECW 相比于其他三组具有较低水平的出水 TN 值。实验期间 pH 值变化较大，进水 pH 值为 5.73，经处理后，各系统出水 pH 值均接近中性。

表 4-1 四个系统进水和出水的水质指标

样本	pH 值	TOC /(mg/L)	NH_4^+-N /(mg/L)	NO_3^--N /(mg/L)	NO_2^--N /(mg/L)	TN /(mg/L)	DO /(mg/L)
四个系统进水	5.73	86.09	10.43	27.40	0.21	35.00	3.260
IB-BECW出水	7.65	12.90	3.40	0.82	0.28	9.20	0.760
IF-BECW出水	7.78	21.90	5.34	2.46	0.73	16.10	0.742
IB-CW出水	7.61	16.42	3.63	2.20	0.11	11.22	0.740
IF-CW出水	7.95	25.84	4.22	3.00	0.32	10.44	0.738

在这个研究中，阳极附近第一个反应是发生在铁填料表面的 Fe^0 腐蚀和伴随电子释放的腐蚀过程中形成 Fe^{2+}。有研究证明，提高细胞外铁浓度可以提高生物反硝化性能 [14]。在生物膜外部，铁通过化学作用被氧化还原，在这个过程中，

氮氧化物充当呼吸电子传递的末端电子受体。在无催化剂存在的条件下可以作为反硝化的电子供体还原硝酸盐，而缺乏电子供体将会抑制反硝化过程。实验中进水 pH 值呈酸性，有氧酸性环境中的 Fe^{2+} 是嗜酸性亚铁氧化微生物的最佳电子供体，Fe^{2+} 在其作用下被氧化为 Fe^{3+}，因此添加 IBPF 的系统具有较高的 TN 去除效率，因为有足够的有机碳源和 Fe^{2+}，并且 Fe^{2+} 为微生物的反硝化提供了更多的电子供体，所以可使 IB-BECW 对 TN 和 NO_3^--N 的去除率高于 IF-BECW，这也表明 IBPF 增强了系统的反硝化作用，此前也曾报道过类似的结果[15]。有研究表明，在微氧（DO ＜ 1mg/L）中性条件下，Fe^{2+} 氧化形成的 Fe^{3+} 会迅速沉淀形成吸附能力强、活性高的氢氧化物，迅速包裹在细胞表面，强烈阻碍微生物代谢，使得生物膜内部呈厌氧状态，进而使 Fe^{2+} 与氧化物共存。同时部分游离态的 Fe^{2+} 与结构态的 Fe^{3+} 之间会发生直接的氧化还原反应，该过程会使氧化铁发生晶型转变，这与此研究中能量色散 X 射线谱（EDS）、X 射线衍射（XRD）分析结果一致。Fe^{3+} 可在微生物作用下充当厌氧氨氧化作用的电子受体，在 IBPF 中，丰富的电子供体强化了异化硝酸盐还原作用。硝酸盐还原也可以由发酵细菌进行，异养发酵产能在异化硝酸盐还原酶（Nar）的作用下，将 NO_3^--N 还原为 NO_2^--N 后，在亚硝酸盐还原酶（Nir）的作用下，又将 NO_2^--N 还原成 NH_4^+-N。此时，反硝化作用可能与异化硝酸盐作用竞争 NO_2^--N，并将之还原成 N_2。这些细菌在厌氧条件下的生长不依赖于 NO_3^--N 的存在。

因此，在硝酸盐有限的条件下，硝酸盐氨化细菌可能更受青睐。异化硝酸盐微生物异养时，若出现电子供体不足情况，可能会造成 NO_2^--N 的大量积累。然而此研究中并未出现大量 NO_2^--N 的累积，同时，在 IB-BECW 中，NO_2^--N 含量低于 IF-BECW 中。由于在 IB-BECW 反应器中，氨氮的阳极氧化会产生 NO_2^--N 积累，因此，NO_2^--N 是在 IB-BECW 反应器中通过氨氮和铁氨氧化（feammox）的阳极氧化过程生成的。这可能是因为更多的 NO_2^--N 是由氨氮的阳极氧化产生的，然后通过在 BE 反应器中接收电子而还原为氮。较低的氨氮阳极氧化速率导致 BE 反应器中 NO_2^--N 积累量较低。

根据 NO_3^--N 和 NO_2^--N 积累之间的氮平衡，推测 NH_4^+-N 被氧化为 NO_2^--N 和 N_2。NO_3^--N 从 Fe^0 腐蚀中获得电子，可以被还原为 N_2O 和 N_2。前面已经解释过，在该研究中，Fe^{2+} 作为电子供体参与了反硝化过程。进一步地，铁循环过程可

能同时促进了 Fe^{2+} 和 NO_3^--N 之间的电子转移。系统中非常低的 N_2O 浓度也证明 IB-BECW 中铁的协同作用不仅增强了脱氮效果，而且降低了 N_2O 的释放，因而 IB-BECW 中具有较低水平的 N_2O。虽然较高的反硝化效率伴随着较高的 N_2O 通量，但在一些 CW 系统中，使用 Fe^0 等回收材料处理低碳废水，无须添加外部碳源即可实现低 N_2O 排放。与 IF-BECW 相比，IB-BECW 中的 N_2O 浓度较少。IB-BECW 中较少 N_2O 积累的原因可能是 NO_2^--N 的还原率低于 NO_3^--N 的还原率，N_2O 的还原率低于 NO_2^--N 的还原率。IB-BECW 中铁的协同作用可提高反硝化速率，包括 NO_3^--N 还原、NO_2^--N 还原和 N_2O 还原。因而，NO_2^--N 在 IB-BECW 中的积累量低于 IF-BECW 中。铁的氧化还原会影响 NO_3^--N 的还原和 N_2O 的释放，从而完成 Fe 和 N 之间的循环。

NH_4^+-N 去除受硝化、反硝化、异化硝酸盐和厌氧氨氧化等的影响。当系统中存在 Fe^{2+} 时，一些 Fe^{2+} 的氧化会与硝化竞争。Fe^{2+} 的加入加速了厌氧氨氧化过程的启动 [16]，因为厌氧氨氧化与 IBPF 中 Fe^{3+} 的还原发生了耦合，并且该过程促进了氮循环过程 [17-18]，提高了 IB-BECW 中 NH_4^+-N 的去除速率。同时，在添加 IBPF 的情况下，硝酸盐氨化细菌的活性可能会增强，并且在异化硝酸盐过程中，NO_3^--N 会转化为 NH_4^+-N，然而 NH_4^+-N 会显著影响铁还原的过程，由于 NH_4^+-N 的氧化量高于 NO_3^--N 还原产生的 NH_4^+-N 量，从而导致 NH_4^+-N 的累积。然而，此研究中并未出现这种情况，推测是由于在厌氧条件下，NH_4^+-N 进行的厌氧氨氧化，以 NO_2^--N 为电子受体将 NH_4^+-N 氧化为 N_2，气体浓度测试结果也证实了 IB-BECW 系统中具有更高的 N_2 浓度。

铁循环对有机污染物的降解主要表现为 Fe^{2+} 的还原和微生物的氧化利用。环境中的 Fe^{2+} 可以降解有机污染物。铁还原微生物还原 Fe^{3+} 产生的生物源 Fe^{2+} 更易还原和降解有机污染物。由于 CW 中 Fe^{2+} 的氧化和沉淀形成的氧化铁可通过吸附和共沉淀去除有机污染物 [19]，添加 Fe^{2+} 可以增强微生物活性并富集铁氧化细菌 [15]，大多数亚铁氧化细菌只能在有机物存在的情况下将 Fe^{2+} 氧化为 Fe^{3+}，这可能会提高 COD 去除率。此外，存在的少量 Fe^{3+} 可以通过可用的有机物还原碳，这表明添加 Fe^{2+} 会提高 COD 去除率。根据 IB-BECW 对 TOC 去除效率高于 IF-BECW，认为 Fe 对 CW 中 TOC 消耗的影响大于外加电压。IB-BECW 中 IBPF 的加入使电子的转移更多地流向反硝化酶。IB-BECW 倾向于让 O_2 作为最终电子受体，促进了代谢活性，而不是反硝化活性。反硝化细菌可利用有机碳作为电子供体，去除 TOC。Fe^{3+} 还原主要是在异化铁还原微生物介导下与有机物氧化过程耦合而进行的。铁在生物和非生物作用下发生的氧化还原、溶解和沉淀等过程共同驱动着自然界的铁循环过程。

4.2.2 运行因素

（1）不同电压条件下系统的处理效果

结果表明，IB-BECW 系统在不同电压下（1.2V、1.5V、1.8V、2.0V、2.4V），氮和有机物的平均去除率不同（图 4-3）。电压强度会影响系统对污染物的去除率。当电压从 1.2V 增至 1.8V 时，TOC 去除效率从 54.5% 增至 83.2%。当电压增至 2.0V 时，TOC 去除效率降低至 50%。当电压为 2.4V 时，TOC 去除率为 60.9%。NH_4^+-N 去除率受电压值影响较大，当电压不超过 1.8V 时，NH_4^+-N 去除率随电压的增强而提高，然后当电压从 1.8V 增加到 2.4V 时，NH_4^+-N 去除率由 65% 降低至 30%，随电压的增强而降低，当电压超过 1.8V 时，系统中 NH_4^+-N 的累积量显著增加（$p < 0.05$）。值得注意的是，在整个电压优选实验中，系统的 NO_3^--N 去除率始终保持在 90% 以上的较高水平，受电压影响较小。系统 TN 去除率受电压影响变化较明显，但仍均保持在 68% 以上，当电压值为 1.8V 时，系统中 TN 去除率最大，为 80%，效果明显优于其他电压值。综上，当该系统外加电压值为 1.8V 时，系统对 TN 和 TOC 的处理效果最优。

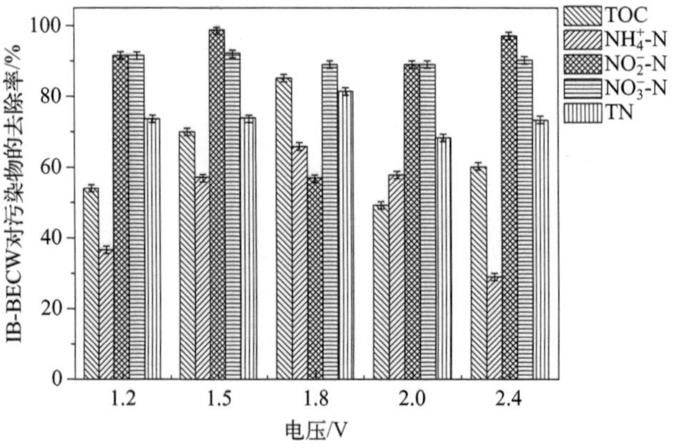

图 4-3 外加不同电压下 IB-BECW 对污染物的去除率

系统运行 30d，IB-BECW 外加电压强度逐步由 1.2V 增加到 2.4V 时，NO_3^--N 几乎不受电压影响，整个电压优选阶段 IB-BECW 都具有较高的 NO_3^--N 还原性能，并使得去除率始终保持在 90% 以上的较高水平。推测可能是由于系统中不同反硝化类型共存，并且有 IBPF 提供足够的电子供体，确保了高效的 NO_3^--N 还原。研究表明，NO_3^--N 的起始还原电位低于 NO_2^--N，这也可能导致在较低电压条件下的 NO_2^--N 积累 [20]。但在 1.8V 电压条件下，废水中存在较高的 NO_2^--N 积累量。这表明在 1.8V 电压条件下，NO_3^--N 仅通过部分反硝化过程还原为 NO_2^--N，以前的研究也出现过类似的现象 [21]。这可能是由于，有限的电子供体在 1.8V 电压条件下引发了部分脱氮过程，导致脱氮过程不完全。随着电压进一步增加至 2.4V，NO_2^--N 去除率升高。有研究表明，随着施加电压强度的增加，反硝化过程显著增强 [22]，这可能是由于在更高的外加电压下电子供体（H_2）增加，充足的电子供体可能有助于更完整的反硝化过程。此外，NO_3^--N 也可以通过电化学还原过程进行还原 [23]，该研究的局限性之一是未测量电极电位。

整个电压优选实验中，NH_4^+-N 的积累减少，1.8V 条件下，NH_4^+-N 去除率最高，2.4V 时，NH_4^+-N 去除率最低，仅为 30.0%。废水中 NH_4^+-N 累积的主要原因可能是通过电化学将 NO_3^--N 转化和异化还原成了 NH_4^+-N。随着电压强度的增加，电化学反应将 NO_3^--N 还原为 NH_4^+-N 的能力增强，从而导致相对较高的 NH_4^+-N 积累量，前人的研究中也观察到了类似现象 [24]。此外，过量的生物膜也可能产生一些 NH_4^+-N[25]。其他研究也表明，NH_4^+-N 是生物电化学处理过程中最重要的不利产物，尤其是在较高电流条件下 [26-27]。此外，异化硝酸盐还原过程通常发生在高 C/N 条件下，考虑到系统中可用的有机碳源有限，我们推测大部分 NH_4^+-N 的积累主要由较高电压条件下的电化学还原过程产生。当电压为 1.8V 时，TN 的最高去除率为 79.8%，表明在该系统中，去除 TN 的最适电压为 1.8V。研究结果表明，低电压强度（1.2V、1.5V）下 TN 去除效率高于高电压（2.0V、2.4V），主要归因于 NO_2^--N 去除率的升高，而 TN 去除性能略低，可能主要归因于高电压强度下 NH_4^+-N 的积累。

（2）不同进水 C/N 下系统的处理效果

进一步探究不同 C/N（2.5、5、6、7.5、10）在电压值为 1.8V 条件下，出水中污染物去除率，其结果见图 4-4。五组不同 C/N 条件下，系统始终保持较高的

NO_3^--N 去除率，在 78% 以上。其中，当 C/N 为 5 时，NO_3^--N 去除率为 93.2%，高于另外 4 个 C/N 条件。C/N 为 10 时，系统对 NO_3^--N 的去除率为 78.4%，低于另外 4 个 C/N 条件。整个实验过程中 NH_4^+-N 去除率波动较为明显，C/N 为 2.5 和 5 时，NH_4^+-N 去除率分别为 55% 和 52%，随后，C/N 升高至 6 时，NH_4^+-N 去除率最大，为 65%，当 C/N 进一步升高至 7.5 和 10 时，NH_4^+-N 去除率又分别降至 32.0% 和 50.0%。结果还表明，随着 C/N 由 2.5 增至 5，系统对 NO_3^--N 的去除率从 82.6% 增加到 93.1%。当 C/N 为 6 时 TOC 去除率最高，为 85.0%。同时，随着 C/N 由 2.5 增至 6，系统对 TN 的去除效率从 71.8% 增加到 82.9%。

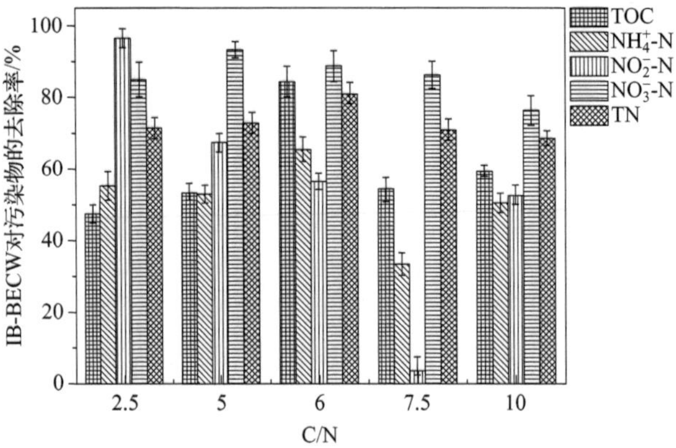

图 4-4　不同进水 C/N 条件下 IB-BECW 对污染物的去除率

综上，在 1.8V 条件下，C/N 为 6 时，该系统可达到较高的处理水平。

在整个不同 C/N 的实验过程中，进水 NO_3^--N 和 NH_4^+-N 保持相对稳定，波动小。当进水中有机物含量较低时（C/N 为 2.5），系统仍具有较高的 NO_3^--N 去除率。有研究表明，通过 Fe^{2+} 的自养反硝化作用可以促进硝酸盐的去除[28-29]，因此系统中较高的 NO_3^--N 去除率表明可能发生了基于 IBPF 铁的自养反硝化。可以发现，适当增加 C/N，NO_3^--N 的去除效率会不断增加，在不同的反硝化系统中，出现类似现象的同时，还分析了废水中的 NO_2^--N 和 NH_4^+-N 浓度。作为反硝化中间产物，它们对环境有害，应避免产生。人们普遍认为，C/N 在 NO_2^--N 和 NH_4^+-N 的生成中起着重要作用[30]。进水 C/N ＜ 6 的系统中 NO_2^--N 的累积量远低于 C/N ＞ 6 的系统，表明 C/N ＜ 6 系统中的反硝化过程更为完整。此外，在反硝化过程中，还观察了硝化反硝化过程产生的 NH_4^+-N[31]。当进水 C/N 在一定范围内时，系统中的平均 NH_4^+-N 去除率在 59% 以上。随着进水 C/N 进一步增加至 7.5，出水 NH_4^+-N 去除率降低。这表明高 C/N 是形成 NH_4^+-N 的一个重要因素，这与之前的研究结果一致[31]。总的来说，出水 NH_4^+-N 的变化和 NO_2^--N 相似，得出了 NO_2^--N 和 NH_4^+-N 的积累在 C/N ＜ 6 时会被削弱的结论。

4.2.3 微生物群落因素

微生物在生态系统中起着关键作用。通过比较不同系统中基质的细菌群落结构组成发现，在属水平上，IB-BECW、IF-BECW、IB-CW、IF-CW 系统之间存在明显差异（表 4-2）。在具有相同基质的 IB-BECW 和 IB-CW 中，IB-BECW 中的 *Nitrosomonas*、*Lacunisphaera*、*Prosthecobacter*、*Vibrio*、*Thauera* 和 *Silanimonas* 的相对丰度更高。在具有不同基质的 IB-BECW 和 IF-BECW 中，IB-BECW 中的 *Desulfomicrobium*、*Ignavibacterium*、不可培养属、*Fusibacter*、*Nitrosomonas*、*Prosthecobacter*、*Vibrio*、*Thauera* 和 *Silanimonas* 的相对丰度更高。

表 4-2 IB-BECW、IF-BECW、IB-CW 和 IF-CW 系统填料在属水平上的细菌群落前 30 属组成（n=3）

属	IB-BECW	IF-BECW	IB-CW	IF-CW
未分配属	0.2833	0.1627	0.2924	0.4942
Magnetospirillum	0.1558	0.2543	0.1598	0.0080
Thauera	0.1590	0.1277	0.0900	0.0783
Flavobacterium	0.0245	0.0750	0.0127	0.1047
不可培养属	0.0582	0.0203	0.0584	0.0256
Zoogloea	0.0239	0.0284	0.0574	0.0373
Hydrogenophaga	0.0240	0.0248	0.0278	0.0224
Comamonas	0.0153	0.0480	0.0147	0.0188
Bdellovibrio	0.0047	0.0275	0.0345	0.0196
Azoarcus	0.0094	0.0489	0.0062	0.0142
Fusibacter	0.0193	0.0012	0.0239	0.0016
Lentimicrobium	0.0076	0.0009	0.0334	0.0008
SWB02	0.0065	0.0145	0.0088	0.0108
Acinetobacter	0.0035	0.0191	0.0109	0.0061
Dechloromonas	0.0039	0.0091	0.0059	0.0138
Lacunisphaera	0.0215	0.0041	0.0017	0.0049
Vibrio	0.0078	0.0071	0.0071	0.0060
Terrimonas	0.0025	0.0011	0.0045	0.0194
Desulfomicrobium	0.0114	0.0008	0.0085	0.0018
Silanimonas	0.0061	0.0060	0.0052	0.0049
CL500-3	0.0004	0.0098	0.0060	0.0036
Mariniradius	0.0031	0.0139	0.0008	0.0014

续表

属	IB-BECW	IF-BECW	IB-CW	IF-CW
Erysipelothrix	0.0051	0.0009	0.0115	0.0009
Pirellula	0.0028	0.0056	0.0063	0.0030
Prosthecobacter	0.0139	0.0026	0.0003	0.0005
Leptothrix	0.0031	0.0034	0.0065	0.0035
Aquabacterium	0.0018	0.0064	0.0016	0.0056
SM1A02	0.0046	0.0013	0.0010	0.0056
Ignavibacterium	0.0071	0.0004	0.0044	0.0002
Nitrosomonas	0.0045	0.0030	0.0019	0.0022

在门水平上，四个系统的填料微生物中最丰富的门是Proteobacteria、Bacteroidetes、Verrucomicrobia、Chloroflexi，这四个门约占细菌总数的90%（表4-3）。变形菌门（Proteobacteria）作为四个系统中的优势门，在IF-BECW中相对丰度最高，其次是IB-CW和IB-BECW，在IF-CW中相对丰度最低。相比之下，IB-BECW中的疣微菌门（Verrucomicrobia）相对丰度高于其他三个系统。值得注意的是，IB-BECW和IB-CW中厚壁菌门（Frimicutes）的相对丰度高于IF-BECW和IF-CW。

表4-3 IB-BECW、IF-BECW、IB-CW和IF-CW系统填料在门水平上的细菌群落前15门组成（*n*=3）

门	IB-BECW	IF-BECW	IB-CW	IF-CW
Proteobacteria	0.6532	0.7895	0.6927	0.5270
Bacteroidetes	0.1414	0.1250	0.1390	0.1618
Patescibacteria	0.0360	0.0033	0.0140	0.1999
Verrucomicrobia	0.0626	0.0156	0.0125	0.0216
Chloroflexi	0.0251	0.0144	0.0357	0.0306
Firmicutes	0.0317	0.0055	0.0463	0.0055
Planctomycetes	0.0144	0.0236	0.0209	0.0188
Acidobacteria	0.0051	0.0031	0.0065	0.0039
Gemmatimonadetes	0.0032	0.0026	0.0019	0.0074
Hydrogenedentes	0.0037	0.0007	0.0013	0.0068
Spirochaetes	0.0054	0.0005	0.0042	0.0009
Actinobacteria	0.0025	0.0034	0.0025	0.0022
Armatimonadetes	0.0010	0.0041	0.0016	0.0029
未分配门	0.0022	0.0005	0.0033	0.0020
Kiritimatiellaeota	0.0048	0.0001	0.0022	0.0002
其他	0.0075	0.0080	0.0153	0.0084

IBPF可以通过电子转移促进电化学活性细菌的富集，进而加速反硝化。反硝化（自养反硝化相关、兼性自养反硝化和异养反硝化）相关属、硝化相关属

和铁循环相关属的相对丰度增加。在 IB-BECW、IF-BECW 和 IB-CW 中有自养相关属、兼性自养相关属和异养相关属共存。菌胶团包含典型的好养反硝化属，可以形成大的细胞聚集物，并分泌大量的胞外聚合物，在有机物浓度较低的条件下具有很强的繁殖能力，可促进生物脱氮过程。该属在 IB-CW 中比在 IF-CW 中更丰富，这可能导致了 IB-CW 系统比 IF-CW 具有更高的脱氮率。同时，噬氢菌在 IB-CW 中的富集程度较高，而在 IF-CW 系统中几乎未检测到噬氢菌，噬氢菌属异养反硝化菌 [32]，铁在厌氧条件下溶解，通过质子的还原产生 H_2。原位生成的 H_2 促进了噬氢菌的富集，并进一步利用其进行反硝化 [23,33]，其在较小的反硝化群体中表现出更有效的反硝化作用，这可能是另一个 IB-CW 反硝化率高于 IF-CW 的原因。

IBPF 体系与 IFPF 体系的相对丰度差异表明，噬氢菌可能会对体系的硝酸盐去除有一定的作用。此前的研究报告称，噬氢菌可以在没有有机物的情况下从氢的氧化中获取能量，并进行氢营养反硝化 [34]，此外，噬氢菌可通过耗氢加速铁腐蚀。推测在此研究中，噬氢菌可能通过氢营养反硝化作用降解硝酸盐。在氢营养反硝化过程中，铁腐蚀提供的氢可能为噬氢菌提供了电子供体，这是 IB-CW 系统中噬氢菌丰度高于 IF-CW 的原因。IB-BECW 中的亚硝基单胞菌相对丰度高于其他三组，亚硝基单胞菌是 AOB 的一个属，常在高 NH_4^+-N 水平的污染环境中富集 [35]，能将氨转化为亚硝酸盐。大部分亚硝基单胞菌可以进行氨氮的氧化，并通过厌氧氨氧化，使少数亚硝基单胞菌将电子转移到阳极电极上，形成缺氧环境。在先前的研究中得出，较高的 C/N 有利于硝化菌的积累和 NH_4^+-N 去除效果的提高。

同时，较高的 NH_4^+-N 可以促进硝化菌的聚集，提高氨单加氧酶的活性，从而加速氨氧化过程，有利于 NH_4^+-N 的去除，IB-BECW 中亚硝基单胞菌丰度较高，NH_4^+-N 出水浓度较低，表明亚硝基单胞菌对 IB-BECW 中 NH_4^+-N 的去除起重要作用。这与前人的研究一致。*Thauera* 在没有碳源的情况下，可以使用复杂的有机物作为电子供体，利用 NO_3^--N 和 NO_2^--N 作为电子受体进行呼吸代谢 [36]，减少 NO_3^--N 转化为 N_2O，使得 IB-BECW 中具有低浓度的 N_2O。IBPF 系统中存在丰富的葡萄球菌属（*Ignavibacterium*），它是典型的 FeRB，具有还原 Fe^{3+} 的能力 [37]，可编码亚硝酸盐呼吸酶的基因，在严格的厌氧和缺氧环境中都表现出了还原亚硝酸盐的活性。这也揭示了葡萄球菌属在电子传递机制中的作用，葡萄球菌属能够通过甲烷氧化菌产生的可溶解有机物来降低亚硝酸盐含量[38]。前人的微生物燃料电池（MFC）研究中，已发现它可以在生物阴极对亚硝酸盐进行反硝化[39]，厌氧氨氧化耦合铁还原过程中，在有机碳源有限的条件下，NH_4^+-N 更易作为 FeRB 的电子供体还原铁矿物。研究结果表明，IB-BECW 中阴极传递的电子可被葡萄球菌属利用，使 IB-BECW 对 NH_4^+-N 的去除率高于 IF-BECW。

4.3 生物膜电极－渗透系统处理污染海水的脱氮性能的强化及机制

海岸水产养殖会产生大量的 NH_4^+-N、硫、有机物等富营养物质，这些物质主要存在于池塘水和底泥中。随着池塘不断换水，池塘中的这些营养盐排入海水环境而造成水体污染。过量的氮类物质对水生生物具有毒害作用，引起了广泛关注。

生物膜电极反应器（BER）现已被应用到生物脱氮、难降解有机物处理等方面，并且其与生态工程技术相结合更是研究热点。He 等[40]将人工湿地与 BER 相结合，发现在最佳条件下对 NO_3^--N 和 TN 的最高去除率分别为 63.03% 和 98.11%。Wang 等[41]发现在人工湿地 - 生物膜电极反应器中，微电场产生的电流、无机碳源和氢气能显著提高反应器中无机氮的去除率，对 NH_3-N、NO_3^--N 和总无机氮（TIN）的平均去除率分别提高了 5% ～ 28%、5% ～ 26% 和 3% ～ 24%。当前，这种耦合技术较多关注于污染淡水的研究，针对污染海水处理的研究较少。填料种类、电极、电压大小、电流效率、电子供体等对氮去除具有重要影响，优化这些因素可进一步提高 BER 与生态技术耦合的除氮效果。

BER 耦合人工湿地系统中，附着于填料上的微生物的生长代谢对氮去除的贡献较大，填料性状、成分组成会影响微生物作用及氮去除效果，如在微生物作用下 Fe^{3+} 与 NO_3^- 还原过程的耦合、Fe^{2+} 氧化和 NO_3^- 还原的耦合、Fe^{3+} 还原与厌氧氨氧化过程的耦合。万琼等[42]将含铁填料引入反应器中促进了铁 - 氮循环，有效地提高了脱氮效率。Sun 等[43]采用固体碳源和零价铁制备了一种新型铁基固体碳源复合材料，该材料表面属水平的微生物群落具有较好的碳水解和反硝化能力，实现了硝酸盐的高效去除。然而，多孔填料对电化学 - 生态处理系统的氮去除强化性能及微生物学机制仍不够清晰。

电压也能影响生物膜电极 - 生态系统处理反应器中的硝化及反硝化效果。不同电压强化氮类污染物的去除效果不同，将外加电压与实验系统相结合可以进一步探究最佳的电压条件。因此，电压对生态工程耦合电化学系统处理海水氮污染的影响需进一步研究。

用小型模拟实验装置观察填料对污染物的去除情况，装置系统由电化学工作站、蠕动泵、配水箱等组成（图 4-5），设置四组（BE1、BE2、BE3 和 BE4）圆柱形有机玻璃反应器（直径 10cm、高 70cm）进行实验，在其中填充实验室制备的掺杂铁多孔填料（直径 2 ～ 6mm，密度 1.678 ～ 1.741g/cm^3，孔隙率 77.24% ～ 85.46%）。反应器最下层填充约 5cm 砾石填料作为承托层，然后在 BE1、BE3 中填充 50cm 掺杂铁多孔填料（DIPF），在 BE2、BE4 中填充 50cm 不含铁填料（IFF），将水位调整到填料表面以上 5cm。使用了一个工作容积为 10L 的配水箱，配水箱在 25℃左右的固定温度下由电加热器操控。进水由蠕动泵控制相同流速，引入 2.3L（有效容积）的配制污水进入反应器，出水管分路，一部分流到出水口，另一部分回流到进水口完成回流，设置回流比 260%（出水回流蠕动泵流速为进水蠕动泵流速的 2.6 倍）。除反应器顶部外，其他组成部分以及硅胶管均用锡箔纸覆盖来营造避光环境。在 DIPF、IFF 填料优选实验中，BE1 和 BE4 连接电化学工作站，在电压、菌株、硫化物实验中 BE1 和 BE3 连接电化学工作站。

实验系统先添加人工配制的海水养殖废水进行微生物挂膜，并向反应器中添加实际的养殖海水进行循环，取自然海域底泥置于反应器内，以便于系统内微生物大量生长并达到稳定状态，保证实验期间尾水处理能够保持平稳高效。实验在 25℃、HRT 为 12h 的条件下进行，分别在第 15 天、30 天、45 天、60 天、75 天和 90 天时对反应器中的 NH_4^+-N、NO_2^--N 和 NO_3^--N 进行测定，判断是否挂膜成熟。

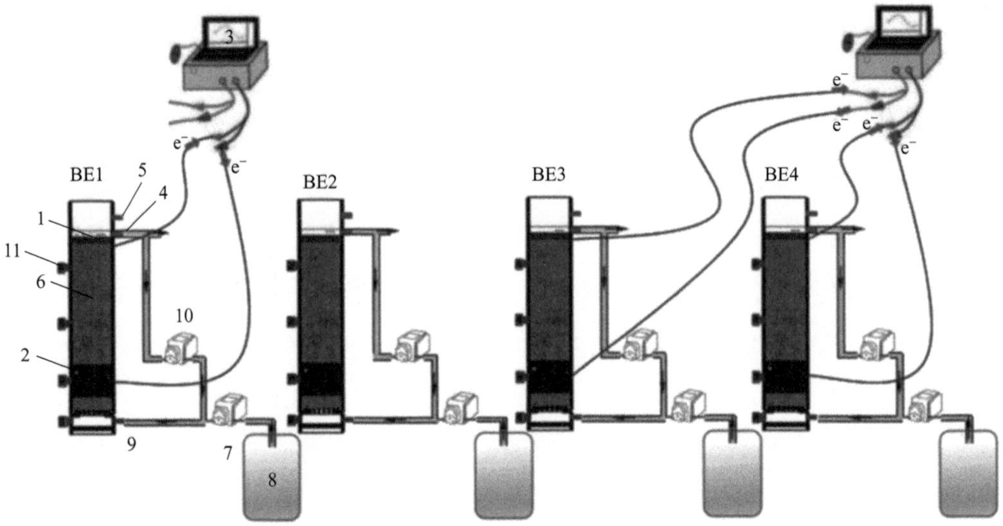

图 4-5 生物膜电极－渗透系统结构示意图

1—石墨板阳极；2—钢丝网活性炭阴极；3—电化学工作站；4—出水口；5—溢流口；6—实验填料；7—进水蠕动泵；8—配水箱；9—进水口；10—回流蠕动泵；11—填料取样口

四个实验系统在 HRT 为 12h、温度为 25℃的条件下，通过调节蠕动泵，使配制的养殖污染海水以相同的速度从各自的储存箱进入四组实验装置，水流依次从下至上通过填料来完成污染物的去除。选取 1.4V 电压作为第一阶段实验电压，向 BE1、BE4 施加 1.4V 电压并与对照组 BE2、BE3 作对比，测定对污染物的去除率。

在 HRT 为 12h、温度为 25℃的条件下，分别向优选的 BE1、BE3 施加电压（0.2V、0.8V、1.4V、1.6V、2.0V），向 BE1 施加 0.2V、BE3 施加 0.8V 电压，运行 3d 后取三次样品测试，之后再向 BE1 施加 1.6V、BE3 施加 2.0V 电压，运行 3d 后再取三次样品测试，测定对污染物的去除率。

沉积物样品 DNA 提取、检测和测定参照前述方法进行，在 Illumina Miseq 平台上进行测序。

选取每个样本在属分类水平上最大丰度排名前 30 位的物种，生成物种相对丰度柱形图。再根据所有样本在门水平上的物种注释及丰度信息，选取丰度排名前 15 位的门，根据其在每个样本中的丰度信息，从物种和样本两个层面进行聚类，绘制门水平热图，分析环境因素对系统微生物群落差异的影响。

4.3.1 生物膜电极－渗透系统中氮去除的强化效果

通过测试不同柱状反应器内装填填料对各污染物的去除效果并进行比较，

得到处理效果最好的处理组。反应器 BE1、BE3 中填充 DIPF 填料，反应器 BE2、BE4 为 IFF 填料，并向反应器 BE1、BE4 施加 1.4V 电压。

表 4-4 反映出了系统对 TOC、NH_4^+-N、NO_3^--N、NO_2^--N 和 TN 的去除效果。实验中 NO_3^--N、NO_2^--N、NH_4^+-N、TOC 和 TN 的进水浓度分别为 13.72mg/L、1.03mg/L、8.03mg/L、65.44mg/L 和 22.47mg/L。BE1 反应器对各个污染物处理效果相对较好，其中 NO_3^--N 出水达到 0.796mg/L。取得了较好的反硝化效果，TN 的出水浓度达到了 3.5413mg/L，其去除率也相对较高，为 84.24%。从表 4-4 中可以看出，施加电压下 DIPF 填料处理组处理效果明显高于 IFF 填料处理组，优选 BE1 和 BE3 作为下一阶段实验处理组。

表 4-4　反应器 BE1、BE2、BE3、BE4 对污染物的去除率　单位：%

参数	BE1	BE2	BE3	BE4
NH_4^+-N	70.03	58.58	61.98	65.17
NO_3^--N	94.20	82.85	84.44	88.56
NO_2^--N	93.40	67.79	73.11	74.14
TN	84.24	70.22	75.54	74.45
TOC	86.62	71.11	75.96	78.60

注：BE1、BE3 填充 DIPF 填料，BE2、BE4 填充 IFF 填料；BE1、BE4 施加 1.4V 电压。

处理后出水 pH 值明显提高，大于进水，BE2 和 BE4 组相对大于 BE1 和 BE3 组（表 4-5）。

表 4-5　反应器 BE1、BE2、BE3、BE4 进出水 pH 值及 DO

参数	BE1	BE2	BE3	BE4
进水pH值	6.32	6.32	6.32	6.32
出水pH值	7.86	7.98	7.67	7.95
进水DO/（mg/L）	4.73	4.73	4.73	4.73
出水DO/（mg/L）	1.40	1.50	1.60	1.30

注：BE1、BE3 填充 DIPF 填料，BE2、BE4 填充 IFF 填料；BE1、BE4 施加 1.4V 电压。

生物膜电极 - 渗透系统实现了氮的高效去除，可能是因为铁循环、氮循环以及铁 - 氮循环的共同作用。铁元素的循环对污染物的降解以及其他元素的转化具有重要意义，铁元素对污染物的降解主要表现在 Fe^{2+} 的还原以及微生物的氧化利用上。氮循环硝化和反硝化作用相对，其中氮循环的重要步骤是将 NO_3^--N 去除并产生中间产物 NO_2^-、N_2O 和 NO 以及终产物 N_2，对维持环境中氮平衡具有重要意义。铁循环和氮循环相互耦合可以在生物和非生物作用下互相影响[44]，非生物作用的铁-氮循环是Fe^{3+}与NO_2^--N直接发生化学反应，生物作用则是NO_3^--N依赖Fe^{2+}氧化微生物。Fe^{3+}和NO_3^--N都可作为电子受体被还原，铁-氮循环是影响生物膜电极-渗透系统氮去除的重要因素。由上述分析可以看出，BE1中各污染物去除率大于BE3和BE4中的污染物去除率，说明施加电压和加入铁元素提高了系统各污染物的去除率。BE3对氮类污染物的去除率大于BE2，更加验证了铁的作用效果，且实验中制备的DIPF填料相比于以往研究增加了对NO_3^--N的去除率[45]。可能是因为DIPF填料使用前表面具有较大的孔隙率，使用后填料表面被微生物覆盖，为铁的转化提供了好氧及厌氧环境。Fe^{2+}在好氧条件下容易失去电子被氧化为Fe^{3+}，Fe^{2+}可作为反硝化的电子供体实现氮的去除。

反应器BE1和BE3中的DIPF填料通过Fe^{2+}作为电子供体，将NO_3^--N还原为N_2，加强了反硝化效果。铁氧化物是DIPF填料中的重要组成部分，由XRD分析可知，DIPF填料使用前主要为Fe_3C、Fe和Fe_2O_3，使用后铁的化合价发生改变，Fe^{2+}和Fe^{3+}同时存在可能是由于发生了铁化合价之间的转化。Fe^{3+}在厌氧条件下容易被还原为Fe^{2+}，且Fe^{2+}氧化后会生成种类繁多的矿物[46]。使用后DIPF填料表面主要为Fe_3O_4、FeO、$Fe_2(SO_4)_3$、Fe_3S_4和FeO(OH)，说明DIPF填料中还存在其他形态的Fe^{2+}可以还原NO_2^--N。通过DIPF和IFF填料优选实验结果可知，在反硝化去除NO_3^--N还原过程中，电解质逐渐变成碱性，导致出水pH值升高。综上，铁元素的加入强化了反硝化效果，实现了氮类污染物的高效去除。

4.3.2 外加电压对氮去除的影响

图4-6反映了不同电压下反应器对污染物的去除率，在不同电压下对同一污染物的去除率做了统计数据分析，不同字母表示差异显著（$p < 0.05$）。由图可知，随着电压由0.2V升高到2.0V，NO_3^--N、NO_2^--N和TOC的去除率先升高后下降，且在1.4V时达到最高，分别为94.03%、93.38%和86.49%；TN在1.6V时取得最大去除率，为84.41%；NH_4^+-N在0.8V时去除率略有下降，在1.4V时达到最大值70.26%。由此可知，四个处理组中污染物处理效果最佳的条件外加电压值为1.4V。

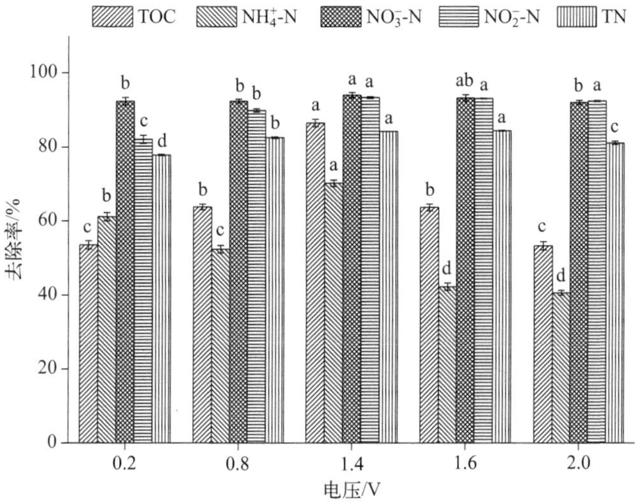

图 4-6 不同外加电压下含 DIPF 填料反应器对各污染物的处理效果

处理后出水 pH 值明显高于进水，且 1.4V 电压出水的 pH 值最高（表 4-6）。

表 4-6 不同电压下含 DIPF 填料反应器进出水 pH 值

水样	0.2V	0.8V	1.4V	1.6V	2.0V
进水	6.28	6.28	6.28	6.28	6.28
出水	7.46	7.18	7.86	7.65	7.56

可以看出，1.4V 电压可以有效提高污染物的去除率。在除氮过程中，由表 4-4 可以看出，BE1 中各污染物的去除率大于 BE3 中的去除率，且 BE4 的处理效果好于 BE2 的处理效果，这些结果更加验证了电压的作用。NO_3^--N、NO_2^--N 和 TN 去除率在不同电压下均较高，说明施加电压是提高脱氮效率的主要原因，通过将电子直接转移到 NO_3^--N 刺激反硝化微生物的生长，来提高反硝化速率，从而提高微生物对氮类污染物的去除率[47]。虽然电化学还原部分去除了 NO_3^--N，但会在出水中形成 NO_2^--N 和 NH_4^+-N，产生中间产物和副产物。NH_4^+-N 的去除率在 1.4V 时达到最大值，说明电压的适当增加有利于 NH_4^+-N 的去除，但是随着电化学反应的进行，电极表面可能会吸附氧化物质，导致电极活性降低，从而影响 NH_4^+-N 的处理效果。TOC 的去除率先升高后下降，可能是外加电压的升高会增强厌氧微生物的活性，促进对碳源的利用[48]，因此外加电压的增加提高了反应器中碳源物质的利用效率，但过高的电压则会抑制这一现象。在较高电压（1.6V 和 2.0V）下，污染物去除受到了抑制，还可能是因为过高的电压会对微生物产生较强的抑制

作用。最佳的处理电压为1.4V，过高或过低都会对污染物的去除起到抑制作用。

4.3.3　系统脱氮性能强化的微生物群落机制

观察四个反应器填料的挂膜情况，通过16S rRNA对微生物群落进行分析，观察不同填料对微生物群落的影响。反应器BE1、BE3中填充DIPF填料，反应器BE2、BE4中为IFF填料，并向反应器BE1、BE4施加1.4V电压。

表4-7显示出了属水平下细菌群落的相对丰度，16S rRNA高通量测序选取相对丰度排名前30的属，对填料样品和OTU类型进行聚类分析并作热图。在BE1组中黄色海假单胞菌属（*Xanthomarina*）、海胞菌属（*Marinicella*）、运动居海杆菌属（*Maritalea*）、陶厄氏菌属（*Thauera*）、无胆甾原体属（*Acholeplasma*）、*Sedimenticola*、短海线菌属（*Marinifilum*）的相对丰度均高于其他属；BE2组中*Sediminispirochaeta*、盐单胞菌属（*Halomonas*）、潮汐泥杆菌属（*Lutibacter*）、脱硫管状菌属（*Desulforhopalus*）、弧菌属（*Vibrio*）的相对丰度均高于其他属；BE3组中硫单胞菌属（*Sulfurimonas*）、*Ichthyenterobacterium*、*Vitellibacter*、*Winogradskyella*、脱硫杆菌属（*Desulfobacter*）的相对丰度均高于其他属；BE4组中*Thermomarinilinea*、黄杆菌属（*Flavobacterium*）、*Kordia*、SM1A02、*Gimesia*、弓形杆菌属（*Arcobacter*）、海洋螺菌属（*Oceanospirillum*）的相对丰度均高于其他属。

表4-7　反应器BE1、BE2、BE3、BE4中属水平细菌前30属的相对丰度

属	BE1	BE2	BE3	BE4
Vibrio	0.5742	0.6691	0.6595	0.5552
未分配属	0.1850	0.1275	0.1558	0.1581
Arcobacter	0.0370	0.0258	0.0071	0.0850
不可培养属	0.0359	0.0305	0.0226	0.0278
Oceanospirillum	0.0122	0.0017	0.0024	0.0337
Xanthomarina	0.0163	0.0128	0.0079	0.0108
Desulfobacter	0.0055	0.0135	0.0182	0.0019
Lutibacter	0.0073	0.0167	0.0056	0.0091
IheB3-7	0.0060	0.0101	0.0098	0.0087
Sedimenticola	0.0157	0.0046	0.0071	0.0025
Vitellibacter	0.0063	0.0032	0.0129	0.0070
Desulforhopalus	0.0068	0.0110	0.0045	0.0055
Winogradskyella	0.0052	0.0037	0.0095	0.0066

续表

属	BE1	BE2	BE3	BE4
Marinicella	0.0066	0.0037	0.0023	0.0044
Marinifilum	0.0089	0.0015	0.0047	0.0013
Ichthyenterobacterium	0.0012	0.0017	0.0076	0.0043
Kordia	0.0005	0.0004	0.0012	0.0091
Sulfurimonas	0.0021	0.0013	0.0065	0.0010
Thermomarinilinea	0.0013	0.0020	0.0033	0.0044
Sediminispirochaeta	0.0030	0.0037	0.0013	0.0017
Halomonas	0.0038	0.0041	0.0003	0.0008
Marinobacter	0.0021	0.0028	0.0012	0.0029
Flavobacterium	0.0019	0.0019	0.0026	0.0027
SM1A02	0.0008	0.0012	0.0016	0.0050
Acholeplasma	0.0049	0.0013	0.0007	0.0005
Gimesia	0.0021	0.0008	0.0014	0.0031
Magnetospirillum	0.0017	0.0018	0.0018	0.0018
Planctomicrobium	0.0004	0.0018	0.0016	0.0017
Thauera	0.0015	0.0012	0.0013	0.0013
Maritalea	0.0020	0.0009	0.0009	0.0013

注：BE1、BE3 填充 DIPF 填料，BE2、BE4 填充 IFF 填料；BE1、BE4 施加 1.4V 电压。

表 4-8 显示出了 16S rRNA 高通量测序中门水平相对丰度前 15 位的优势细菌类群的相对丰度。其中优势物种为变形菌门（Proteobacteria，占 70% ~ 80%）、拟杆菌门（Bacteroidetes，占 5% ~ 10%）、Epsilonbacteraeota（占 3% ~ 8%）、Nanoarchaeaeota（占 4% ~ 6%）、Latescibacteria（占 1% ~ 4%）、绿弯菌门（Chloroflexi，约占 2%）、浮霉菌门（Planctomycetes，占 1% ~ 2%）、Patescibacteria（占 1% ~ 2%）。该 15 种细菌占相应样品总类群的 95.0%。变形菌门的相对丰度在 4 个取样位点中均较高，而 BE2 和 BE3 的变形菌门最高都超过了 80%，BE1 和 BE4 的变形菌门都超过了 70%。此外，4 个位点的拟杆菌门的相对丰度也相对较高（约 10%）。各位点细菌群落中部分物种相对丰度存在差异，BE4 中 Epsilonbacteraeota 的相对丰度较高，而 BE1 中 Latescibacteria 的相对丰度较高。

表 4-8 反应器 BE1、BE2、BE3、BE4 中门水平细菌前 15 门的相对丰度

门	BE1	BE2	BE3	BE4
Proteobacteria	0.7284	0.8112	0.8017	0.7412
Bacteroidetes	0.1122	0.0735	0.0857	0.0862
Epsilonbacteraeota	0.0398	0.0272	0.0144	0.0862
Nanoarchaeaeota	0.0263	0.0235	0.0361	0.0279

续表

门	BE1	BE2	BE3	BE4
Latescibacteria	0.0329	0.0154	0.0063	0.0050
Chloroflexi	0.0149	0.0142	0.0134	0.0117
Planctomycetes	0.0080	0.0079	0.0174	0.0175
Patescibacteria	0.0177	0.0099	0.0121	0.0092
Spirochaetes	0.0039	0.0044	0.0019	0.0021
Tenericutes	0.0053	0.0026	0.0013	0.0015
Firmicutes	0.0022	0.0019	0.0017	0.0016
未分配门	0.0011	0.0019	0.0014	0.0027
Lentisphaerae	0.0010	0.0008	0.0010	0.0009
Acidobacteria	0.0005	0.0005	0.0007	0.0006
Hydrogenedentes	0.0009	0.0004	0.0006	0.0004
其他	0.0049	0.0045	0.0045	0.0050

注：BE1、BE3 填充 DIPF 填料，BE2、BE4 填充 IFF 填料；BE1、BE4 施加 1.4V 电压。

在属和门水平上，反应器 BE1、BE2、BE3、BE4 中的细菌群落结构存在差异，说明不同填料类型和电压会影响生物膜电极 - 渗透系统中的细菌群落组成，从而导致各处理的脱氮效果差异。在盐胁迫下，反应器中微生物的细胞过程和代谢功能均受到影响，通过调整所在环境条件可将其调节到最佳状态 [49]。BE1 和 BE3 处理效果较好可能是因为使用的填料促进了功能细菌的驯化和富集，从而提高了氮的去除率 [50]。在微生物群落的丰富度和均匀度方面，填料对其性能有积极的影响，有效地调节了不同细菌的分布 [49]。在属水平上，反应器 BE1 中 *Thauera* sp. 是污水生物处理系统的核心成员，实现了较好的脱氮 [51-52]，并且其在含铁系统中占优势。*Xanthomarina* sp. 是一种需氧异养属，可作为固氮和利用氢的自养细菌，在生物电化学系统中更丰富 [53]，进一步强化了施加电压条件下氮类污染物的去除。反应器 BE1 中 *Sedimenticola* sp. 为海洋 SAD 菌属，其可以 NO_3^--N 为电子受体进行自养反硝化作用 [54]。对微生物门分类水平分析可知，BE1 和 BE4 组中 Proteobacteria 相对丰度较 BE2 和 BE3 组低，说明增加电压对 Proteobacteria 有明显的影响，这与已有研究一致 [55]，Proteobacteria 是废水处理中常见的菌门，广泛用于污水处理过程中，是降解氮类污染物的重要菌群 [56]。微生物膜外层为好氧区，微生物膜覆盖区域为厌氧区，形成了好氧 - 缺氧区的交替，更有利于脱氮。Bacteroidetes 普遍存在于环境中，是海洋环境中最丰富的异养细菌群之一，可以代谢硝化细菌产生的代谢产物 [57]，且在 BE1 中丰度较高，说明其对填料较为敏感，并且在施加电压条件下丰度较高，可能是由于微生物的电化学作用。Epsilonbacteraeota 在 BE4 中相对丰度较大，说明铁对其有明显的影响，并且在施加电压情况下促进了它的相对丰度。

参考文献

[1] CALL D, LOGAN B E. Hydrogen production in a single chamber microbial electrolysis cell lacking a membrane [J]. Environmental Science & Technology, 2008, 42(9): 3401-3406.

[2] ROSSI R, NICOLAS J, LOGAN B E. Using nickel-molybdenum cathode catalysts for efficient hydrogen gas production in microbial electrolysis cells [J]. Journal of Power Sources, 2023, 560: 232594.

[3] ROZENDAL R A, JEREMIASSE A W, HAMELERS H V M, et al. Hydrogen production with a microbial biocathode [J]. Environmental Science & Technology, 2008, 42(2): 629-634.

[4] SHI K, CHENG W M, CHENG D L, et al. Stability improvement and the mechanism of a microbial electrolysis cell biocathode for treating wastewater containing sulfate by quorum sensing [J]. Chemical Engineering Journal, 2022, 455: 140597.

[5] GONZÁLEZ-PABÓN M J, CARDE A R, CORT N E, et al. Hydrogen production in two-chamber MEC using a low-cost and biodegradable poly(vinyl) alcohol/chitosan membrane [J]. Bioresource Technology, 2021, 319: 124168.

[6] PARK S G, CHAE K J, LEE M. A sulfonated poly(arylene ether sulfone)/polyimide nanofiber composite proton exchange membrane for microbial electrolysis cell application under the coexistence of diverse competitive cations and protons [J]. Journal of Membrane Science, 2017, 540: 165-173.

[7] ROUSSEAU R, KETEP S F, ETCHEVERRY L, et al. Microbial electrolysis cell (MEC): a step ahead towards hydrogen-evolving cathode operated at high current density [J]. Bioresource Technology reports, 2020, 9: 100399.

[8] ZHANG Z W, XU C Y, HAN H J, et al. Effect of low-intensity electric current field and iron anode on biological nitrate removal in wastewater with low COD to nitrogen ratio from coal pyrolysis [J]. Bioresource Technology, 2020, 306: 123123.

[9] LIM S S, FONTMORIN J-M, IZADI P, et al. Impact of applied cell voltage on the performance of a microbial electrolysis cell fully catalysed by microorganisms [J]. International Journal of Hydrogen Energy, 2020, 45(4): 2557-2568.

[10] ROZENDAL R A, HAMELERS H V M, EUVERINK G J W, et al. Principle and perspectives of hydrogen production through biocatalyzed electrolysis [J]. International Journal of Hydrogen Energy, 2006, 31(12): 1632-1640.

[11] 石书银，张雨晴，阮燕囡，等．不同碳源及电压对微生物电解池脱氮性能的影响 [J]．上海理工大学学报，2023, 45(1): 87-94.

[12] LOVLEY D R. Live wires: direct extracellular electron exchange for bioenergy and the bioremediation of energy-related contamination [J]. Energy & Environmental Science, 2011, 4: 4896-4906.

[13] KIELY P D, CUSICK R, CALL D F, et al. Anode microbial communities produced by changing

from microbial fuel cell to microbial electrolysis cell operation using two different wastewaters [J]. Bioresource Technology, 2011, 102(1): 388-394.

[14] CHEN H, ZHAO X H, CHENG Y Y, et al. Iron robustly stimulates simultaneous nitrification and denitrification under aerobic conditions [J]. Environmental Science & Technology, 2018, 52(3): 1404-1412.

[15] CHEN Z J, TIAN Y H, ZHANG Y, et al. Effects of root organic exudates on rhizosphere microbes and nutrient removal in the constructed wetlands [J]. Ecological Engineering, 2016, 92: 243-250.

[16] BI Z, QIAO S, ZHOU J T, et al. Fast start-up of anammox process with appropriate ferrous iron concentration [J]. Bioresource Technology, 2014, 170: 506-512.

[17] CAROLINE S, SEBASTIAN B, ANDREAS K. Ecosystem functioning from a geomicrobiological perspective-a conceptual framework for biogeochemical iron cycling [J]. Environmental Chemistry, 2010, 7(5): 399-405.

[18] LI X F, HOU L J, LIU M, et al. Evidence of nitrogen loss from anaerobic ammonium oxidation coupled with ferric iron reduction in an intertidal wetland [J]. Environmental Science & Technology, 2015, 49(19): 11560-11568.

[19] ZHOU Q W, ZHU H, BAÑUELOS G, et al. Impacts of vegetation and temperature on the treatment of domestic sewage in constructed wetlands incorporated with ferric-carbon micro-electrolysis material [J]. International Journal of Phytoremediation, 2017, 19(10): 915-924.

[20] JIANG X, YING D W, YE D, et al. Electrochemical study of enhanced nitrate removal in wastewater treatment using biofilm electrode [J]. Bioresource Technology, 2018, 252: 134-142.

[21] YOU Q G, WANG J H, QI G X, et al. Anammox and partial denitrification coupling: a review [J]. RSC Advances, 2020, 10(21): 12554-12572.

[22] QIU W, LI W Y, HE J G, et al. Variations regularity of microorganisms and corrosion of cast iron in water distribution system [J]. Journal of Environmental Sciences, 2018, 74:177-185.

[23] LI M, FENG C P, ZHANG Z Y, et al. Simultaneous reduction of nitrate and oxidation of by-products using electrochemical method [J]. Journal of Hazardous Materials, 2009, 171(1-3): 724-730.

[24] LONG Y, ZHANG Z K, PAN X K, et al. Substrate influences on archaeal and bacterial assemblages in constructed wetland microcosms [J]. Ecological Engineering, 2016, 94: 437-442.

[25] HAO R X, ZHOU Y Q, LI J B, et al. A 3DBER-S-EC process for simultaneous nitrogen and phosphorus removal from wastewater with low organic carbon content [J]. Journal of Environmental Management, 2018, 209: 57-64.

[26] LI M, FENG C P, ZHANG Z Y, et al. Treatment of nitrate contaminated water using an electrochemical method [J]. Bioresource Technology, 2010, 101(16): 6553-6557.

[27] ZHAO Y X, ZHANG B G, FENG C P, et al. Behavior of autotrophic denitrification and heterotrophic denitrification in an intensified biofilm-electrode reactor for nitrate-contaminated drinking water treatment [J]. Bioresource Technology, 2012, 107: 159-165.

[28] JIA T P, SUN S H, CHEN K Q, et al. Simultaneous methanethiol and dimethyl sulfide removal in a single-stage biotrickling filter packed with polyurethane foam: performance, parameters and microbial community analysis [J]. Chemosphere, 2020, 244(C): 125460.

[29] KONG Z, LI L, FENG C P, et al. Comparative investigation on integrated vertical-flow biofilters applying sulfur-based and pyrite-based autotrophic denitrification for domestic wastewater treatment [J]. Bioresource Technology, 2016, 211: 125-135.

[30] XU Z S, SONG L Y, DAI X H, et al. PHBV polymer supported denitrification system efficiently treated high nitrate concentration wastewater: denitrification performance, microbial community structure evolution and key denitrifying bacteria [J]. Chemosphere, 2018, 197: 96-104.

[31] WU Z, LIU Y, LIANG Z Y, et al. Internal cycling, not external loading, decides the nutrient limitation in eutrophic lake: A dynamic model with temporal Bayesian hierarchical inference [J]. Water Research, 2017, 116: 231-240.

[32] LABB N, JUTEAU P, VILLEMUR S P. Bacterial diversity in a marine methanol-fed denitrification reactor at the montreal biodome, Canada [J]. Microbial Ecology, 2003, 46(1): 12-21.

[33] REN B Y, LI C Y, ZHANG X H, et al. Fe(Ⅱ)-dosed ceramic membrane bioreactor for wastewater treatment: Nutrient removal, microbial community and membrane fouling analysis [J]. Science of the Total Environment, 2019, 664: 116-126.

[34] DENG S H, LI D S, YANG X, et al. Biological denitrification process based on the Fe(0)-carbon micro-electrolysis for simultaneous ammonia and nitrate removal from low organic carbon water under a microaerobic condition [J]. Bioresource Technology, 2016, 219: 677-686.

[35] WANG Y F, GU J D. Higher diversity of ammonia/ammonium-oxidizing prokaryotes in constructed freshwater wetland than natural coastal marine wetland [J]. Applied Microbiology & Biotechnology, 2013, 97(15): 7015-7033.

[36] SONG B, PALLERONI N J, KERKHOF L J, et al. Characterization of halobenzoate-degrading, denitrifying *Azoarcus* and *Thauera* isolates and description of *Thauera chlorobenzoica* sp. nov. [J]. International Journal of Systematic and Evolutionary Microbiology, 2001, 51(Part 2): 589-602.

[37] FORTNEY N W, HE S, CONVERSE B J, et al. Microbial Fe(Ⅲ) oxide reduction potential in chocolate pots hot spring, Yellowstone National Park [J]. Geobiology, 2016, 14(3): 255-275.

[38] ZHENG M Q, XU C Y, MA W C, et al. Synergistic degradation on aromatic cyclic organics of coal pyrolysis wastewater by lignite activated coke-active sludge process [J]. Chemical Engineering Journal, 2019, 364: 410-419.

[39] DING J, LU Y Z, FU L, et al. Decoupling of DAMO archaea from DAMO bacteria in a methane-driven microbial fuel cell [J]. Water Research, 2017, 110: 112-119.

[40] HE Y, WANG Y H, SONG X S. High-effective denitrification of low C/N wastewater by combined constructed wetland and biofilm-electrode reactor (CW-BER) [J]. Bioresource Technology, 2016, 203: 245-251.

[41] WANG J F, WANG Y H, BAI J H, et al. High efficiency of inorganic nitrogen removal by integrating biofilm-electrode with constructed wetland: autotrophic denitrifying bacteria analysis [J]. Bioresource Technology, 2017, 227: 7-14.

[42] 万琼，吴仪，王信，等. 海绵铁和陶粒填料生物膜净化微污染河水实验研究 [J]. 水处理技术，2017, 43(11): 34-40.

[43] SUN H M, ZHOU Q, ZHAO L, et al. Enhanced simultaneous removal of nitrate and phosphate using novel solid carbon source/zero-valent iron composite [J]. Journal of Cleaner Production, 2021, 289: 125757.

[44] FLYNN P. Abiotic and microbial interactions during anaerobic transformations of Fe(II) and NO_x [J]. Frontiers in Microbiology, 2012, 3: 112.

[45] 刘栋，李永光，刘佳豪，等. 海绵铁去除脱硝废水中硝酸盐的试验研究 [J]. 现代化工，2021, 41(08): 145-148, 154.

[46] MIOT J, BENZERARA K, MORIN G, et al. Iron biomineralization by anaerobic neutrophilic iron-oxidizing bacteria [J]. Geochimica Et Cosmochimica Acta, 2009, 73(3): 696-711.

[47] PEEL J W, REDDY K J, SULLIVAN B P, et al. Electrocatalytic reduction of nitrate in water [J]. Water Research, 2003, 37(10): 2512-2519.

[48] 王珺玮．不同阴极条件下微生物电解池处理剩余污泥产氢 [D]．哈尔滨：哈尔滨工业大学，2015.

[49] ZHAO Z M, ZHANG X, WANG Z F, et al. Enhancing the pollutant removal performance and biological mechanisms by adding ferrous ions into aquaculture wastewater in constructed wetland [J]. Bioresource Technology, 2019, 293: 122003.

[50] SONG X S, WANG S Y, WANG Y H, et al. Addition of Fe^{2+} increase nitrate removal in vertical subsurface flow constructed wetlands [J]. Ecological Engineering, 2016, 91: 487-494.

[51] LIU B B, ZHANG F, FENG X X, et al. *Thauera* and *Azoarcus* as functionally important genera in a denitrifying quinoline-removal bioreactor as revealed by microbial community structure comparison [J]. FEMS Microbiology Ecology, 2006, 55(2): 274-286.

[52] HABAGIL M. Global diversity and biogeography of bacterial communities in wastewater treatment plants [J]. Nature Microbiology, 2019, 4(7): 1183-1195.

[53] CHOI T S, SONG Y C, JOICY A, et al. Influence of conductive material on the bioelectrochemical removal of organic matter and nitrogen from low strength wastewater [J]. Bioresource Technology, 2018, 259: 407-413.

[54] ALMENGLO, FERNANDO, LAFUENTE, et al. Effect of gas-liquid flow pattern and microbial diversity analysis of a pilot-scale biotrickling filter for anoxic biogas desulfurization [J]. Chemosphere, 2016, 157: 215-223.

[55] FENG Q, SONG Y C, BAE B U. Influence of applied voltage on the performance of bioelectrochemical anaerobic digestion of sewage sludge and planktonic microbial communities at ambient temperature [J]. Bioresource Technology, 2016, 220: 500-508.

[56] KONG Q, HE X, FENG Y, et al. Pollutant removal and microorganism evolution of activated sludge under ofloxacin selection pressure [J]. Bioresource Technology, 2017, 241: 849-856.

[57] YANG Y Y, CHEN Z G, WANG X J, et al. Partial nitrification performance and mechanism of zeolite biological aerated filter for ammonium wastewater treatment [J]. Bioresource Technology, 2017, 241: 473-481.

第 5 章

基于微生物固定化强化的处理技术

5.1 微生物固定化技术处理含氮废水研究进展

当前，我国水产养殖业呈现出规模化、集约化的趋势。高密度的水产养殖增加了水产品产量，然而值得关注的是水产养殖水污染物过多排放已成为限制我国水产养殖业可持续发展的一个关键问题。

在水产养殖废水处理技术中，微生物降解技术具有经济高效和环境友好等优点，已普遍应用于循环水养殖业。影响微生物对污染物降解净化效果的关键因素有微生物数量、菌群种类和环境条件等。增加微生物数量的传统方法是向养殖水体中直接接种微生物，但其会受到不适宜生长的环境条件影响，且易随水体流失，处理效果往往不理想。此外，投加降解功能微生物后微生物的数量及活性保持时间长短也会影响水处理效率[1]。微生物固定化（MIM）技术是一种采用物理或化学方法将特选的游离微生物限制或定位在有限的空间区域内，使其保持高度密集及较高的生物活性的一项生物技术。通过 MIM 技术处理，生物反应器中的生物量和浓度均大幅提高，处理能力增强，微生物保持活性的时间延长，并能重复使用，可更高效地去除水产养殖废水中的污染物。

近年来关于 MIM 技术的研究不断涌现，应用于水产养殖废水处理的研究也较多，然而鲜有文章系统地进行评述。本章根据近年来国内外的 MIM 技术最新研究成果，从固定化微生物筛选、固定化方法、固定化载体选择等几个方面详细综述了目前 MIM 技术在水产养殖废水处理中的研究进展，以期为 MIM 技术在水产养殖废水处理中的研究和应用提供参考依据。

5.1.1 固定化微生物筛选

MIM 技术主要通过其固定的微生物来降解水产养殖废水的污染物，筛选耐受能力强、高效且对特定污染物去除效率高的微生物，对水产养殖废水调控起关键作用。MIM 技术用于净化水产养殖废水须满足自身安全、产物安全、无毒无害和可快速降解污染物等要求，以下介绍两类微生物的筛选。

（1）氮循环细菌的筛选

包括厌氧氨氧化细菌、硝化细菌和反硝化细菌等。厌氧氨氧化细菌由于生长条件要求苛刻、生长速度较为迟缓等原因，在养殖废水脱氮中的应用受到限制。水产养殖废水处理环节中硝化细菌和反硝化细菌应用广泛。硝化细菌可以去除 NH_4^+-N，对养殖生物非常重要。硝化细菌生长速度较为迟缓，容易被外界环境所干扰，在低温条件下非常敏感。固定化能显著提升硝化细菌抗干扰和耐低温的能力，对去除 NH_4^+-N 有更好的效果。Manju 等[2]利用木屑颗粒作为载体材料，固定化硝化细菌降解对虾养殖废水中的 NH_4^+-N，7d 后可将 NH_4^+-N 从 15mg/L 降解为 0mg/L。陈坦林等[3]利用硅藻土和羧甲基纤维素钠作为载体材料，复合固定化硝化细菌解决养殖水体中的 NH_4^+-N 积累问题，12h NH_4^+-N 去除率高达 92.7%。硝化作用产生的 NO_3^--N 经常出现累积，强化反硝化作用将改善这一现象。反硝化细菌可将 NO_3^--N 进行生物还原，产生一系列中间产物，最终还原产物为氮气。一般认为这种反硝化作用发生在厌氧或缺氧环境，而近年来筛选出诸多性能优异的好氧反硝化细菌，如假单胞菌属（*Pseudomonas* sp.）、芽孢杆菌属（*Bacillus* sp.）和产碱杆菌属（*Alaligenes* sp.）等，受到了关注。Deng 等[4]以海藻酸钠（SA）- 高岭土载体固定假单胞菌 DM02 进行多循环水产养殖废水处理，NO_3^--N 在所有循环处理中都得到显著去除（去除率＞88.2%）。水产养殖废水中控制氮浓度非常重要，今后应重点加强除氮功能菌的研究，例如根据菌种之间的协同作用，将硝化细菌与反硝化细菌制备成复合菌剂，经固定后应用于提高水产养殖废水的脱氮效率。此外，优化复合菌剂制备条件、确定最佳固定化工艺等也值得进一步研究。

（2）光合细菌的筛选

光合细菌是一类能够在厌氧条件下利用光能将无机物转化为有机物促进自身生长的原核微生物。光合细菌有较强的环境适应能力，耐污、耐酸碱，能降解 NO_2^--N、NH_4^+-N 和硫化物等，从而改善水体环境，并且可以作为饵料添加剂促进鱼类生长，在水产养殖业中已受到较多关注和研究。易力等[5]以 SA 作为载体，固定光合细菌修复养殖环境，水体中 COD 和 NH_4^+-N 浓度分别下降 54% 和 80%，DO 浓度大幅提高。陈颖等[6]以 SA-$CaCl_2$ 固定光合细菌，15d 后与游离细菌相比，NH_4^+-N 去除率从 47.8% 提高到了 74.6%。光合细菌通过固定化增加密度，改善了游离菌体沉降性能差的问题，使其在污水中可以保持良好的净水效果。近年来，固定化菌、藻协同处理水产养殖废水的技术也逐渐出现。刘娥等[7]利用 SA-$CaCl_2$ 包埋固定化光合细菌及蛋白核小球藻处理养殖废水，其中藻球组、菌球组和菌藻球组对 PO_4^{3-}-P 去除率分别为 57%、25% 和 76%。菌藻球组在 24℃时对 NH_4^+-N 的去除率明显高于藻球组和菌球组，7d 去除率达 84.5%，但在 20℃及 28℃时效果不显著。菌藻球组优良的去除效率可能是由于藻、菌的协同作用，但菌、藻之间的作用机制仍需进一步研究。由于水产养殖环境间差异大，养殖废水中的污染物不同，今后应用固定化菌藻球处理水产养殖废水的研究重点应在复合微生物的筛选复配以及固定化菌藻球的最佳应用条件选择等方面。

5.1.2　微生物固定化方法

典型的 MIM 方法主要有吸附固定法、包埋固定法、交联固定法。吸附固定法是通过载体与微生物之间的范德瓦耳斯力等物理吸附、静电引力、离子吸附等，使微生物附着在载体表面及其孔隙中，从而实现固定微生物［图 5-1（a）］。该方法常选择活性炭、沸石和硅藻土等无机材料作为吸附载体，具有条件温和、操作简单、无毒和成本低廉等优点。包埋固定法是通过物理或化学作用将微生物限定在高分子凝胶聚合物的孔隙空间内，从而完成固定化［图 5-1（b）］。该方法常选择海藻酸盐、聚乙烯醇（PVA）和琼脂等高分子材料作为包埋载体[8]，微生物高度密集，制备的固定化小球机械强度高。该方法对水产养殖废水水质调控的机理是通过载体的立体网状结构固定微生物，保护微生物不受外界冲击，水中污染物扩散到载体内部，从而实现水质净化。交联固定法通过交联试剂与细胞表面反应基团形成共价键，以共价键为结合力达到固定微生物的目的［图 5-1（c）］。交联固定法的微生物与载体结合强度高、稳定性好。

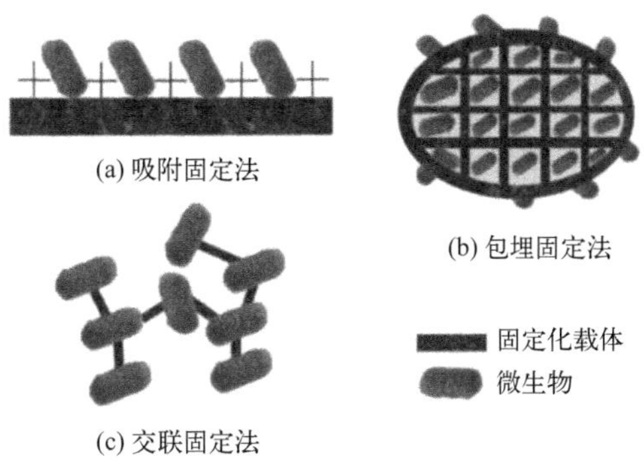

图 5-1　典型的 MIM 方法的结构示意图

在吸附固定法中，由于微生物和载体材料之间结合力弱，被固定的微生物容易外泄和流失，这是该方法目前存在的问题。在包埋固定法中，高分子载体材料对基质运输有一定阻力，克服传质阻力是该方法需要研究解决的主要问题[9-10]。在交联固定法中，主要问题是，交联剂价格昂贵，化学反应强烈，会影响微生物的活性以及存在毒性。综上所述，常见MIM方法的原理、常用载体和优缺点均有所区别（表5-1），交联固定法在水产养殖废水处理应用中受到一定限制，常用的是吸附固定法和包埋固定法。

表5-1 常见MIM方法的原理、常用载体和优缺点

方法	原理	常用载体	优点	缺点
吸附固定法	利用物理吸附、静电引力、离子吸附等吸附微生物	活性炭、沸石、硅藻土等	条件温和、操作简便、无毒、成本低廉	结合力弱、抗冲击负荷能力弱、稳定性低
包埋固定法	将微生物限定在高分子凝胶聚合物的孔隙空间中	琼脂、海藻酸钠、聚乙烯醇等	制备简单、性质稳定、强度高、微生物流失少	空间位阻大、传质性能差、载体不可再生
交联固定法	通过交联试剂与细胞表面反应基团形成共价键进行固定	戊二醛	结合力强、稳定性好	反应激烈、菌体活性低、价格昂贵

5.1.3 微生物固定化载体选择

MIM载体材料的选择是影响MIM过程的重要因素之一。理想的固定化载体一般有以下特点：对微生物无毒无害，不影响微生物活性；固定化后微生物细胞密度大；孔隙率、比表面积大；有较高的细胞容量，传质性能好；固定化操作方便，材料便宜易得；性能稳定，能够长久使用；载体材料对养殖动物安全。

MIM载体材料按照属性可以分无机载体、天然有机载体、合成有机高分子载体和新型复合载体等，其性能优劣主要从机械强度、生化稳定性、传质性能、与细胞结合力和可重复使用性等方面进行比较（表5-2）。

表5-2 常见MIM载体各种性能的比较

载体种类	机械强度	生化稳定性	传质性能	与细胞结合力	可重复使用性
无机载体	高	好	好	弱	较好
天然有机载体	较低	较差	好	较弱	较差
合成有机高分子载体	高	好	较差	强	较好
新型复合载体	较高	较好	较好	较强	较好

（1）无机载体

常用的天然无机载体有沸石、硅藻土、膨润土和沙粒等，常见的合成无机载体有活性炭（AC）、陶粒、石英砂、泡沫金属和多孔玻璃等。无机载体价格相对低廉、容易获得，并且一般为多孔结构，载体比表面积较大，适合微生物附着生长；其传质性较好，气体可以快速扩散，提高氧气浓度；材料使用寿命较长。利用无机载体吸附微生物强化生物反应器可以提高系统对污染物的去除率，例如车鉴等[11]采用 SBR 工艺的生物反应器，利用硅藻土为载体吸附固定好氧活性污泥，处理 NH_4^+-N 浓度约为 50mg/L 的养殖废水，34d 稳定期后，NH_4^+-N 和 COD 浓度分别降低 98.9% 和 76.6%，NO_2^--N 浓度低于 0.028mg/L。Shao 等[12]用制备的玉米秸秆生物炭固定鞘氨醇单胞菌和不动杆菌，吸附中华绒螯蟹循环养殖水中的污染物，发现与游离菌株相比，生物炭固定菌株对 NH_4^+-N、NO_2^--N、NO_3^--N 和 TP 的去除率分别提高了 16%、14%、17% 和 19%。并且无机载体固定微生物可以实现重复利用，例如杨萌等[13]利用沸石作为载体，吸附固定耐盐脱氮菌卓贝尔氏菌（*Zobellella* sp.）来控制海水养殖系统中 NH_4^+-N 的浓度。固定化脱氮菌在重复使用 5 次后，沸石没有表现出明显变化。无机载体使用寿命长，但结合微生物细胞的能力较弱，改善微生物易脱落流失问题以实现更高的使用时效仍需进一步研究。

（2）天然有机载体

常用的天然有机载体有琼脂、SA、壳聚糖、稻壳、甘蔗渣等。它们传质性能良好，固定化操作简单，对微生物无毒。以 SA 为例，它还具有成本低廉和生物相容性好等优点，在水产养殖废水处理技术研究中受到广泛关注。陈文宾等[14]使用 SA 包埋固定鞘氨醇单胞菌，制备固定化小球控制海水养殖废水中的 COD，在设定条件下 COD 降解率可达到 80%。但 SA 属于天然高分子多糖类，需要改进稳定性能较差、易溶解的问题。此外，稻壳、甘蔗渣等天然生物质载体常见易得、价格低廉、无毒害，并具有一定的孔隙率，可为微生物提供生长空间，近年来应用广泛。在生物脱氮过程中，天然生物质载体也可作为缓释碳源被微生物分解利用，来源清洁也是其利用的主要优势。王贤丰等[15]在海水曝气生物滤池中利用甘蔗渣作为载体填料固定芽孢杆菌，并且以此为基础构建水处理系统降解 NH_4^+-N 和 NO_2^--N。该系统 26d 即挂膜成功，生物滤池中水体

NH_4^+-N 和 NO_2^--N 浓度分别控制在 0.2mg/L 和 0.05mg/L 以下。然而，天然有机载体存在力学性能较差、稳定性较差、微生物易流化等缺陷，需加强这些方面的研究。

（3）合成有机高分子载体

合成有机高分子载体主要有聚乙二醇（PEG）、聚氨酯（PU）泡沫、PVA、聚丙烯酰胺（PAM）和海绵等。它们大部分对微生物少有毒害，化学稳定性能较好，机械强度高。耿佳等[16]通过使用经壳聚糖改性后的聚氨酯泡沫为载体材料固定微生物，处理曝气生物滤池中浓度为 460mg/L 的 NH_4^+-N，改性后的 PU 孔隙率可达 99%，微生物负载量可达 279.4mg/g，NH_4^+-N 和 COD 浓度分别降低 83.4% 和 90.9%。

目前 PVA 载体在水产养殖中的研究比较广泛，其具有力学性能高、稳定性好、对细胞无毒和成本低廉等优点。PVA 载体由于传质性能问题，应用受到限制，可与天然有机载体搭配使用改善性能，PVA-SA 固定菌球的脱氮率均优于单载体固定。Zhan 等[17]发现利用 PVA 和 SA 包埋固定的沼泽红假单胞菌，有助于在闭式循环水养殖系统中维持鱼类健康，虹鳟鱼、鲤鱼负荷可达到（45±3）kg/m^3，耗水量减少 80% ～ 90%。系统中 NH_4^+-N 浓度降低 80% ～ 95%，NO_2^--N 浓度降低 80% 以上。Zhao 等[18]以 PVA、SA 为载体包埋固定从养殖环境底泥中富集的去除硫化物的原生微生物群落，利用固定化小球去除底泥和水体中的硫化物，在硫化物初始浓度为 600mg/L 时，经过 5 次循环后固定化小球对硫化物的去除率仍能达到 85% 以上。合成高分子载体材料在稳定性、耐生物降解性上具有明显优势，但是存在固定化过程较为复杂及传质性能较低的问题，仍需要进一步改进以提高实用性。

（4）新型复合载体

新型复合载体包括改性优化的新型载体和将多种传统载体材料结合的复合载体。新型载体是通过在载体研制的过程中添加改性物质，或通过对载体的表面基团或孔结构做出改性优化后得到的载体。杨平等[19]利用经 NaOH 改性后的稻壳为载体材料固定活性污泥，用其处理模拟养殖废水达到了脱氮目的，改性稻壳载体同时可作为碳源，且与蔗糖和淀粉相比，改性稻壳可以更好地提供碳源，在硝化反硝化系统中，NH_4^+-N 浓度降低了 90% 以上，NO_3^--N 和 NO_2^--N 含量接近于 0，并解决了有机物残留的问题。改性后制得的载体能够提升微生物负载量以及与微生物的结合力，从而强化微生物的处理效果。目前改性材料的研究均处于实验室阶段，对实际水产养殖废水的处理还有待进一步研究。

复合载体通常是无机载体与有机载体的结合，汇集各载体的优点，改善原载体的性能，具有更好的应用前景。Shan 等 [20] 以 SA 和甘蔗渣作为载体利用溶藻弧菌，去除 NH_4^+-N 和 NO_2^--N。固定化微珠后将 NH_4^+-N 和 NO_2^--N 浓度分别降解至低于 1.5mg/L 和 1.6mg/L。2d 后，NO_2^--N 浓度降低了 87.1%，4d 后降为 0mg/L。李华等 [21] 选用荔枝核、PVA 和 SA 作为载体材料与复合固体碳源接种反硝化细菌，脱氮过程中，第 3 天时 NO_3^--N 去除率约为 100%，且 NO_2^--N 含量约为 0mg/L，发现使用粒径为 75μm 和 150μm 的荔枝核作为复合碳源能高效地去除 NO_3^--N，其具有良好的孔隙结构，在水产养殖废水处理中具有应用潜力。目前单一载体的应用均存在局限性，复合载体在脱氮过程中表现优异，适合水产养殖业载体材料的开发是 MIM 研究的重点。

陈进斌等 [22] 选用 PVA、SA 及硅藻土为载体材料，将某海水养殖场底泥中分离得到的 3 株好氧反硝化细菌制备成复合菌剂后，制备固定化小球强化循环式活性污泥（CAST）系统。投加固定化小球的 CAST 反应器对海水养殖废水中的 COD 降解能力显著提高，去除率达到 83%，无机氮和磷酸盐的去除率可分别维持在 99% 和 96% 以上。魏大鹏等 [23] 选择二氧化硅为吸附材料，以 PVA-SA 为包埋材料，氯化钙硼酸溶液为交联剂，对复合菌株进行吸附 - 包埋 - 交联复合固定后，降解养殖水体中的 NH_4^+-N 和 NO_2^--N。固定化小球比表面积大，载菌量达到 6×10^8CFU/ 个，水体在 24h 的 NH_4^+-N 和 NO_2^--N 浓度分别下降 96% 和 98%。通过该复合方法制备的固定化小球载菌量高，脱氮性能优异，具有良好的应用潜能。根据处理实际养殖废水条件，选择合适的吸附、包埋材料结合使用，采用吸附 - 包埋 - 交联法固定优势微生物，对微生物、固定化载体、固定化方法进行协同优化，应成为今后的研究热点。

5.2 吸附固定化菌株强化人工湿地 – 微生物电解池系统脱氮

城市生活、工业生产、农业种植等排放的废水导致水环境中氮污染日益严重，对自然环境、人类健康以及水生动植物产生了严重威胁。为降低氮污染产生的危害，迫切需要研发效率高、费用低的脱氮处理技术来处理含氮废水。

自然界中，广泛分布于海洋、湖泊、河流和湿地等各种水生态系统中的微生物的生命代谢活动不仅促进了碳、氮、磷等元素的代谢，还加速了水生环境中的物质循环和能量流动。通过强化自然界中的特殊功能微生物可以降解环境目标污染物。在淡水生态系统中，硝化、反硝化细菌在氮减少中起着关键作用，约占全球氮去除的 30%[24]。20 世纪 90 年代至今，科研人员对自然水环境中的微生物进行了大量的筛选与鉴定，发现了大量具有高效脱氮性能的菌株，比如将 *Pseudomonas medocina* IHB602、*Paracoccus versutus* LYM、*Bacillus thuringiensis strain* WXN-23 等功能菌添加到生物膜电极系统中，均提高了整体系统的性能 [25-27]。其中一些功能菌虽短期表现出了较好的脱氮潜力，但是生物处理系统中的功能微生物丰度不能有效维持，脱氮性能难以保证，仍然较低。二次接种 *Pseudomonas* sp. JMSTP 细菌的第 4 ～ 7 天，其相对丰度显著增加，出水 TN 浓度明显降低，但是由于微生物丰度的快速升高和降低，*Pseudomonas* sp. JMSTP 细菌与原生细菌没有显示出明显的共生关系 [28]。添加外源菌株后的脱氮效果与反应器构造、运行条件以及土著微生物等因素有关。如何提高并保持添加的脱氮菌株的丰度与活性成为影响外源菌株强化脱氮的关键问题。

近年人工湿地 - 微生物电化学耦合系统（CW-MECs）作为一种新型高效、易操作的生物废水处理工艺受到广泛应用。将外源功能菌株添加到 CW-MECs 中有望大幅提高整个系统的脱氮性能。一方面，CW-MECs 通过协助正常微生物群落与阳极和阴极之间的电子转移来提高反应速率。这些脱氮功能性微生物使用导电材料作为电子供体或受体，基于反应器配置，将电子从阳极转移至阴极，完成氧化还原反应。另一方面，CW-MECs 通过生物填料增加氮转化功能菌数量、增强相关酶的活性和电子转移，显著提高了硝化和反硝化工艺的脱氮效率。

将外源脱氮功能菌吸附固定在 CW-MECs 中来实现对 CW-MECs 的强化脱氮的本质是接种微生物、本土微生物和非生物环境之间的复杂相互作用，但其往往受以下三方面的影响。

① 不同菌株对 CW-MECs 环境变化的反应　比如温度、pH 值、C/N、底物和氮化合物的浓度，这些都会影响接种的菌株在 CW-MECs 中的增殖或生物活

性，因此应进行多种条件优化实验，进一步筛选适应性强的菌株。

② 长期水流冲刷对于微生物的影响　运行 CW-MECs 系统时，水流冲刷、水流循环等对于接种菌剂具有一定的冲击力，导致功能性微生物浓度不断降低，因此需要研发有效、持久、易操作的固定化技术。

③ 生物增强菌株与本土微生物之间的竞争　不同的生物增强菌株接种浓度会导致其与本土微生物之间产生不同的作用关系，直接或间接影响生物膜的稳定形成，限制脱氮效果。

因此，用于生物强化的菌株必须至少满足三个常规标准：活性、持久性和相容性。

微生物吸附固定化在便捷性、造价、性能方面具有的优势使其在强化废水性能中具有较大应用潜力。在现有的吸附固定化外源微生物的综述中，多为就某一具体条件下菌株的功能特性、功能菌株的降解性能以及如何扩大生物强化应用进行阐述。针对 MIM 在 CW-MECs 中表现的专门论述鲜见报道。CW-MECs 中的生物填料和电极对于微生物的吸附固定和代谢具有不同的重要作用，因此有必要对其进行总结。

为了阐明外源菌株应用于 CW-MECs 的优化方法、作用机制，明确 CW-MECs 中本地细菌和外源细菌的协同脱氮作用，本章以外源菌株固定化为主线，从脱氮功能菌的选择出发，介绍不同种类的菌株及菌株组合在 CW-MECs 中的作用效果效果，明确 CW-MECs 的不同构造对菌株的影响。为了确保菌株在实际中的应用效果，总结了不同运行条件对脱氮功能菌的影响，并说明了外源菌株与土著菌株之间的作用关系。本综述完善了基于微生物吸附固定化的污水处理理论，为实现外源脱氮菌株强化 CW-MECs 脱氮效果提供了重要理论基础。

5.2.1　吸附固定化脱氮功能菌株的选择

CW-MECs 系统可以通过固定化作用使具有脱氮功能的外源菌株在系统内繁殖。随着对脱氮功能微生物的不断探索，越来越多绿色、高效的脱氮功能菌株被发现。

（1）脱氮功能菌株分类

氨氧化作用、硝化作用以及反硝化作用是大部分脱氮系统不可缺少的反应过程。与脱氮相关的菌门主要是变形菌、厚壁菌、放线菌和硝化螺旋菌。到目前为止，已发现大量属于氨氧化细菌属（AOB）、亚硝酸盐氧化细菌属（NOB）以及反硝化细菌属的微生物，如不动杆菌、气单胞菌和假单胞菌等。同时，这些被分类的微生物在污染物降解和氮转化方面具有不同优势。

① 硝化菌　在自然水环境中，分子态氨氮和亚硝酸盐会对水生动物产生严重威胁，因此提高硝化过程中细菌的稳定性具有重要意义。硝化作用包括氨氧化成亚硝酸盐并进一步氧化成硝酸盐，微生物能够消耗有机碳源进行生长，并能够利用氨单加氧酶（AmoCAB）、羟胺氧化还原酶（Hao）和亚硝酸盐氧化酶（NxrAB）将含氮化合物硝化生成羟胺、亚硝酸盐、硝酸盐等产物，这些微生物被称为硝化菌。典型的硝化过程由氨氧化细菌或古细菌（AOB/AOA）和亚硝酸盐氧化细菌（NOB）或完全氨氧化细菌（commamox）介导，其中氨氧化细菌组包括亚硝基单胞菌属、亚硝基球菌属、亚硝基异菌属、亚硝基菌属和亚硝基弧菌属。NOB 包括一些亚硝酸盐细菌属、亚硝酸盐球菌属、亚硝酸盐螺旋菌属和亚硝酸盐棘菌属。

② 反硝化菌　一般来说，生物反硝化主要依靠反硝化细菌进行。反硝化菌利用硝酸盐还原酶（NarGHI/NapAB）、亚硝酸盐还原酶（NirK/NirS）、一氧化氮还原酶（NorBC 和 NosZ），通过一系列中间产物（NO_2^--N、NO 和 N_2O）将 NO_3^--N 还原为 N_2。传统理论认为，反硝化过程由暴露在微溶解氧中的厌氧反硝化菌引导。然而，近年来人们发现某些微生物在好氧条件下也能进行高效的反硝化作用（表 5-3），称为好氧反硝化菌。其中一些好氧反硝化菌还表现出了其他特性 [29]。例如，反硝化菌 *Methylobacterium gregans* DC-1 的自聚集率为 38.7%[30]，*Pseudomonas mendocina* IHB602 的自聚集率和疏水性分别为 47.09% 和 85.07%[25]。良好的自聚集能力可促进生物膜的发展，疏水性则会影响细菌对生物膜的黏附作用。从表 5-3 中可以看出，近些年筛选出了较多的反硝化菌，包括假单胞菌属、副球菌属、链霉菌属等。其中同一菌属的不同类细菌对于脱氮有着不同优势。例如，假单胞菌属中的 *Pseudomonas* XS-18 更适合于碱性条件下，而 *Pseudomonas putida* Y-9（恶臭假单胞菌）对氨氮的去除效果更好 [31]。

表 5-3 近些年已发现的好氧反硝化菌株分类及其氮去除效果

菌属	菌株名称	目标污染物	脱氮性能 /%	参考文献
假单胞菌属	*Pseudomonas mendocina* IHB602	NH_4^+-N NO_3^--N TN	95 91 88	[25]
	Pseudomonas stutzeri ADP-19	NH_4^+-N	96.5	[32]
	Pseudomonas XS-18	NO_3^--N	77.39	[31]
	Pseudomonas aeruginosa PCN-2	NO_x	91～96	[33]
	Pseudomonas denitrificans G1	NO_3^--N	88.7	[34]
	Pseudomonas putida Y-9	NO_3^--N	82	[35]
副球菌属	*Paracoccus denitrificans* Z195	NO_3^--N TN	98 94	[36, 37]
	Paracoccus versutus LYM	NO_3^--N	95	[26]
	Paracoccus versutus KS293	NO_3^--N	94	[38]
	Paracoccus MAL1 HM19	NO_3^--N	78	[39]
	Paracoccus TPN 1HM1	NO_3^--N	68	[39]
革兰氏阴性杆状菌属	*Zobellella denitrificans* A63	NH_4^+-N NO_3^--N TN	79.2 95.7 89.9	[40]
甲基杆菌属	*Methylobacterium gregans* DC-1	NO_3^--N	98.4	[30]
非脱羧勒克菌	*Laclerica adecarboxylata* AS3-1	NO_3^--N	99	[41]
链霉菌属	*Streptomyces* sp. XD-11-6-2	NO_3^--N	94	[29]
阴沟肠杆菌	*Enterobacter cloacae* HW-15	NH_4^+-N NO_3^--N NO_2^--N	99 88 59	[42]

③ 异养硝化 - 好氧反硝化（HN-AD）菌 HN-AD 因其能够在一个系统中同时实现硝化和反硝化能力而受到广泛关注。HN-AD 具有复杂的硝化和反硝化代谢途径（图 5-2）。与传统的自养硝化和厌氧反硝化细菌相比，HN-AD 细菌表现出许多优势。一方面，HN-AD 打破了传统脱氮过程中硝化菌和反硝化菌因理化性质（好氧与厌氧、自养与异养）不同而对废水处理系统的限制；另一方面，不同种类的 HN-AD 菌具有不同的脱氮能力（表 5-4）。因此，HN-AD 菌对于城市污水、海洋废水以及工农业废水中的氮污染去除具有重要作用。

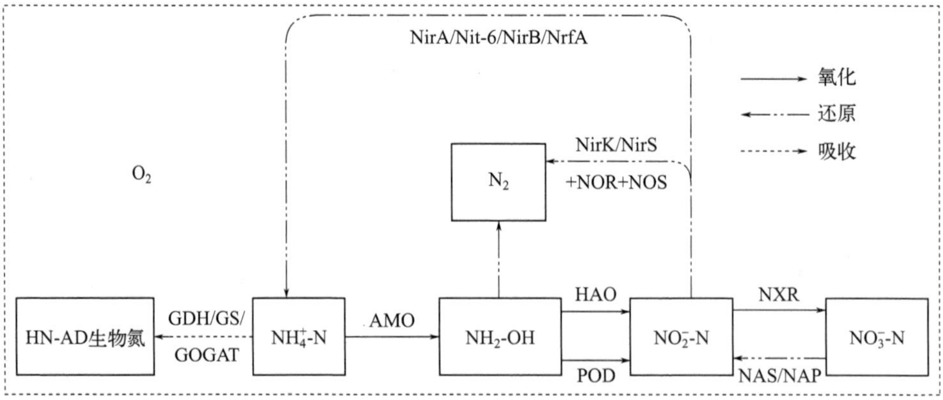

图 5-2 HN-AD 微生物的氮代谢途径[43]

POD—丙酮肟双加氧酶；AMO—氨单加氧酶；NOR—氧化氮还原酶；NOS—一氧化二氮还原酶；NAS/NAP—硝酸盐还原酶；NXR—亚硝酸盐氧化还原酶；HAO—羟胺氧化还原酶；GDH—谷氨酸脱氢酶；GS—谷氨酰胺合成酶；GOGAT—谷氨酸合成酶

表 5-4 近些年已发现的 HN-AD 菌株分类及其对氮污染去除效果

菌属	菌株名称	目标物质	去除率 /%	参考文献
假单胞菌属	*Pseudomonas* sp. DM02	NO_3^--N	95.00	[4]
	Pseudomonas indoloxydans YY-1	NH_4^+-N	80.00	[44]
	Pseudomonas bauzanensis DNB-1	NH_4^+-N	98.89	[45]
		NO_3^--N	65.87	
		NO_2^--N	98.82	
不动杆菌属	*Acinetobacter* YB	NH_4^+-N	98.72	[46]
芽孢杆菌属	*Bacillus thuringiensis* strain WXN-23	TN	82.12	[27]
		NH_4^+-N	86.74	
		NO_3^--N	90.74	
		NO_2^--N	100.00	
	Bacillus subtilis A1	NH_4^+-N	62.70	[47]

虽然目前筛选出的脱氮菌对自然水体中氮污染具有显著的去除效果，但是其在不同环境中仍然存在失活风险，例如高盐度海水更易导致微生物渗透压增加并丧失细胞活性。海水中环境条件的多变性进一步增加了筛选高效菌株的难度。因此，今后在脱氮菌的筛选和优化研究中，除了关注生活和工业废水环境，还应该关注海洋环境，加强适应污染海水处理的脱氮菌筛选及其条件优化研究。

（2）脱氮功能菌株的配比

通过对单一功能微生物的筛选、鉴定，并进行外源菌株固定化，能提高生物水处理系统的脱氮效率。例如，*Pseudomonas stutzeri* XL-2 菌株、*Thauera* sp. FDN-01 菌株对总氮的去除及生物膜的形成有一定促进作用[48-49]。但是，在应用过程中也有研究发现，单菌株的脱氮作用较为单一，接种后在系统环境中生存率较低，导致时效性、耐久性差，从而使脱氮效果不佳。因此，利用单一菌株的优势功能，并在此基础上将多种具有不同功能的微生物进行组合培养，使它们共同参与水质净化是十分必要的。相比于单一菌株，经筛选组合后的复合型脱氮菌株具有更高的脱氮性能（表 5-5）。这是由于复合型脱氮菌株可以利用具有不同氮代谢酶功能的微生物之间的协同共生和互不拮抗的作用，将含氮类污染物去除工艺所依赖的不同功能的硝化细菌、反硝化细菌相结合。同时，复合型脱氮菌株可分泌大量胞外聚合物（EPS），其可形成密集的网状结构，为无机氮离子提供更多的吸附位点，微生物间通过物理细胞 - 细胞相互作用，交换这些电子或其他生物分子（核酸和蛋白质）。其次，微生物之间也可以通过扩散交换信息信号分子或代谢物，加强微生物间交流 [39]。因此，特定功能菌株的组合与接种提高了增强除氮能力的可能性。例如，硝化细菌联合体能够加快反应器的启动，显著缩短硝化过程开始所需时间，提高硝化作用的效率，减少亚硝酸盐的积累量 [50]；培养好氧反硝化脱氮联合体并应用于水源水处理，发现其对硝酸盐的去除率高达 99% 以上 [36]。

表 5-5　典型复合型菌株及其接种后的脱氮性能

联合菌株	反应时间 /h	目标污染物	去除率 /%	参考文献
Bacillus pumilus、*Arthrobacter* sp.、*Streptomyes lusitanns*	48	TN	99.8	[51]
Pseudomonas C27、*T. denitrificans*	50	NO_3^--N	≥99.0	[52]
Paracoccus MAL1 HM19、*Paracoccus* TPN 1HM1	100	NO_3^--N	91.0	[39]
Aerobic Anoxygenic、*Photosynthetic Bacterial* LH19 LB20 LH21	72	NO_3^--N	99.0	[53]
Delftia sp. YH01、*Acidovorax* sp. YH02	72	TN NO_3^--N	88.4 93.8	[53]

通常情况下，应筛选出具有协同作用的联合菌株来提高脱氮效率。在选择强化 CW-MECs 系统脱氮性能的菌株时，应考虑不同种类菌株的功能特点和作用机理。当选择多种菌株时，不同菌株之间的比例组合对于脱氮效率会产生影

响。如 *P. stutzeri* N2 和 *R. qingshengii* FF 的菌株组合，随着 *R. qingshengii* FF 占比的增加，细胞增长和污染物的降解均得到改善，且两种菌株在混合比例为 1∶3 时表现出了最佳的细菌密度与脱氮效率[54]。将 HN-AD 菌株 *Delftia* sp. YH01 和具有强反硝化能力的 *Acidovorax* sp. YH02 按照 1∶1 进行组合，反应系统中硝酸盐和总氮的去除率分别提高了 36.5% 和 42.7%[53]。

不同配比的微生物之间存在着复杂的相互作用关系与作用机制。目前，较为明确的是微生物之间以不同类型的化学信号分子为桥梁，实现不同群落间的信息交流，产生不同的作用结果。但由于理论和技术上的不足，针对多种具体功能菌之间的微观机制仍不清楚，尤其是在不同条件下微生物之间的潜在机制更有待进一步研究。

（3）脱氮功能菌株添加浓度和添加频次

除了对固定化菌株进行组合配比外，优化菌株的添加浓度与频次也是一种有效手段。首先，过低或过高浓度的菌株添加效果均可能会导致 CW-MECs 脱氮不理想。吸附固定化菌株在短期内会强化 CW-MECs 脱氮，但随着运行时间的延长以及水流的不断冲刷，微生物的丰度和密度会不断降低。在实际含氮污水处理过程中，在多种条件因素的影响下，较低浓度的菌株剂量可能会因固定不完全、生物膜游离或目标菌株冲散等问题而达不到预期效果。而反应系统中微生物浓度过高则不会带来更高的实际效益，例如，在低温下添加甲烷丝菌属和甲烷杆菌属提升厌氧池沼气产量时，微生物最高生物强化效率的推荐剂量为 4%，当添加剂量高于 14% 时，沼气产量没有进一步增加[55]。微生物通过胞外呼吸消耗有机物产生电子和能量，将其转移至胞外受体进行氧化还原反应。大量的微生物导致有机物快速消耗，使硝化、反硝化过程不完全，从而降低脱氮效率。其次，为全面评价生物强化的性能，应评估不同生物强化剂添加频次对反应系统性能的影响。例如，用硝化杆菌和芽孢杆菌进行生物强化，将生物强化剂的每周使用剂量分开，每周使用四次为理想添加方式[56]，每 3 天引入一次 0.25g/（L•d）的生物强化菌剂可使有机负载率和容积沼气产量增加 12 倍，并增加了微生物丰度，达到最优经济效益[57]。

在利用吸附固定微生物强化反应系统脱氮时，应该注意微生物的添加剂量及频次，防止因添加浓度过高或过低，导致系统的最终脱氮效果不理想。在今后的研究中，应加强对功能菌株添加浓度和频次的研究，揭示其对微生物信号分子分泌、微生物间相互关系的影响和作用机制，进而使污水处理系统达到高效脱氮。

5.2.2　反应器构造对脱氮菌株在人工湿地 - 微生物电解池系统中定植的影响

（1）CW-MECs 构造对脱氮功能菌定植的影响

随着对微生物强化 CW-MECs 系统脱氮的不断研究，科研人员尝试了多种结构的 CW-MECs 反应系统，不同的 CW-MECs 反应结构对于微生物具有不同的影响程度与利用机制。如由接触面积为 50.24cm^2 的石墨板作电极、沸石和砾石填充而制成的单室 CW-MECs 系统［图 5-3（a）］，对废水中氮污染物的去除具有明显提升[58]。但是由单一电极组成的 CW-MECs 系统可能会因电解产生的能量不足，而出现污染物去除的时间滞后现象。因此，也有实验采用多种电极的反应系统［图 5-3（b）］。通过设置多个电极将反应器分为多个部分，中间填入固体填料增加微生物富集，利用不同材料的多块大面积电极提高周围微生物与电极的接触面积，增强氧化还原反应。此外，为了使添加的外源功能菌株与填料或电极载体反应更充分、活性更高，有的研究将反应器结构改为内部设置不同载体材料的固定床折流板反应器［图 5-3（c）］，甚至与电磁技术相结合［图 5-3（d）］[59-60]。

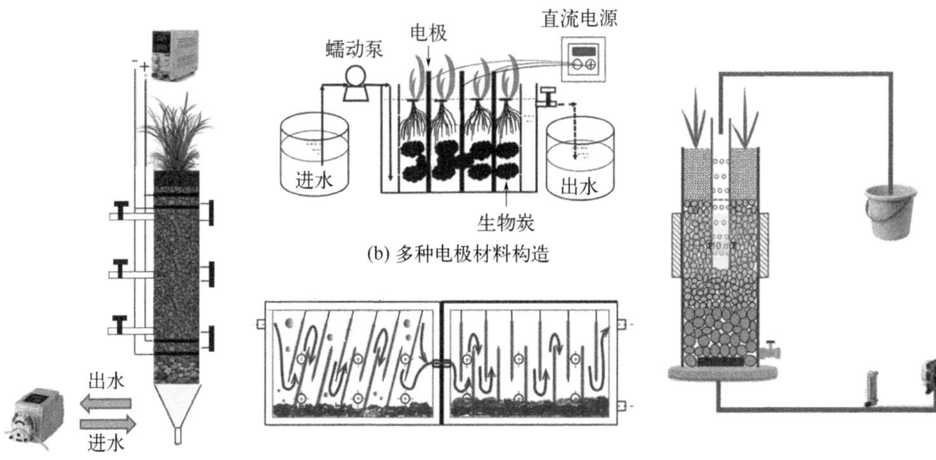

(a) 单一电极材料构造　(c) 内部设置不同载体材料的固定床折流板构造　(d) 新型电磁耦合构造

图 5-3　不同构造的 CW-MECs[58-61]

（2）填料材料对定植的影响

CW-MECs通过对外源菌株吸附固定形成稳定生物膜提高脱氮效率，其中CW填料部分通过物理吸附将微生物固定在选择的填料载体上，使微生物高度密集并保持生物活性，在适宜条件下能够快速、大量增殖。固定于选择填料上的微生物可将NH_4^+-N依次氧化为NO_2^--N、NO_3^--N，并通过异养反硝化、厌氧氨氧化等过程，将NO_3^--N转化为气态氮。在CW体系中，硝化细菌消耗由NH_4^+-N氧化为NO_2^--N获得的能量，降低系统中NH_4^+-N的含量，同时丰富的异养反硝化细菌利用硝酸盐等含氧无机氮化合物作为最终电子受体，提高氮转化率。经过一段时间的适应后，外源菌株在反应器中定植。随着外源菌株的不断繁殖，填料上会形成较为稳定的生物膜，进一步提升系统的脱氮性能。

在CW-MECs中起关键作用的填料通过各种物理、化学和生物过程实现水的净化。不同类型的填料具有不同的理化性质，因此固定外源菌株后，反应系统对污染物的去除能力也有显著的不同。目前沸石、砾石、火山石、陶粒和活性炭等传统单一无机材料由于其物理稳定性强、微孔体积和比表面积高被广泛研究。进一步研究表明，将无机填料改性后，可以使其功能得到进一步的增强。例如，利用不同价态和形态的铁对硝化、反硝化和厌氧氨氧化等脱氮过程的促进作用，铁改性生物炭成功实现了微生物丰度和氮去除效率的明显提高[62]；将水钠锰矿涂料包覆在砂表面，利用锰氧化还原循环提高CW-MECs系统中氮污染物的去除效率[63]。随着新型材料的不断发展，越来越多反应条件温和、可反复利用的复合有机载体开始应用于CW-MECs脱氮系统中，并表现出较高的氮去除能力（表5-6）。其中多数以PHBV和聚乳酸（PLA）类有机物为复合的重要材料。例如以聚氨酯为原料的聚氨酯海绵和聚乙烯醇凝胶等新型材料，具有孔隙松散、比表面积大、微生物亲和力良好和抗微生物降解性强等优点，提高了微生物的富集能力并促进脱氮[64]。此外，有的研究考虑到经济性，设计出了以废塑料刨花、丝瓜和废铁屑组成的成本低、效率高的生物填料[65]。在合理选择填料的同时也应考虑到填料尺寸对脱氮效果的影响：尺寸过小可能会导致生物填料堵塞或板结；尺寸过大可能会因微生物量不足而降低系统整体的脱氮性能。

表 5-6　不同固定材料条件下的外源菌株脱氮性能

菌株（单一 / 复合）或来源	固定材料	处理工艺	HRT/h	脱氮性能	参考文献
Zoogloea sp. L2	海绵、改性核桃壳生物炭、Fe_3O_4	PBR	8	NO_3^--N 98.48%	[66]
Zoogloea Q7	聚乙烯醇海藻酸钠	FBR	10	NO_3^--N 93%	[67]
Anammox	聚乙烯醇海藻酸钠颗粒、聚乙二醇凝胶	FBR	3.75	NH_4^+-N 80%	[68]
Bacillus subtilis.	壳聚糖-海藻酸钠微球	FBR	NM	NH_4^+-N 96.5%	[69]
Pseudomonas stutzeri sp. GF2	磁性菌丝体颗粒	FBR	6	NO_3^--N 98.14%	[70]
P. fluorescens	稻壳颗粒	CW	3	NO_3^--N 96%	[71]
Acinetobacter sp. G107、*Acinetobacter* sp. 81Y、*Zoogloea* sp. N299、*Acinetobacter* sp. ZMF2、*Novosphingobium* sp. ZHF2	聚氨酯泡沫塑料球	PBR	NM	TN 25%	[72]
Annamox sludge	聚乙烯醇海藻酸钠凝胶	CSTR	2	TN 85%～91%	[73]
Sewage sludge	聚乙二醇凝胶体	CSTR	1.4	NO_3^--N 94%	[74]
	医用石材改性聚氨酯海绵	FBR	6	TN 93.67%	[75]

注：PBR 为填充床生物反应器；FBR 为流动床生物反应器；CSTR 为连续搅拌槽生物反应器；NM 表示未提及。

就目前的新型填料研究而言，应该注重提高填料孔隙率、孔隙连通结构以增大容纳微生物的体积和增加污染物质与微生物的接触面积，应改善材料表面的粗糙度、官能团、电荷性质以增强对菌株的聚集能力，应提高材料中氧化还原能力强的元素的成分含量以增强与微生物之间的电子传递能力，并考虑造价因素以降低污水处理成本。

（3）电极材料对定植的影响

在 CW-MECs 工艺中，MEC 部分主要由电极和其上附着的生物膜构成，电极可以作为直接电子供体或受体来支持微生物的代谢，电极与微生物细胞之间的电子转移可以通过物理接触或由可溶性氧化还原化合物、代谢中间体甚至是水电解产生的氢 / 氧介导来进行，弥补了单一 CW 系统电子供体或受体利用受限的问题。由于电极附近形成了电场，增强了系统的电动力，促进了优势细菌和污染物之间的移动。添加外源菌株一段时间后，生物电极创造的特定环境生态位可以富集更多的功能性细菌、共生细菌和相关酶，形成强化生物膜，且由 MEC 中电子定向迁移引起的 E_h 梯度分配可以促进化学反应的多样化，均为强化微生物电化学对氮的去除提供了保障。电极富集微生物的同时，阴极发生关键的生物电合成反应，依靠外电路电能降低电子传递的壁垒。反应系统中的污染物与阴极室中的氧化态物质、电子受体以及从阳极迁移来的质子在阴极表面发生还原反应，氮氧化态物质（NO_x-N）被还原。因此 MEC 由于外部能量输入而表现出更高的反硝化率[76]。但是也有研究发现阴极电位会控制电子的可用性并驱动中间产物生成[77]，进而影响氮污染物去除率的提高、不良中间体（亚硝酸盐和 N_2O）的生成以及生物阴极的稳定性[78]。

在 CW-MECs 系统中，以碳基材料为主的惰性电极常被用作阳极和阴极，因为它们具有高导电性、良好的化学稳定性和相对较低的成本。然而，碳材料的疏水性阻止了微生物附着到电极上。因此往往先对碳材料运用高温煅烧（＞700℃）、酸化等方法进行预处理。最近，研究人员将铁、铜、钛、铝等活性材料作为电化学反应的阴极和阳极。其中，铁电极得到广泛的应用并取得理想结果。铁电极不仅可以用作促进氧化反应的电子受体，还可以作为该体系中还原反应的电子供体。此外，铁作为细胞外呼吸关键酶的辅因子和细胞色素 C 的重要成分，可以促进微生物合成和表达细胞色素 C，进而提高相关氮功能微生物的丰度。但当阳极为铁时，电解过程中会产生 Fe^{2+} 和 Fe^{3+} 离子，最终生成 Fe(Ⅲ) 氧化物，氧化铁（铁锈）呈红棕色，过多存在会影响水的透明度。Gao 等[61] 在以铁为阴极、阳极的电解与 CW 一体化脱氮系统中，利用生物炭作为填料，解决了因铁离子产生的颜色变化问题。更重要的是，单一活性材料电极可能会导致电极表面被不同金属离子侵蚀，而像石墨等惰性电极通常又会因其表面形成的氧化膜而影响活性中心。由不同材料修饰的电极极大地克服了这种问题，比如用 IrO_2-Ta_2O_5 修饰钛阳极，CW-MECs 系统显示出很强的 TN 和 COD 去除能力[79]。

MEC 利用阳极、阴极的元素与氮元素之间存在的不同作用，提升了系统脱氮的持续性和高效性。目前，除传统惰性电极外，为了克服因比表面积、长期稳定性、生物相容性和机械强度对细菌定植的影响，多数研究选择了合适的材料对原电极进行了改性，例如，在碳结构中掺杂金属材料、纳米结构改性碳化材料等。但是由于元素与元素之间、微生物与元素之间相互作用机制的复杂性，仍存在很多问题需要研究。例如，铁电极因氧化还原反应产生铁红色悬浮物污染膜结构、铝电极释放的大量铝离子对水生生物有各种生物毒性影响等问题仍有待解决。此外，考虑脱氮效果的同时还应该关注不同电极材料的成本与维护问题。因此需对微生物吸附固定电极不断改进更新以适用于不同的反应系统，进而提高微生物对电极和底物的利用效率，增强 CW-MECs 系统的整体性能。

5.2.3 运行条件

（1）电流 / 电压的影响

电场对 CW-MECs 系统的脱氮过程具有重要的影响：一方面，施加电场可使阳极和阴极间的填充颗粒变为大量微电极，促进污染物的降解；另一方面，电场刺激提高了微生物的新陈代谢能力和活力，增强了细菌对污染物的降解能力。适当的电流不仅会增强 CW-MECs 中微生物的细胞外分泌，促进生物膜的形成，还会直接加快电子的转移速率。然而，电场刺激微生物活性的同时，也激活了微生物的电压敏感通道并使其细胞膜通透性发生改变，从而导致其物质和能量通道紊乱，过大的电流会抑制微生物的活动，甚至导致细胞膜破裂。Lim 等 [80] 通过设置电压，测试 MEC 中的生物电极性能，结果显示在 1.0V 时，系统性能最佳，当施加电压＞1.2V 时，会对生物节点产生不利影响。Guo 等 [81] 在电压刺激的好氧颗粒污泥（aerobic granular sludge，AGS）系统中得到了类似的结果：在 1.5V 电压下，电解最大程度地增强了污泥颗粒化和营养物去除效率，而当施加更高电压（2.0V）时，系统的生物活性和稳定性降低。同样地，不同电流密度也会影响微生物的活性及氮污染的去除，当电流密度高于 $1600mA/m^2$ 时，异养反硝化微生物的活性受到显著抑制 [82]。适当的弱电刺激可以影响 EPS 芳香蛋白的分布和含量，强化 EPS 芳香蛋白的电子传递功能，提高反硝化酶 NAR 和 NIR 的活性，有效地增强反硝化作用，同时减少中间温室气体 N_2O 的产生，弱电刺激过强则会产生相反的效果 [83]。CW-MECs 中各种微生物及相应酶对弱电刺激的反应不同，根据脱氮过程中微生物及相应酶的作用模式，未来可以通过检测和调节脱氮功能细菌来进一步促进 CW-MECs 脱氮。

（2）C/N 和碳源种类的影响

在缺氧条件下的反硝化过程中，异养菌使用亚硝酸盐、硝酸盐作为呼吸的电子受体，此时有机碳源作为电子供体。理论上，通过未同化的硝酸盐进行传统脱氮需要的 C/N 为 2.86，当 C/N 低于 3.4 时可能会抑制反硝化细菌的生长 [84]。随着碳源浓度的增加，促进了细菌的代谢活性，从而促进反硝化的连续运行。其中 C/N 在 6 ～ 11 时可以实现较快速脱氮。C/N 与脱氮效率并不呈正相关。Gu 等 [85] 发现，当 C/N 高于 30 时，与 HN-AD 工艺和电子传递系统活性相关的酶活性达到最大值，酶的活性不再随着 C/N 的增加而持续性增加。当前很多废水进水的 C/N 可能低至 3 甚至更低，碳不足限制了整个脱氮过程中的反硝化作用。因此，分离和鉴定低 C/N 下具有高反硝化效率的功能菌株受到重视。

自养反硝化菌弥补了异养反硝化过程中碳源不足、CO_2 排放较多等问题 [86]。其中 H_2 被认为是自养脱氮的优质电子供体。在 CW-MECs 中，电极和填充基质形成的微电场，使系统内水电解产 H_2 得到了提升，为自养反硝化细菌提供了充足的电子，进而强化了氢自养反硝化过程。自养反硝化细菌生长的同时还加速了微电场，为 CW-BER 系统脱氮性能的提升作出了贡献。Zhai 等 [87] 通过对生物膜电极反应器进行盐度驯化发现，1.0% NaCl 对副球菌等氢自养反硝化菌具有明显的抑制作用。相反，异养反硝化菌则成为了生物膜电极中主要的脱氮菌群。因此，就依赖自养反硝化菌处理海洋养殖废水而言，其生长条件和微生物机制仍存在优化和探索的空间。

此外，不同的碳源具有不同的分子量，硝酸盐的去除效率会随着分子量的降低而提高，显示出更好的细菌生长和碳源利用能力。目前，有机碳源可分为聚合物碳源和水溶性碳源，由可生物降解的聚合物支持的反硝化系统能够通过细菌对水相中硝酸盐浓度的响应自动释放分子尺度的碳源 [88-89]，可避免由于剂量添加不当而引起的效率降低问题。但是以甲醇、乙醇为主的水溶性碳源具有更高的微生物聚集成膜效果，对氮化合物的去除更显著 [90]。考虑到经济性问题，以甲醇、乙醇为主的水溶性碳源更适合作为生物强化脱氮的碳源。

（3）pH 值的影响

设置回流的单室 CW-MECs 因系统内离子电荷的移动和阴阳极进出水流的回流迁移，在很大程度上克服了传统生物电化学系统中阴阳极 pH 值分化的问题。但是随着脱氮过程的不断进行，CW-MECs 系统阴阳极区域内的 pH 值将会出现明显波动。以垂直单室 CW-MECs 系统为例，pH 值对阳极微生物电活性生物膜的开发和当前的生产起着至关重要的作用。当系统的好氧阳极区由于好氧氨氧化过程和有机物分解过程产生大量 H^+ 和游离电子，导致 pH 值降低时［式（5-1）、式（5-2）、式（5-3）］，对 pH 值变化具有敏感性的微生物将出现消极的脱氮表现 [91-92]。研究发现，pH 值范围在 6 ～ 9 的偏中性废水是生物膜生长和运行的适宜条件，任何与中性 pH 值存在较大偏差的条件都会导致生物膜性能大幅下降 [93]。受到阳极持续的电子供体支持，阴极的反硝化过程得到强化。随着异养反硝化菌对有机底物（甲醇或醋酸）的消耗和硝酸盐的还原［式（5-4）、式（5-5）］，系统中的 pH 值逐渐升高 [92]。此时，在碱性条件下水电解产生氢气，氢自养反硝化菌可能成为主要的脱氮菌群。生活在碱性环境中的微生物消耗巨大能量将胞外 H^+ 泵入细胞内，并将等量 Na^+ 反向排出细胞外，但此时微生物明显的细胞内外 pH 值差异导致产生 ATP 的质子动力（PMF）大大减弱，使得细菌难以通过氧化呼吸链和氧化磷酸化产生能量 [94]。此外，阴极较高的碱度会使阴极电位更低，造成电池电压大幅度下降。

好氧氨氧化：$$NH_3 + O_2 + 2H^+ + 2e^- \longrightarrow NH_2OH + H_2O \tag{5-1}$$

$$NH_2OH + H_2O \longrightarrow HNO_2 + 4H^+ + 4e^- \tag{5-2}$$

有机物分解：$$CH_3COO^- + 4H_2O \longrightarrow 2HCO_3^- + 9H^+ + 8e^- \tag{5-3}$$

以甲醇和醋酸为碳源，将硝酸根离子还原为氮的过程：

$$5CH_3OH + 6NO_3^- \longrightarrow 3N_2 + 7H_2O + 5CO_2 + 6OH^- \tag{5-4}$$

$$5CH_3COOH + 8NO_3^- \longrightarrow 4N_2 + 6H_2O + 10CO_2 + 8OH^- \tag{5-5}$$

以上情况都将影响 CW-MECs 系统整体的脱氮性能。因此，如何平衡系统内的 pH 值是目前提高 MIM 脱氮性能的关键问题。已有研究采用添加不同浓度的 HCl 和 CO_2 等传统方法调节微生物电化学系统的酸碱度，并取得了成功 [95-96]，其中添加 CO_2 还对反硝化微生物群落造成了显著影响 [96]。但是对于通过精确量化 HCl 和 CO_2 来精确控制 pH 值仍有待进一步研究。最重要的是，添加 pH 值缓冲液对脱氮微生物的电子利用情况以及对固定化过程是否会产生负面影响仍然值得进一步研究。

（4）温度的影响

温度被认为是影响固定化菌株污染物去除能力的重要因素之一。温度通过影响微生物增殖速率、底物水解速率和硝酸盐还原酶活性来控制反硝化，反硝化一般可在 15 ～ 35℃的温度范围内进行，而对于氨氧化工艺来说最佳温度范围为 30 ～ 40℃ [97-98]。温度的降低使微生物细胞质流动性、酶活性和传质速率受到负面影响，导致反硝化细菌的活性降低。此外，低温情况下碳源水解效率的降低使微生物对碳源的利用率下降，导致反硝化过程不完全，从而出现亚硝酸盐等中间产物的积累。然而研究发现，温度逐渐升高的过程中，微生物对碳源的分解加快，微生物形成了较厚的生物膜，叶绿素、EPS 和总磷含量较高 [99]。但是，温度过高可能会导致核酸或蛋白质变性，使酶的活性受到抑制。因此在利用生物强化提高 CW-MECs 脱氮效率的过程中，应该选择适宜的温度变化范围，以达到理想的脱氮效果。新型脱氮菌株不断被发现，仍需继续加强不同菌株对温度的环境优化研究。

（5）DO 浓度的影响

与普通 CW 系统一样，CW-MECs 系统也可以通过曝气来提高其性能。呼吸诱导的生物膜形成是细菌生态位定植的驱动因素。CW-MECs 中微生物载体的密集微孔使氧气分子可通过孔隙渗透到载体内部，为附着在载体表面的微生物提供能量，并作为电子参与氧化还原脱氮。在生物膜逐渐变厚的过程中，DO 充足的条件下，生物膜呈现出多孔结构，而在缺氧条件下更为紧密 [100]。CW-MECs 中具有的水力剪切应力和曝气强度会磨蚀冲散厚而松散的表面生物膜，裸露出薄而紧密的底层生物膜，使得生物膜结构更加稳定。因此在生物形成初期和成熟阶段，应考虑曝气强度的问题。需要注意的是，适当的 DO 水平可以驱动微生物之间作用关系（共生、竞争等）的转换以及多种微生物代谢策略的使用，从而促进 NO_3^--N 的转化。研究表明，2mg/L 的 DO 是好氧—缺氧转变过程中氮转化的转折点 [101]。恒定低 DO 浓度会削弱硝化作用，并破坏微生物间的相互协作关系，使 NO_3^--N 的转化受到抑制。高浓度的 DO 会促进反硝化细菌利用氧气进行呼吸代谢，抑制酶的活性，从而抑制反硝化过程，使硝酸盐难以分解 [102]。Cao 等 [103] 发现，DO 浓度为 1.5mg/L 时，AOB 和 NOB 的含量降低，限制了生物膜中的硝化速率，生物膜表层到内部 DO 的转移逐渐减少，形成好氧区、缺氧区和厌氧区。反硝化菌在缺氧区和厌氧区迅速繁殖，系统内的反硝化速率迅速提高 [100, 103]。

值得注意的是，DO 浓度对 CW-MECs 中阴极和阳极也有重要影响。在生物膜电极系统中，阳极主要利用其形成生物膜进行微生物电化学氧化[104]。研究发现，氧气往往不利于生物电化学系统运行，当氧气迅速扩散通过阳极并迅速到达细胞时，会将呼吸电子从阳极转移开并导致功率大幅下降，造成不可逆转的生物膜细胞损坏和能量恢复，限制阴极还原反应与氢气的产生。因此，在 CW-MECs 中，保持阳极催化活性的稳健极其重要。在阴极方面，其还原电位和电刺激通常被用来促进 BESs 中微生物的还原反应和提高生物矿化能力，低 DO 条件有助于亚硝酸盐的积累，当 DO 降低时，AOB 活性显著降低，从而限制氨氧化速率并延长反应时间[105]。目前，为解决阳极耐氧问题，科研人员研制了 *Geobacter sulfurreducens* 耐氧生物阳极，最大限度地减少了阳极氧气的能量损失[106]。而在 DO 浓度变化方面，研究发现，当 DO 浓度超过一定限度时，其浓度的增加不会再影响好氧反硝化菌的反硝化性能，这个浓度称为 DO 阈值，防止反硝化的 DO 阈值在 0.08 ～ 7.7mg/L 之间变化[102]。

对于 CW-MECs 而言，要考虑到电极区域的环境需要，因此，如何设置 CW-MECs 的曝气量、曝气频率和曝气位置仍是值得深入研究的问题。更多新型高效脱氮菌株陆续被发掘，针对不同的固定化菌株还需提出更多创新性的曝气操作方案。

（6）水力条件的影响

水力条件通过影响污染物的路径、分布、水力负荷（HL）和水力停留时间（HRT）等决定 CW-MECs 系统的物质输送。水力负荷率（HLR）通过影响微生物的迁移率，改善系统脱氮效率。研究表明，适宜的 HLR 条件提高了微生物群落的复杂度，增强了基质间微生物的相关功能和合作共生。Zhang 等[107]将填充沸石和砾石混合物的潮汐流人工湿地的 HLR 设置为 3m/d，微生物群落结构变化明显，NH_4^+-N 去除率达到最高（96.69%）。Srivastava 等[108]发现，相比于 CW-MFC 和 CW，CW-MEC 的反硝化过程对 HRT 的变化更敏感，在不同 HRT 条件下，CW-MEC 具有更高的适应性能和脱氮性能。HRT 利用硝酸盐还原酶和亚硝酸盐还原酶对其不同的敏感程度，诱导反硝化菌群的变化进而影响脱氮率和反硝化率。然而，过短的 HRT 将导致反硝化菌不能充分利用有机物，HRT 过长则可能会因过度产酸发酵、限制酶促反应中功能基因编码等问题而抑制微生物的生长和代谢活性，导致脱氮效率下降。在新型三维生物膜反应器脱氮测试过程中发现，HRT 小于 4h 时反硝化速率受到流量的限制，而超过 4h 时反硝化速率受到氢气浓度的抑制，进一步增加流量只会导致反硝化不完全和亚硝酸盐的积累[109]。因此，选择适宜的 HRT 对 CW-MECs 系统脱氮效果具有重要意义。

基于 HL 和 HRT 对 CW-MECs 系统的重要影响，设置或延长障碍物、采用波动的 HRT 以及再循环等有效强化系统脱氮的方法相继出现[110-111]。值得注意的是，不同的进水方式对氮污染的去除具有不同的效果，目前多数实验采用循环或回流的方式强化废水脱氮工艺。循环脱氮工艺可以增加氮化合物与基质上生物膜的接触面积，强化系统脱氮效率。但是对于好氧条件下的硝化作用可能存在缺陷，导致 NH_4^+-N 或 TN 的去除效果不佳。设置回流的系统可以极大改善这一问题：一方面，回流部分的含氧水体可以增强硝化作用，强化 NH_4^+-N 的去除；另一方面，通过添加硝酸盐回流等方法，将硝酸盐输送到系统底部，还可以发挥二次脱氮作用，进一步降低出水硝酸盐浓度。Liu 等[112]用具有不同回流比的渗滤液处理运行 81d 的两级缺氧 / 好氧膜生物反应器（AO/AO-MBR），回流比为 150% 时系统性能最佳，COD、NH_4^+-N 和 TN 的平均去除效率分别为 85.6%、99.1% 和 77.6%，微生物群落变化明显。此外，研究发现，合理设置回流比会提高系统内微生物特定酰基高丝氨酸内酯（AHLs）的分泌，刺激 EPS 的形成[24]，但是对不同回流比在 CW-MECs 中的微观作用效果的研究较少，相关机制仍有待进一步研究。

5.2.4 土著微生物对外源脱氮菌株的影响

在 CW-MECs 中，不同区域的环境变化压力使得系统中不同菌群间出现互利共生、保持中立、相互拮抗、相互竞争等多种关系，并改变了 CW-MECs 中微生物群落的组成和功能。其中，在不同微生物定植于基质表面并形成生物膜的过程中，由于营养物或载体表面位点的限制，外源细菌与本地细菌微生物之间具有多种竞争机制，导致目标外源细菌或本地细菌的种类和丰度降低。在顺利接种外源菌剂后，系统可能会出现外源微生物丰度降低的现象，排除水流等环境条件，这可能是由于土著菌株的先天丰度和特性优势而产生“优先效应”，导致目标功能微生物丰度较低[113]。另一种情况可能是因为施用微生物菌剂缩小了土著物种的生态位，导致它们在生物强化群落中失去优势，出现微生物丰度降低的现象[114]。而就高效土著菌株而言，受到外源菌株的长期增殖影响，其优势地位也将出现显著削弱的趋势。

为避免因系统内生态失衡而导致实验失败，可从 MIM 的性能着手。一方面，可以选择物理吸附性能更佳的填充基质或促进成膜效果更好的电极；另一方面，考虑到水生态系统中存在具有自聚集和凝聚能力的细菌，可以利用微生物的聚集特性提高氮的去除性能。群体感应是微生物间合作交流的基本方式，因此可以通过强化细菌的群体感应机制，提高微生物的环境适应性和促进种群间的信息交流，改善微生物间的竞争关系。此外，为保证目标外源菌株或土著菌株的系统生态平衡，可以提高外源微生物与土著微生物之间的相互作用，形成相互依赖的复杂网络，也可以适当调整菌株的添加方式和策略，如采用藻酸盐珠、胶凝材料等菌株载体，还可以控制菌株添加时间或添加剂量。

5.3　包埋固定化菌株强化生物滤器系统脱氮

5.3.1　异养硝化－好氧反硝化细菌在废水脱氮中的研究进展

21 世纪以来，海水养殖业由早期的粗放式养殖模式逐渐向高密度、集约化方向转变。在新型海水养殖系统中，氮浓度控制对于养殖生物和环境保护尤为重要。现有氮去除工艺大部分依托于传统的生物脱氮理论，即 NH_4^+-N 在好氧条件、自养硝化细菌的作用下先生成 NO_2^--N、NO_3^--N，接着在缺氧或兼性厌氧条件下进行反硝化将氮从水体中去除。由于硝化和反硝化两个过程对有机底物和 DO 的需求截然不同，除氮必须分段进行，工艺操作复杂，反应耗时且成本高。

HN-AD 菌是近年来发现的新型生物脱氮菌，可在单一反应器内的有氧条件下，利用有机碳实现同步硝化 / 反硝化过程，将 NH_4^+-N 转化为含氮气体排出，且几乎没有中间产物积累，成为生物脱氮领域的研究热点。HN-AD 菌为高 DO 的水产养殖水体在有氧条件下的有效脱氮提供了一种崭新的思路。苏兆鹏等[115]从海水养殖水体中分离出一株 HN-AD 菌 *Halomonas* sp. GJWA3，该菌株分别以 NH_4^+-N、NO_2^--N 和 NO_3^--N 为唯一氮源，48h 氮去除率分别为 96.44%、99.42% 和 78.27%，氮平衡结果表明该菌株能够去除水体中大部分无机氮。成钰等[116]从刺参养殖环境中分离筛选出 1 株具有较强 HN-AD 能力的花津滩芽孢杆菌（*Bacillus hwajinpoensis*）SLWX$_2$，24h 对 NH_4^+-N、NO_2^--N 和 NO_3^--N 的去除率分别达到 100%、99.5% 和 85.6%。HN-AD 菌在海水养殖废水脱氮处理中展现出巨大的应用潜力。

高盐度可以抑制脱氮菌的酶活性并影响其生长代谢，导致菌株脱氮能力下降，因此来自淡水等环境的菌株处理海水等高盐度废水无法有效发挥作用。目前，关于海水中 HN-AD 菌的实验研究逐渐增多，但对该类菌系统性的综述研究鲜见报道。本章从海水 HN-AD 菌的分离筛选、脱氮途径及机理、脱氮影响因素等方面评述近年研究成果，并对今后研究方向进行展望，以期为海水养殖水处理工程实际应用提供参考。

（1）海水环境中 HN-AD 菌的分离筛选

目前，对 HN-AD 菌的研究还处于实验室阶段，虽然一些菌株在反应器中表现出良好的脱氮效果，但尚未达到实际应用水平。主要原因是缺乏有效的菌株资源 [117]。人工及自然环境中均能分离得到 HN-AD 菌，除少数归类为真菌外，大多为细菌 [118]。近年来，研究人员利用不同培养基和不同筛选条件，不断从海水环境中分离出 HN-AD 菌株，已发现的有盐单胞菌属（*Halomonas* sp.）[115]、假单胞菌属（*Pseudomonas* sp.）[119]、海洋杆菌属（*Marinobacter* sp.）[120]、芽孢杆菌属（*Bacillus* sp.）[121]、发光杆菌属（*Photobacterium* sp.）[122]、克雷伯氏菌属（*Klebsiella* sp.）[123]、弧菌属（*Vibrio* sp.）[124]、节杆菌属（*Arthrobacter* sp.）[119]、卓贝尔氏菌属（*Zobellella* sp.）[125]、副球菌属（*Paracoccus* sp.）[126] 等（表 5-7）。这些菌大多数为革兰氏阴性菌，也有少数为革兰氏阳性菌 [116,119]。培养基的成分主要包括无机铵盐、亚硝酸盐或硝酸盐、碳源以及微量元素等。Yao 等 [127] 发现使用添加硝酸盐的培养基可以有效富集好氧反硝化菌。由于反硝化过程产碱，可以使用添加溴百里酚蓝（bromothymol blue，BTB）的固体培养基，对遇碱变蓝色的菌株进行初筛 [128]。另外，HN-AD 菌在好氧条件下可同时利用 O_2 和 NO_3^-，在厌氧条件下可利用 NO_3^- 作为电子受体。根据这一特征，采用间歇曝气法频繁切换好氧、厌氧环境有利于其成为优势菌种，提高筛选效率 [129]。目前，尝试从不同环境介质、使用不同培养基和筛选方法得到高性能 HN-AD 菌是主要的研究方向。

表 5-7　部分海水 HN-AD 菌筛选培养基及筛选条件

菌株	来源	培养基	筛选条件	参考文献
Bacillus litoralis N31	对虾养殖水体	琥珀酸钠6.5g，$(NH_4)_2SO_4$ 0.25g, $K_2HPO_4 \cdot 3H_2O$ 1.5g, KH_2PO_4 0.45g, $MgSO_4 \cdot 7H_2O$ 0.05g, $FeSO_4 \cdot 7H_2O$ 0.01g, $MnSO_4 \cdot 4H_2O$ 0.01g, NaCl 30g, 琼脂20g	28℃ 160r/min	[130]
Halomonas sp. GJWA3	对虾养殖水体	富集培养基：葡萄糖0.3g, 乙酸钠0.5g, $NaNO_2$ 0.1g, $K_2HPO_4 \cdot 3H_2O$ 0.05g, $MgSO_4 \cdot 7H_2O$ 0.5g, $Fe_3PO_4 \cdot 4H_2O$ 0.01g, 过滤海水 筛选培养基：葡萄糖0.15g, 乙酸钠0.25g, $NaNO_2$ 0.05g, $K_2HPO_4 \cdot 3H_2O$ 0.05g, 过滤海水, 琼脂适量	28℃ 160r/min	[115]
Photobacterium sp. NNA4	海水循环水养殖系统	$(NH_4)_2SO_4$ 1.0g, 酵母提取物2.5g, 胰蛋白胨5.0g, 人工海水	30℃ 140r/min	[122]
Pseudomonas bauzanensis DN13-1	海洋沉积物	琥珀酸钠2.5g, 二水合柠檬酸钠2.5g, K_2HPO_4 1.0g, $MgSO_4 \cdot 7H_2O$ 0.2g, $NaNO_2$ 1.0g, KNO_3 2.0g, 微量元素溶液2mL, 混合碳源溶液10mL	28℃ 180r/min	[119]
Zobellella sp. B307	胶州湾沉积物	富集培养基：NaCl 5.0g, 酵母膏5.0g, 胰蛋白胨10.0g 筛选培养基：NaCl 5.0g, KH_2PO_4 1.5g, $MgSO_4 \cdot 7H_2O$ 0.01g, Na_2HPO_4 7.9g, 柠檬酸钠5.96g, $NaNO_3$ 0.4268g, NH_4Cl 0.2686g, 微量元素溶液2mL, 去离子水适量	35℃ pH值9.0 C/N 5.0	[125]

（2）HN-AD 菌脱氮途径机制及相关酶

HN-AD 菌不确定的代谢机制也限制了其在实际中的应用。HN-AD 菌种属繁多，不同菌株脱氮过程的催化酶系及其编码基因各不相同，氮代谢过程复杂，环境条件也会影响菌株脱氮性能[117]，再加上目前研究方法的局限性，导致对其脱氮途径和机制尚不十分清晰，这是 HN-AD 菌基础研究和应用面临的主要挑战。

① 氮代谢途径　大多数研究是通过 HN-AD 菌的代谢产物、菌株生长来推测脱氮途径的。HN-AD 菌可通过同化作用将无机氮（NH_4^+-N、NO_2^--N、NO_3^--N）转化为生长所必需的细胞内氮（生物量氮）以及通过异化作用将无机氮转化为含氮气体（NO、N_2O、N_2）。主要通过研究氮平衡来推测同化与异化作用对脱氮的贡献率。

同化作用对脱氮的贡献不可忽视（图 5-4）。Zhang 等[119]从海洋沉积物中分离出的 *Pseudomonas bauzanensis* DN13-1 在以 NO_3^--N 为唯一氮源脱氮过程中，有 39.38% 的 TN 被转化为细胞内氮，21.88% 的 TN 可能被转化为气态氮从培养基中脱除。比起异化作用，DN13-1 更多地利用同化作用来转化无机氮。Duan

等[124]分离出了 *Vibrio diabolicus* SF16，其氮平衡表明有 35.83% 的 NH_4^+-N 转化为生物量氮。而 *H.* GJWA3 在不同氮源培养基中将无机氮转化为气态氮的比例均高于对氮的同化率，说明 *H.* GJWA3 具有显著的反硝化能力。细菌死亡后会分解产生新的含氮化合物[131]，这些生物量氮又回到环境中，可能会导致脱氮效果受到影响。Huang 等[130]用初始质量浓度为 20mg/L 的 NH_4^+-N 作为唯一氮源，混合培养 25 株分离自海水养虾池的 HN-AD 菌群。8 ～ 32h 期间，NH_4^+-N 浓度从 7.0mg/L 上升到 9.0mg/L。可见，分离筛选出氮转化途径中合成生物量氮少的菌株可能更有益于提高氮的去除率。但 Hu 等[132]认为，生物量氮可以丰富养殖动物的食物蛋白源，并以此减少含氮温室气体的排放。

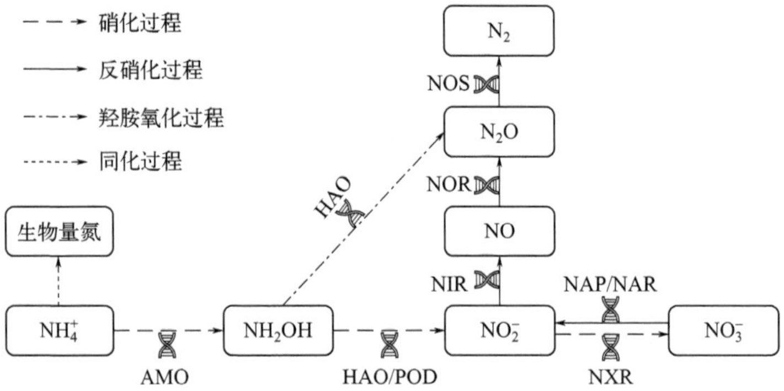

图 5-4　HN-AD 菌脱氮途径及相关酶

异化作用中 HN-AD 菌将无机氮转化为气态氮而脱除，对水处理反应器脱氮起主要作用。目前普遍接受的脱氮途径有两个：a．完全 HN-AD 通路，如式（5-6）所示；b．羟胺氧化通路，如式（5-7）所示。此外，HN-AD 过程还会伴随短程硝化反硝化、厌氧氨氧化、硝酸盐异化还原为铵等，需要进行全面和深入的研究。

$$NH_4^+ \rightarrow NH_2OH \rightarrow NO_2^- \rightarrow NO_3^- \rightarrow NO_2^- \rightarrow NO \rightarrow N_2O \rightarrow N_2 \quad (5\text{-}6)$$

$$NH_4^+ \rightarrow NH_2OH \rightarrow NO、N_2O、N_2 \quad (5\text{-}7)$$

完全 HN-AD 通路中，在好氧条件下，NH_4^+-N 经硝化过程转化为 NO_2^--N、NO_3^--N 后，再经反硝化过程将 NO_3^--N 转化为含氮气体。反硝化过程中有机碳作为电子供体，NO_3^--N、NO_2^--N 和 O_2 可同时作为电子受体，菌株通过电子传递过程获得能量。Zhang 等[119]从海水养殖系统中分离出 *Arthrobacter* sp. HHEP5，利用基因组DNA 作为模板，成功扩增出基因 *amoA*、*hao*、*napA*、*narG*、*nirS*、*nosZ*，并结合菌株的脱氮性能提出 HHEP5 的脱氮途径遵循完全 HN-AD 通路。白洁等[125]从胶州湾海底沉积物中分离得到 *Zobellella* sp. B307，通过代谢产物的变化推测其脱氮途径遵循完全HN-AD通路。该通路解决了传统硝化/反硝化因为碳源、氧气需求的差异而不能在同一空间内进行的问题，对于富氧的水产养殖水处理具有巨大优势。但是如何稳定反应过程，避免中间产物积累还需要深入探索。

羟胺氧化通路中 NH_4^+-N 氧化为羟胺后被直接转化为含氮气体。Liu[122]等从海水循环水养殖系统中分离出的 *Photobacterium* sp. NNA4 在好氧条件下 HAO 比活性为 0.009U/mg（U 为酶的活性单位），可耐受 10mmoL/L 羟胺，并可高效地将羟胺直接转化为 N_2O。菌株 y6[133]以 NH_4Cl 为唯一氮源脱氮过程中，没有 NO_2^--N 和 NO_3^--N 的积累，推测遵循羟胺氧化通路。该通路优点是不产生 NO_3^--N 以及对水产动物毒害较大的 NO_2^--N，可提升反应效率而且不需要外源碳，从而降低了运行成本。羟胺是硝化过程的关键中间产物，对微生物具有毒害作用，快速去除羟胺对于提高脱氮效率有重要意义。

② 氮代谢相关酶　随着分子生物学技术的发展，在基因水平上研究 HN-AD 过程中涉及的相关酶学以及分子生物学理论也成为近年来研究的热点之一。已发现的 HN-AD 菌脱氮过程可能涉及的酶主要有：氨单加氧酶（AMO）、羟胺氧化还原酶（HAO）、丙酮肟双加氧酶（POD）、亚硝酸盐氧化还原酶（NXR）、硝酸盐还原酶（NAP/NAR）、亚硝酸盐还原酶（NIR）、一氧化氮还原酶（NOR）、一氧化二氮还原酶（NOS）等。

AMO（*amo* 基因编码）催化游离氨转化为羟胺，是硝化过程的第一步也是重要的一步，*amo* 被认为是好氧氨氧化的标志基因[134]。HAO（*hao* 基因编码）是一种具有多种催化功能的酶，除了可以将羟胺转化成亚硝酸盐外，其也与羟胺转化为 NO、N_2O 密切相关。POD（*pod* 基因编码）是羟胺转化为亚硝酸盐的另一种酶，探究羟胺氧化途径时通常对这两种酶进行研究。NAP（*nap* 基因编码）和NAR（*nar* 基因编码）是可以将 NO_3^--N 还原为 NO_2^--N 的两种酶。在好氧条件下，*nap* 占主导地位，*nar* 受到抑制。NIR（*nirS*、*nirK* 基因编码）可催化 NO_2^--N 还原为 NO，*nirS* 和 *nirK* 通常不同时存在于同一菌株中。有研究发现，与 *nirK* 相比，*nirS* 在反硝化过程中发挥的作用更大[135]，特别是在水产养殖中，亚硝酸盐对养殖动物毒害比较严重，所以研究 NO_2^--N 的转化具有重要意义。NOR（*nor*

基因编码）可催化 NO 还原为 N_2O，NOS（*nos* 基因编码）可催化 N_2O 还原为 N_2。其中，NOR 活性较强，NO 不容易积累，而 NOS 对氧气敏感，DO 的控制对于温室气体 N_2O 的转化至关重要。HN-AD 过程中的酶活性（基因表达）通常是通过添加特定的氮底物来测定的，而这种分析方法并不适用于测定特性不确定或未知的酶（基因）。

虽然 HN-AD 菌在有氧条件下有许多共同的性状，但由于其系统发育的多样性和生理上的差异，它们在污水处理中的功能尚不明晰。总结现有研究发现，对于 HN-AD 过程的分子生物学研究主要集中在与代谢相关的酶和基因的功能及结构方面，关于细胞内电子传递机制、酶分子动力学等方面的研究极为有限。到目前为止，还没有一株 HN-AD 菌可以通过多组学方法解读普遍的分子信息。大多研究通过传统分子生物学方法，如聚合酶链式反应（PCR），来确定细菌种类和脱氮基因，但 PCR 不能全面反映氮转化过程中的微生物结构和功能的变化。另外，HN-AD 过程中涉及的有些功能基因或同源基因仍然未知。未来，应通过基因组学、转录组学、蛋白组学、代谢组学以及同位素技术的联合分析，全面解读 HN-AD 菌脱氮途径和机理。

（3）HN-AD 脱氮的影响因素

适宜的生长条件是水处理微生物发挥作用的重要因素。为了获得适合实际应用的菌株，需要探索 HN-AD 菌生长和代谢的影响因素。碳源、C/N、DO、温度、氮源和 pH 值是 HN-AD 菌的主要影响因素（表 5-8）。

表 5-8　部分海水 HN-AD 菌的最适脱氮条件及氮去除率（或去除效率）

菌株	来源	最适脱氮条件	氮去除率（或去除效率）	初始质量浓度 /（mg/L）	参考文献
Bacillus litoralis N31	对虾养殖水体	30℃ C/N 5～20 盐度30～40 pH值7.5～8.5	NH_4^+-N 86.3% NO_2^--N 89.3% NO_3^--N 89.4%	NH_4^+-N 20 NO_2^--N 20 NO_3^--N 20	[136]
Halomonas sp. GJWA3	对虾海水养殖水体	25～35℃ C/N 10～20 盐度24～40 pH值7.0～8.5	NH_4^+-N 96.44% NO_2^--N 99.42% NO_3^--N 78.27%	NH_4^+-N 10 NO_2^--N 10 NO_3^--N 10	[115]
Bacillus hwajinpoensis SLWX2	刺参养殖池塘	30℃ C/N 25 盐度25 pH值8.0	NH_4^+-N 100% NO_2^--N 99.5% NO_3^--N 85.6%	NH_4^+-N 1.65 NO_2^--N 1.65 NO_3^--N 1.65	[116]

续表

菌株	来源	最适脱氮条件	氮去除率（或去除效率）	初始质量浓度 /（mg/L）	参考文献
Vibrio diabolicus SF16	海洋沉积物	乙酸钠 C/N 10 盐度10～50 pH值7.5～9.5	NH_4^+-N 91.82% NO_3^--N 99.71%	NH_4^+-N 119.77 NO_3^--N 136.43	[124]
Photobacterium sp. NNA4	海水循环水养殖系统	30～37℃ 琥珀酸钠 C/N＞10 盐度10～40 DO 5.89mg/L pH值7.0～8.0	NH_4^+-N 12.5mg/(L • h) NO_2^--N 4.5mg/(L • h) NO_3^--N 16.4mg/(L • h)	NH_4^+-N 140 NO_2^--N 139 NO_3^--N 57	[122]
Pseudomonas bauzanensis DN13-1	海洋沉积物	—	NH_4^+-N 100% NO_2^--N 98.82% NO_3^--N 65.87%	NH_4^+-N 140.06 NO_2^--N 147.12 NO_3^--N 144.86	[119]
Arthrobacter sp. HHEP5	海水养殖废水	—	NH_4^+-N 99.87% NO_2^--N 100% NO_3^-N 99.37%	NH_4^+-N 20 NO_2^--N 20 NO_3^--N 20	[119]
Zobellella sp. B307	胶州湾沉积物	35～40℃ 琥珀酸钠 C/N 5 盐度10～50 pH值9.0	NH_4^+-N 98.35% NO_3^--N 99.75%	NH_4^+-N+NO_3^--N 77.59 NO_3^--N 76.42	[125]

① 碳源　脱氮过程中，有机碳源为 HN-AD 菌提供了必需的能源和反硝化反应的电子，是 HN-AD 过程必不可少的关键因素。碳源的类型和含量都会对 HN-AD 速率产生显著的影响。

目前，常用的碳源多为可溶性碳源，如葡萄糖、琥珀酸钠、柠檬酸钠、乙酸钠等。HN-AD 菌作为异养菌，必须依赖有机碳进行细胞大分子的生物合成和能量生产 [137]。王骁静等 [133] 从胶州湾海底沉积物中分离筛选出一株克雷伯氏菌属（*Klebsiella* sp.）y6，使用琥珀酸钠、柠檬酸钠为唯一碳源时，NH_4^+-N 去除率都高于 92%。菌株 *V*. SF16[124] 使用乙酸钠、葡萄糖、琥珀酸钠、蔗糖为碳源，NH_4^+-N 去除率均在 88% 以上，使用柠檬酸钠时 NH_4^+-N 去除率只有 40% 左右，而柠檬酸钠却是 *Klebsiella* sp. y5[123] 的最适碳源。琥珀酸钠、柠檬酸钠等因分子量小、化学结构简单，易于被菌株利用 [137]。也有报道称琥珀酸、柠檬酸是三羧酸的中间体，可直接进入三羧酸循环供微生物利用 [137]。葡萄糖可支持芽孢杆菌属（*Bacillus* sp.）高效脱氮，可见，不同菌株对碳源有不同的偏好。

碳源投加不足会导致脱氮不彻底，而投加过量会造成出水 COD 过高。因此，需要复杂的检测和控制系统。此外，一些液态碳源，如甲醇、乙醇，由于其毒性和可燃性，在储存、运输和使用过程中会带来安全风险。相比之下，可生物降解聚合物（biodegradable polymers，BDPs）可同时作为细菌生长的载体和碳源，具有释碳稳定、无须反复添加、易于控制等优点，在近几年吸引了大量学者的关注，但因其经济成本高等原因还处在实验室研究阶段。

② C/N　针对发现的新 HN-AD 菌，研究 C/N 对脱氮性能的影响十分重要。若 C/N 过低，菌株因营养供应不足，生长会受到抑制，同时，会因缺乏电子供体而导致反硝化不彻底；C/N 过高也会抑制脱氮速率，造成出水二次污染、资源浪费。应根据菌株生理生态特征和环境因素选择适当的 C/N。从目前海水 HN-AD 的研究结果来看，大多数菌株的最适 C/N 在 10 以上，只有少数菌株在 10 以下。菌株 *V.* SF16 在 C/N 为 10 时，NH_4^+-N 去除率很高。菌株 *H.* GJWA3[115] 利用葡萄糖作为碳源，当 C/N 大于 10 时，NH_4^+-N 和 NO_2^--N 的去除率接近 100%。而随着 C/N 从 10 逐渐降低，氮的去除率也呈现不断下降的趋势，当 C/N 为 0 时，菌株对 NH_4^+-N 和 NO_2^--N 的去除率也降为 0。Huang 等 [136] 从对虾海水养殖池塘中分离出了海滨芽孢杆菌（*Bacillus litoralis*）N31，使用乙酸钠为碳源，在 C/N 为 5 ～ 20 时，NH_4^+-N 去除率均稳定保持在 90% 左右。相比于 *H.* GJWA3 具有更宽泛的 C/N 耐受范围。

然而，水产养殖水体 C/N 较低，通常只有 2 ～ 3[138]，不足以维持 HN-AD 过程，碳源不足是导致海水养殖废水脱氮不彻底的主要原因。额外添加碳源会增加水处理的成本，筛选或驯化出耐受低 C/N 的 HN-AD 菌是生物脱氮的一个重要方向。

③ DO　DO 是影响 HN-AD 的又一个重要因素。水产养殖用水通常具有较高的 DO 浓度，HN-AD 菌虽然具有一定的 DO 耐受性，但亚硝酸盐还原酶对 O_2 敏感，高浓度 DO 可能会导致亚硝酸盐的积累 [139]，低浓度 DO 又抑制菌株的快速生长，导致 NH_4^+-N 的去除受到影响。因此，DO 浓度的高低对 HN-AD 的脱氮效果至关重要。

段金明等 [140] 将海洋菌株（*Vibrio diabolicus*）SF16 接种到曝气生物滤池中，随着 DO 浓度的升高，NH_4^+-N 去除率呈增加的趋势，当 DO 浓度为 4 ～ 5mg/L 时，

NH_4^+-N 去除率达到最高 99%，但当再提高 DO 浓度时，NH_4^+-N 去除率开始下降，同时 NO_2^--N、NO_3^--N 积累量上升。推测原因可能是过高的 DO 浓度抑制了脱氮酶的合成和活性。与此不同，也有菌株耐受高浓度 DO。Zhao 等 [141] 从养虾池分离出的 *Bacillus subtilis* H1 是一株典型的好氧菌，在 DO 饱和度为 91.1%（6.65mg/L）时，NH_4^+-N 和 NO_2^--N 的去除率都达到 90% 左右。由此可见，不同 HN-AD 菌对 DO 的适应性不尽相同，即使同一菌株在不同 DO 水平下的脱氮能力也可能有所差异。确定菌株最适 DO 是进行基础研究和未来应用的重要前提。

④ 温度　大多数 HN-AD 菌对温度较敏感，在一定的温度范围内，温度升高，菌株生长和脱氮能力会显著提高。而在高温或低温条件下，它们的生长和代谢会受到明显抑制。*P.* NNA4[122] 最适温度范围为 30 ～ 37℃，当温度从 16℃上升到 30℃时，NH_4^+-N 去除率和菌株生长都显著上升，而当温度进一步从 37℃上升到 45℃时，NH_4^+-N 浓度从 50mg/L 急剧上升到 160mg/L，DO 从 1.6mg/L 几乎下降到 0。GJWA3 对高温具有很强的耐受性，在 40℃时，NH_4^+-N 和 NO_2^--N 的去除率仍高于 70%。对于一般的 HN-AD 菌，最适温度范围为 28 ～ 37℃ [142]，已发现的海洋 HN-AD 菌也基本位于这个范围。水产养殖中，考虑到低温季节和冷水鱼的需要，嗜冷 HN-AD 菌的筛选尤为重要。

⑤ 氮源　作为反应底物，氮源的种类和含量也会影响 HN-AD 菌株的生长和脱氮效果。Huang 等 [136] 在考察菌株 *B.* N31 的硝化速率与 NH_4^+-N 初始浓度关系时发现，硝化速率随 NH_4^+-N 初始浓度（10 ～ 250mg/L）的增加而增加。原因可能是硝化反应酶需要足够的 NH_4^+-N 含量进行激活，较低浓度的氮不能保证 HN-AD 菌的脱氮效果 [115]。在混合氮源中，HN-AD 菌往往优先利用 NH_4^+-N[136]。孙庆花等 [123] 从海底沉积物中分离出了 *Klebsiella* sp. y5，实验表明分别以 NH_4^+-N、NO_2^--N、NO_3^--N 为唯一氮源时，36h 的氮去除率分别为 77.07%、64.14% 和 100%；而将 3 种氮源混合时，36h 的 TN 去除率达到 100%，这个结果与 B307 类似。B307 在混合氮源中的 NH_4^+-N 去除率达 98.35%，显著高于以 NH_4^+-N 作为唯一氮源的 67.23%。推测可能是 NO_3^--N 加快了电子传递速率，促进了 NH_4^+-N 的代谢 [125]。NH_4^+-N、NO_2^--N、NO_3^--N 是导致海水循环水养殖系统污染的重要污染物，菌株选择应当全面考察对这三种氮素的去除能力。

⑥ pH 值　HN-AD 过程大多伴随着 pH 值的变化，当 pH 值超出菌株适应

范围时会降低菌株的酶活性，抑制菌株的生长代谢，进而影响菌株的脱氮性能。大多数从海水养殖系统中分离出的HN-AD菌最适脱氮pH值范围为7.0～9.0。菌株SF16具有良好的硝化作用，在弱碱性环境中（pH值为7.5～9.5），NH_4^+-N去除率可达93%以上[124]。可能是游离氨对异养硝化有一定的促进作用。根据氨单加氧酶利用的底物是游离氨而非铵根离子得出，弱碱性水环境含有更多的氨，对异养硝化作用是有利的[143]。海水养殖水体的pH值在7.0～9.0，适合大多数HN-AD菌株的生态特性。

除了以上因素，抗生素、微塑料以及重金属等也会影响到HN-AD菌的脱氮性能。抗生素在水产养殖中可用来防治养殖动物疾病，然而其杀菌作用会抑制微生物的脱氮能力。25mg/L的氨苄青霉素可以明显抑制HN-AD菌株的活性，达到50mg/L时，总氮去除率和有机物去除率分别下降至48.6%和50.9%[144]。另外，有研究发现微塑料[145]、重金属[146]也会影响微生物脱氮性能。海水养殖废水HN-AD脱氮处理研究也应对这些新型污染物影响因素进行探索。

环境因素会影响基因的表达和酶的活性，目前，关于HN-AD菌影响因素的研究大多集中在脱氮性能方面，而对其内在机制的探索较少。生化反应的调节是菌株适应环境的重要因素，因此，有必要对更多菌种进行研究，并总结出生化机制，从而为实际应用打下良好基础。此外，现有海水HN-AD菌影响因素研究几乎均为单因素研究。单因素研究能够为菌株应用提供重要的理论依据，但在实际工程应用中需要对多个因素的交互作用进行评价，通常采用生物学领域常用的响应曲面法优化脱氮条件。对海水HN-AD菌多因素复合影响的研究仍有待加强。

（4）异养硝化-好氧反硝化工艺展望

HN-AD作为一种新型的生物脱氮工艺，可以仅在有氧条件下同步完成硝化和反硝化，对于海水养殖废水中氮去除具有明显的优势和较大应用潜力。当前，对HN-AD的研究已经取得了一些成果，但HN-AD技术应用于实际中仍存在一些问题，如尚不明确脱氮机理和途径、缺乏经济有效的碳源、不明晰多因素共同影响机制等。目前，有不少学者进行模拟反应器中的HN-AD过程研究，但对中试及厂试规模的研究鲜见报道。今后需重点从以下几个方面开展研究。

① 继续通过常规和分子生物学手段获得适合海水养殖废水的高效脱氮HN-AD菌株。筛选耐盐、脱氮能力强的HN-AD菌株，利用宏基因组测序技术

对养殖环境中的菌群进行全面分析；通过基因编辑等方法重新设计关键基因，提高 HN-AD 过程的电子传递效率，强化 HN-AD 菌株的脱氮性能。

② 采用组学方法（如基因组学、转录组学、蛋白质组学和代谢组学）多层次深入阐明海水养殖废水 HN-AD 脱氮途径机制。通过酶的体外表达、功能基因敲除等方法深入解析 HN-AD 菌的特征酶和功能基因；通过代谢组学分析不同碳源、氮源在 HN-AD 过程中关键代谢产物的变化。除了深入研究 HN-AD 菌代谢机制以外，还需进一步构建稳定的 HN-AD 菌群，以便更好地应用于工程实践。

③ 深入考察海水养殖废水中单一因素对 HN-AD 过程的影响和分子生物学机制，探索新型污染物对 HN-AD 过程的影响，明晰多种因素对 HN-AD 过程的复合影响和生化反应调节机制，以获得最优工艺参数。

5.3.2　高效耐盐好氧反硝化复合菌剂组成及脱氮条件优化

传统生物脱氮理论认为微生物反硝化作用只能在缺氧 / 厌氧条件下发生，好氧反硝化细菌的发现为水产养殖在有氧条件下去除硝酸盐提供了一种崭新的思路。与纯菌株相比，复合菌株对环境变化具有更强的适应性，这是由于细菌间的协同作用能提高含氮化合物的去除效率[147]。本部分的研究内容主要是通过探讨耐盐好氧反硝化细菌的最佳组成以及获得优良反硝化性能的生长条件，制备高效耐盐复合菌剂。

从盘锦市红海滩湿地中分离到一株耐盐高效好氧反硝化菌，并与本课题组从海水循环水养殖系统（RAS）生物滤池中分离到的两株好氧反硝化菌进行组合。研制了一种耐盐（盐度＞30）好氧反硝化复合菌剂 AHM-M3，并对其组合比例、还原条件（温度、接种量、摇速和 C/N）以及氮还原途径进行了研究，获得了良好的反硝化性能。

5.3.2.1　研究方法

（1）耐盐好氧反硝化菌的分离与筛选

菌株分离自盘锦市红海滩湿地沉积物。在点位 1（121.84° E，40.86° N）、点位 2（121.88° E，40.81° N）和点位 3（121.93° E，40.81° N）分别采集垂直（0 ～ 30cm）柱状沉积物样品，充分混匀后去除杂质，在 4℃条件下保存并快速送至实验室。

反硝化培养基（denitrification medium，DM）用于好氧反硝化菌的分离及好氧反硝化性能测试，DM：KH_2PO_4 1.0g/L，$MgSO_4\cdot 7H_2O$ 0.2g/L，KNO_3 0.722g/L，乙酸钠 3.418g/L，NaCl 30g/L，pH 值 7.0±0.05；微量元素 10mL，固体培养基添加琼脂 20g/L[148]。微量元素：EDTA（乙二胺四乙酸）50.0g/L，$ZnSO_4$ 2.2g/L，$CaCl_2$ 5.5g/L，$MnCl_2\cdot 4H_2O$ 5.06g/L，$FeSO_4\cdot 7H_2O$ 5.0g/L，$(NH_4)_6Mo_7O_2\cdot 4H_2O$ 1.1g/L，$CuSO_4\cdot 5H_2O$ 1.57g/L，$CoCl_2\cdot 6H_2O$ 1.61g/L[148]。LB（Luria-Bertani）培养基用于菌株的富集培养：蛋白胨 10g/L，酵母浸粉 5g/L，NaCl 30g/L，固体培养基添加琼脂 20g/L。

称取 5g 新鲜沉积物样品与 50mL 灭菌生理盐水，添加到无菌锥形瓶中。充分摇动后，取少量上清液，稀释至 10^{-7} ～ 10^{-2}，并均匀涂布在 LB 固体板上。然后将这些培养板置于 30℃培养箱中培养 24h。选取单克隆菌株接种于液体 DM 培养基中培养 48h，并在 LB 培养基平板上划线。重复纯化，直到获得 20 株具有反硝化能力的纯菌株。通过预实验筛选出 1 株高效耐盐好氧反硝化菌 MAD-44，并将其利用 20% 甘油溶液保存在 −80℃冰箱中备用。

（2）MAD-44 的形态分析和鉴定

将 MAD-44 在 DM 培养基中培养 48h，取 2mL 细菌悬浮液在 6000r/min、4℃下离心 5min，使用 3% 戊二醛溶液固定细胞 24h，用扫描电镜观察细胞形态。使用 TIA amp 细菌 DNA 试剂盒（中国天根）分离 MAD-44 的基因组 DNA。以基因组 DNA 为模板，通过 PCR 扩增 16S rRNA 基因。PCR 反应体系（25μL）：Mix（用于 PCR 的预混液）12.5μL，DNA 模板 1μL，上、下游引物各 0.5μL，ddH_2O（双重去离子水）10.5μL。程序在以下条件下进行：90℃预变性 5min，然后进行 30 个循环。循环过程为：94℃变性 60s，55℃退火 60s，72℃延伸 90s，最终在 72℃下延伸变性 5min。通过琼脂糖凝胶电泳分析 PCR 产物，将扩增产物进行纯化和测序。测序结果通过 BLAST 程序与 GenBank 数据库比对（https://blast. ncbi. nlm. nih. gov /Blast. Cgi），使用分子进化遗传学分析软件 MEGA 6.0 构建了菌株 MAD-44 与其他细菌的系统发育树。

（3）三种菌悬液的制备

复合菌剂 AHM-M3 由三种细菌组成。除 MAD-44 之外，高效好氧反硝化菌

Halomonas alkaliphile HRL-9 和 *Vibrio* spp. AD2 是课题组在先前研究中分离出来的[149-150]。

将纯化的 MAD-44、HRL-9 和 AD2 的单菌落分别接种到含有 100mL LB 培养基的 250mL 锥形瓶中。在 30℃、120r/min 下培养 24h，直到 OD_{600}（600nm 波长处吸光值）达到 1.0。菌液在 6000r/min、4℃下离心 5min，并用磷酸盐缓冲溶液（20mmol/L，pH 值 7.0）洗涤。重复离心和洗涤以获得三种纯化的细菌悬浮液，用于制备复合菌剂。

（4）菌株间相互拮抗实验

将 AD2、HRL-9、MAD-44 接种于 DM 培养基中培养 48h，以获得菌悬液。用接种环分别取三种菌的菌悬液，在固体 DM 培养基上划线。划线时，每两株菌两两交叉划线，每项处理重复三次。将固体 DM 培养基置于 30℃培养箱中培养，并定期观察抑菌情况。

（5）菌剂中功能菌组合比例优化

通过正交实验研究了复合菌的最优添加比例。选用 $L_9(3)^3$ 正交表，以 AD2、HRL-9 和 MAD-44 分别作为考察因子 *A*、*B* 和 *C*，以三种菌剂的体积组合比例为水平，制备复合菌剂 AHM-M3（表 5-9）。按照表 5-9 中的比例混合三种纯化的细菌悬浮液，每项处理重复三次。每组实验中将 1mL 混合细菌溶液添加到装有 50mL DM 培养基（C/N 10）的西林瓶中进行脱氮实验，在 30℃、120r/min 下培养 24h。测定培养基中的 NO_3^--N、NO_2^--N、NH_4^+-N 和 TN 含量。每组实验均设置 3 个平行。

表 5-9 菌剂中功能菌组合体积比例优化的正交实验设计

实验序号	体积组合比例		
	AD2（*A*）	HRL-9（*B*）	MAD-44（*C*）
1	1	1	1
2	1	2	2
3	1	3	3
4	2	1	2
5	2	2	3
6	3	3	1
7	3	1	3
8	3	2	1
9	3	3	2

（6）单一因素对复合菌株好氧反硝化性能的影响

测定不同的重要因素（温度、接种量、摇速和 C/N）对复合菌株好氧反硝化性能的影响。温度实验：将复合菌株接种至 DM 培养基中，培养温度分别设置为 20℃、30℃和 40℃。接种量实验：菌株接种量体积分数（φ）分别设置为 1%、2% 和 4%。摇速实验：菌株分别在 90r/min、120r/min 和 150r/min 摇速条件下培养。C/N 影响实验：通过将不同质量的乙酸钠加入以 KNO_3（NO_3^--N 100mg/L）为唯一氮源的培养基中，分别控制 C/N 为 5、10、15。在单因素实验中，所有菌株都接种于盛有 50mL DM 培养基的 100mL 西林瓶中。除上述所需实验条件改变外，其余实验均在 30℃、120r/min、φ 2% 及 C/N 10 条件下培养 24h，每隔 12h 取样然后测定培养液的 OD_{600}、NO_3^--N、NO_2^--N、NH_4^+-N、TN 以及 TOC 等指标，每项实验设置三个平行。计算 TOC 的利用率以及体系中 NO_3^--N 和 TN 的去除率。

（7）复合菌剂好氧反硝化能力评估

对于好氧反硝化能力的评估，将 AHM-M3 的细菌悬浮液接种在装有 50mL DM 培养基的西林瓶中，并根据单因素实验的最佳条件（30℃，φ 2%，120r/min，C/N 10）培养 24h。取培养液样品每 12h 测定 OD_{600}、NO_3^--N、NO_2^--N、NH_4^+-N、TN 和 TOC，每项实验设置三个平行。

（8）氮平衡分析

氮平衡分析用于研究 AHM-M3 的氮转化途径。测定了 AHM-M3 培养液在 0h 和 24h 的初始和最终 TN、NO_3^--N、NO_2^--N 和 NH_4^+-N 浓度。使用超声波细胞破碎机（JY92-IIN，宁波新芝生物科技股份有限公司）对培养液样品进行细胞内 TN 超声波处理。

（9）分析方法

使用分光光度计（UV-2100，尤尼柯，中国）在 600nm 下通过测定 OD_{600} 值评估复合菌剂的生长性能。使用连续流动自动分析仪（Quickchem 8500，HACH，USA）测量 TN、NH_4^+-N、NO_3^--N 和 NO_2^--N 浓度。TOC 由 TOC-L CPN 分析仪（Shimadzu，Kyoto，日本）测定。使用 SPSS 统计软件 25.0 版，采用单因素方差分析（ANOVA）评估不同条件下的去除率差异，使用邓肯检验（p = 0.05）的事后多重比较来检验各组数据之间的差异。

5.3.2.2　好氧反硝化菌的鉴定和反硝化性能

通过测序和与美国国家生物技术信息中心（NCBI）数据库中的 16S rRNA 序列作比对，分离出了一株好氧反硝化菌株 MAD-44 并鉴定为 *Zobellella* sp.，该菌株为杆状，表面有小突起［图 5-5（a)］。基于邻接法构建 MAD-44 的系统发育树［图 5-5（b)］。该菌株保藏于中国广东省微生物菌种保藏中心（GDMCC）。

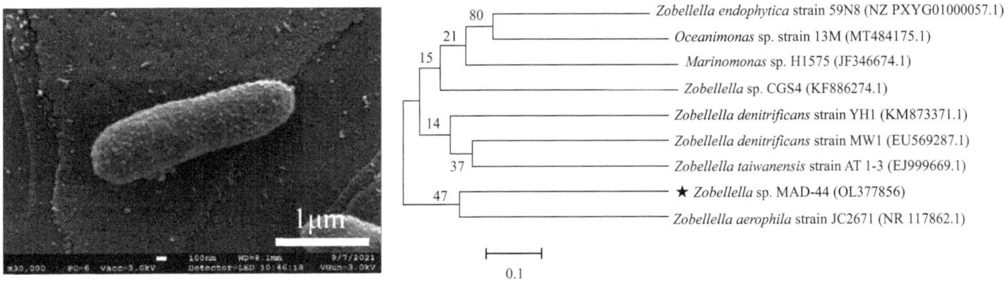

(a) SEM图　　(b) 系统发育树

图 5-5　好氧反硝化菌 *Zobellella* sp. MAD-44 在培养 48h 后的 SEM 图和源于部分 16S rRNA 基因序列邻接分析的系统发育树

培养 24h 后，检测细菌悬浮液的 OD_{600}、NO_3^--N、NO_2^--N、NH_4^+-N、TN 以及 TOC 等指标，并计算 MAD-44 对污染物的去除率（表 5-10）。

表 5-10　添加 MAD-44 的 DM 培养基在 24h 后 OD_{600} 值、NO_3^--N 和 TN 的去除率以及 NO_2^--N 的浓度

水质指标	OD_{600}	NO_3^--N/%	TN/%	NO_2^--N/（mg/L）
测量值	0.70±0.012	99.78±0.168	72.05±0.762	4.50±0.112

MAD-44 具有较高的脱氮性能，24h 后 NO_3^--N 去除率为 99.78%，TN 去除率为 72.05%。在添加 MAD-44 的 DM 培养基中，24h 后 NO_2^--N 的累积量仅为 4.50mg/L。

结果显示，根据先前研究中高效好氧反硝化菌 *Halomonas alkaliphile* HRL-9 和 *Vibrio* spp. AD2 的 OD_{600} 值，MAD-44 与 HRL-9、AD2 具有相似的生长性能[149-150]。在这些研究中，AD2 和 HRL-9 表现出良好的 NO_3^--N 去除能力，分别去除了 96.55% 和 98.98% 的 NO_3^--N。然而，AD2 和 HRL-9 在还原 NO_3^--N 的过程中，有明显的 NO_2^--N 累积，累积量分别高达 27.40mg/L 和 53.90mg/L。此外，在 24h 内 AD2 和 HRL-9 分别仅去除了 59.91% 和 44.05% 的 TN[149-150]。在该研究中，

MAD-44 在 24h 内对 TN 和 NO_3^--N 的去除率优于之前的研究，并且在 NO_3^--N 还原过程中，NO_2^--N 的积累量较低，这表明该新型耐盐好氧细菌具有优异的反硝化能力。

5.3.2.3　耐盐好氧反硝化复合菌三株菌组合比例优化

菌种间如果发生拮抗作用将不利于复合菌剂的功能发挥，对菌种间是否有拮抗作用进行了测定（表 5-11）。结果显示，菌种 AD2、HRL-9 和 MAD-44 之间无抑菌圈产生，表明无明显拮抗作用发生。

表 5-11　用于测试 AHM-M3 菌剂中三种耐盐好氧反硝化菌之间的拮抗作用

菌种	拮抗抑菌圈		
	AD2	HRL-9	MAD-44
AD2	–	–	–
HRL-9	–	–	–
MAD-44	–	–	–

注：“+”和“–”分别表示出现和未出现抑菌圈。

使用 $L_9(3)^3$ 正交实验设计，对三种功能性细菌的组合比例进行了优化。正交实验和极差分析的结果如表 5-12 所示。极差（R）$A>B>C$ 表明，AD2、HRL-9 和 MAD-44 对 TN 去除的影响依次减小。三种细菌在所有组合比例下对 NO_3^--N 的去除没有显著差异，24h 后 NO_3^--N 去除率约为 100%。结果显示，AHM-M3 的最佳组合为 $A_2B_2C_3$，即 AD2、HRL-9 和 MAD-44 的添加比例为 2∶2∶3（体积比），在正交实验中表现出最高的 TN 去除率（76.99%）。

表 5-12　在优化 AHM-M3 菌剂中三种耐盐好氧反硝化菌组合比例的正交实验中 TN 的去除情况

实验序号	体积组合比例			TN 去除率 /%
	AD2（A）	HRL-9（B）	MAD-44（C）	
1	1	1	1	72.30
2	1	2	2	74.15
3	1	3	3	74.76
4	2	1	2	73.82
5	2	2	3	76.99
6	3	3	1	76.35
7	3	1	3	72.08
8	3	2	1	75.14
9	3	3	2	70.99

续表

实验序号	体积组合比例			TN 去除率 /%
	AD2（*A*）	HRL-9（*B*）	MAD-44（*C*）	
K_1	73.74	72.73	74.60	—
K_2	75.72	75.43	72.98	—
K_3	72.73	74.03	74.61	—
R	2.99	2.70	1.63	—

在纯培养条件下，AHM-M3 的反硝化性能优于单一菌株。结果与之前报道的关于处理贫营养水库水和水产养殖淡水的研究结果相似[151-152]。单一细菌 *Acinetobacter* sp. G107、*Acinetobacter* sp. 81Y 和 *Zoogloea* sp. N299 对培养基中 TN 的去除率分别为 39.9%、33.72% 和 46.79%，由它们制备的复合细菌将 TN 的去除率提高到 76.78%[72]。在另一项研究中，*Bacillus cereus* BSC24 和 *Pseudomonas stutzeri* SC221-M 的脱氮率分别为 24.5% 和 26.6%，由它们制备的复合细菌脱氮率提升至 53.9%[151]。

微生物之间存在多种复杂的相互关系，如共生和拮抗。好氧反硝化细菌之间的共生关系将促进生长，提高其氮还原能力。研究发现，固体 DM 培养基中没有抑菌圈，表明菌株 AD2、HRL-9 和 MAD-44 之间没有拮抗作用。AD2、HRL-9 和 MAD-44 的添加比为 2∶2∶3（体积比）时，培养基中 TN 的去除率最高，与任何单一菌株相比都有所提高。这可能是由于分离的 *Zobellella* sp. MAD-44 的脱氮性能优于 *Vibrio* spp. AD2 和 *Halomonas alkaliphile* HRL-9[149-150]。观察到 *Zobellella* sp. 具有高耐盐性和宽盐度适应性的特点，这扩大了其环境适应性，并使其易于在微生物环境中占据优势[153]。AD2、HRL-9 和 MAD-44 菌株之间可能具有协同效应，与单一菌株相比，形成细菌群后其反硝化功能提高。通过使用混合细菌处理生活废水也可以观察到类似的促进作用，该研究中混合细菌主要由 *Nitrosomonas europaea*、*Nitrobacteria winogradskyi*、*Bacillus licheniformis* 和 *Bacillus sphaericu* 组成[154]。今后应研究高效耐盐剂 AHM-M3 与 MIM 技术相结合处理海水养殖废水。

5.3.2.4　耐盐好氧反硝化复合菌脱氮条件的优化

（1）温度影响

随着温度从 20℃增加到 40℃，尤其是超过 30℃时，AHM-M3 的生长加快

[图 5-6（a）]。在 20℃时，AHM-M3 生长缓慢，TOC 的利用率较低［图 5-6（a）、（b）］；在 24h 内，NO_3^--N 和 TN 的去除率分别仅为 21.66% 和 19.80%［图 5-6（g）］。与 20℃相比，在 30℃时，NO_3^--N 和 TN 的去除率提高［图 5-6（c）、（f）］；在 NO_3^--N 还原过程中没有 NO_2^--N 积累，但产生了低浓度的 NH_4^+-N［图 5-6（d）、（e）］；NO_3^--N 和 TN 的最终去除率分别为 100%（NO_3^--N 初始浓度为 101.25mg/L）和 79.95%［图 5-6（c）、（g）］。在 40℃时，NO_3^--N 和 TN 的去除与 30℃时的

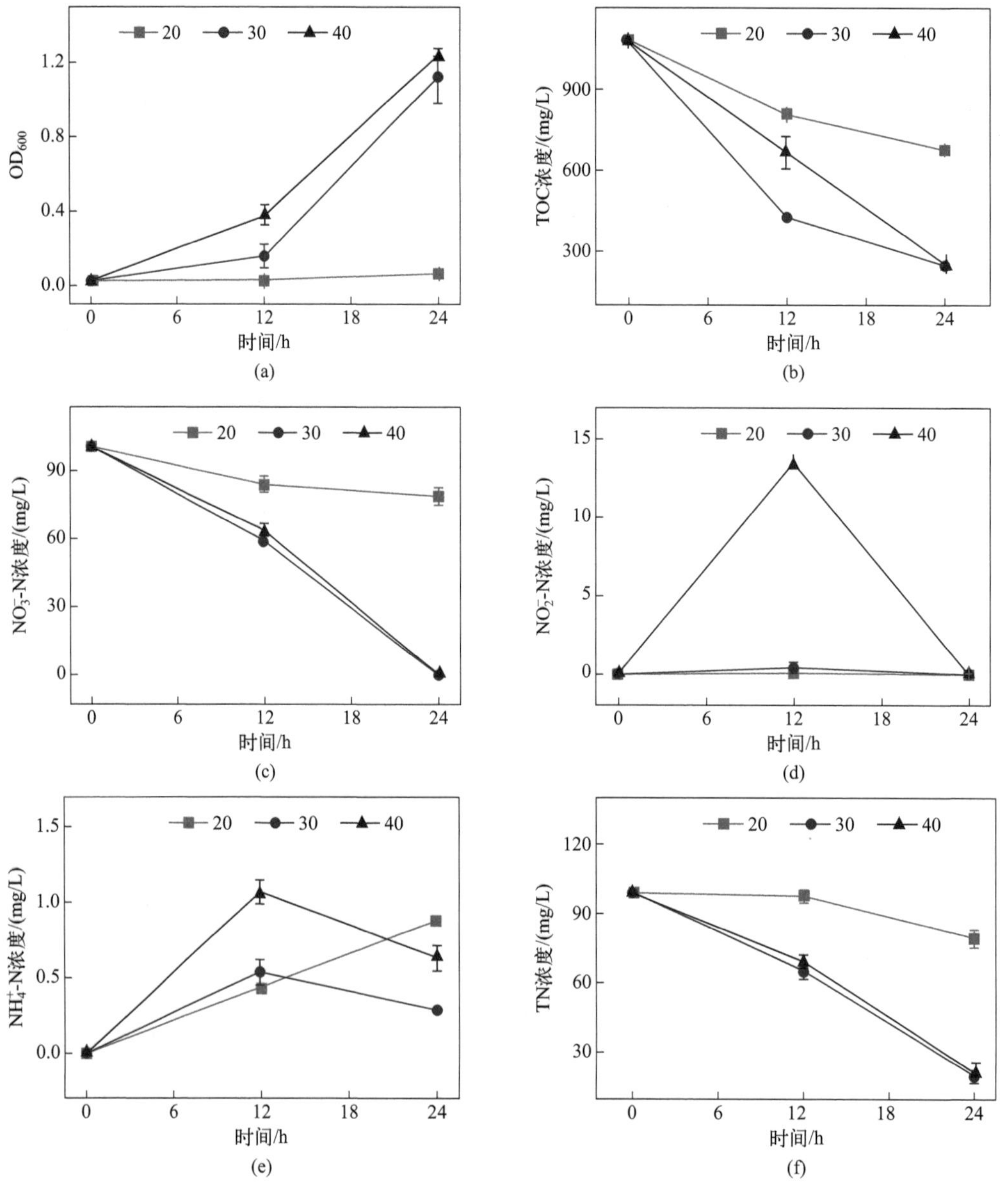

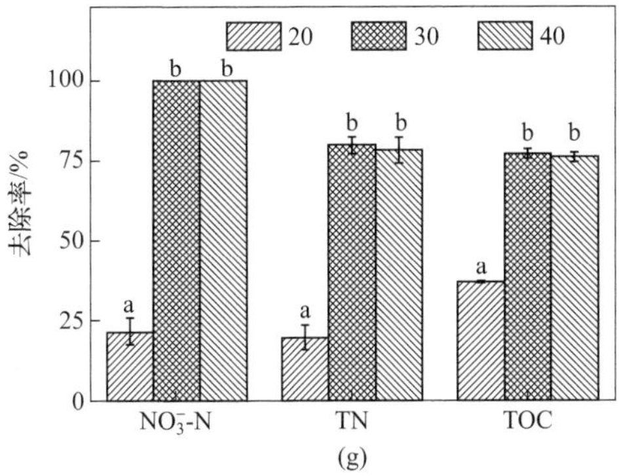

图 5-6　在不同温度下含有 AHM-M3 的培养液中 OD_{600} 的值（a）以及 TOC（b）、NO_3^--N（c）、NO_2^--N（d）、NH_4^+-N（e）和 TN（f）的浓度及在 24h 内不同温度下培养液中 NO_3^--N、TN 和 TOC 的去除率（g）

图 5-6（g）中各列上方的字母表示显著差异（$p < 0.05$）

去除趋势相似［图 5-6（c）、（f）］；培养液中的所有 NO_3^--N 和 78.17% 的 TN 在 24h 后被去除［图 5-6（g）］。然而，在 40℃时，NO_2^--N 在 12h 产生了暂时积累（13.47mg/L）［图 5-6（d）］，NH_4^+-N 的浓度为 1.07mg/L［图 5-6（e）］。

温度是影响微生物生长和反硝化菌去除 NO_3^--N 的关键因素。在研究中发现，AHM-M3 在 30℃时的反硝化性能高于 20℃时的反硝化性能，表明低温通常会抑制 NO_3^--N 还原酶的活性，并降低 AHM-M3 对 NO_3^--N 的去除效率[155]。在 40℃时，三种处理中 NO_2^--N 的积累最为严重，在 12h 时达到 13.47mg/L，表明 AHM-M3 的反硝化效率在高温下受到抑制。海水养殖系统中的高浓度 NO_2^--N 可能会对养殖生物造成严重毒性。在 30℃时，AHM-M3 的 NO_3^--N 去除率最高。而且，在 AHM-M3 还原 NO_3^--N 期间，几乎未观察到 NO_2^--N 累积。这一发现与淡水环境中的 *Pseudomonas tolaasii* Y-11 相似[131]。然而，对于单一耐盐菌株，在 NO_3^--N 还原的过程中会出现 NO_2^--N 的积累[149,156]。此外，30℃时 NH_4^+-N 的浓度非常低，说明 30℃时 AHM-M3 将 NO_3^--N 异化还原为 NH_4^+-N 是一个可忽略的转化途径。研究结果表明，30℃是 AHM-M3 去除 NO_3^--N 的最佳温度条件。先前的研究还发现温度会影响反硝化菌的还原酶表达[157-158]。因此，AHM-M3 的反硝化性能在过高和过低的温度下都会受到抑制，这与之前关于单一细菌的报告一致[159-160]。

（2）接种量的影响

与 φ 为 1% 相比，φ 为 2% 和 4% 时，菌剂 AHM-M3 的生长更快［图 5-7（a）］。φ 为 4% 时，TOC 消耗到相对较低的浓度（193.96mg/L）［图 5-7（b）］；然而，

TN 的去除很慢，在 24h 时仅去除了 31.67%［图 5-7（f）、（g）］；此外，在 12h 时 NO_2^--N 和 NH_4^+-N 均有积累，分别为 13.41mg/L 和 1.61mg/L［图 5-7（d）、（e）］。φ 为 1% 时，AHM-M3 生长缓慢［图 5-7(a)］；此外与其他处理相比，在 0 ～ 12h 内 NO_3^--N 浓度仍保持较高水平（80.78mg/L），去除相对缓慢；24h 后，NO_3^--N 的去除率达到 99.54%［图 5-7（c）、（g）］。φ 为 2% 时，AHM-M3 快速增长［图 5-7（a）］，且 NO_3^--N 在 24h 内被完全去除，且无 NO_2^--N 累积［图 5-7（c）、（d）］。

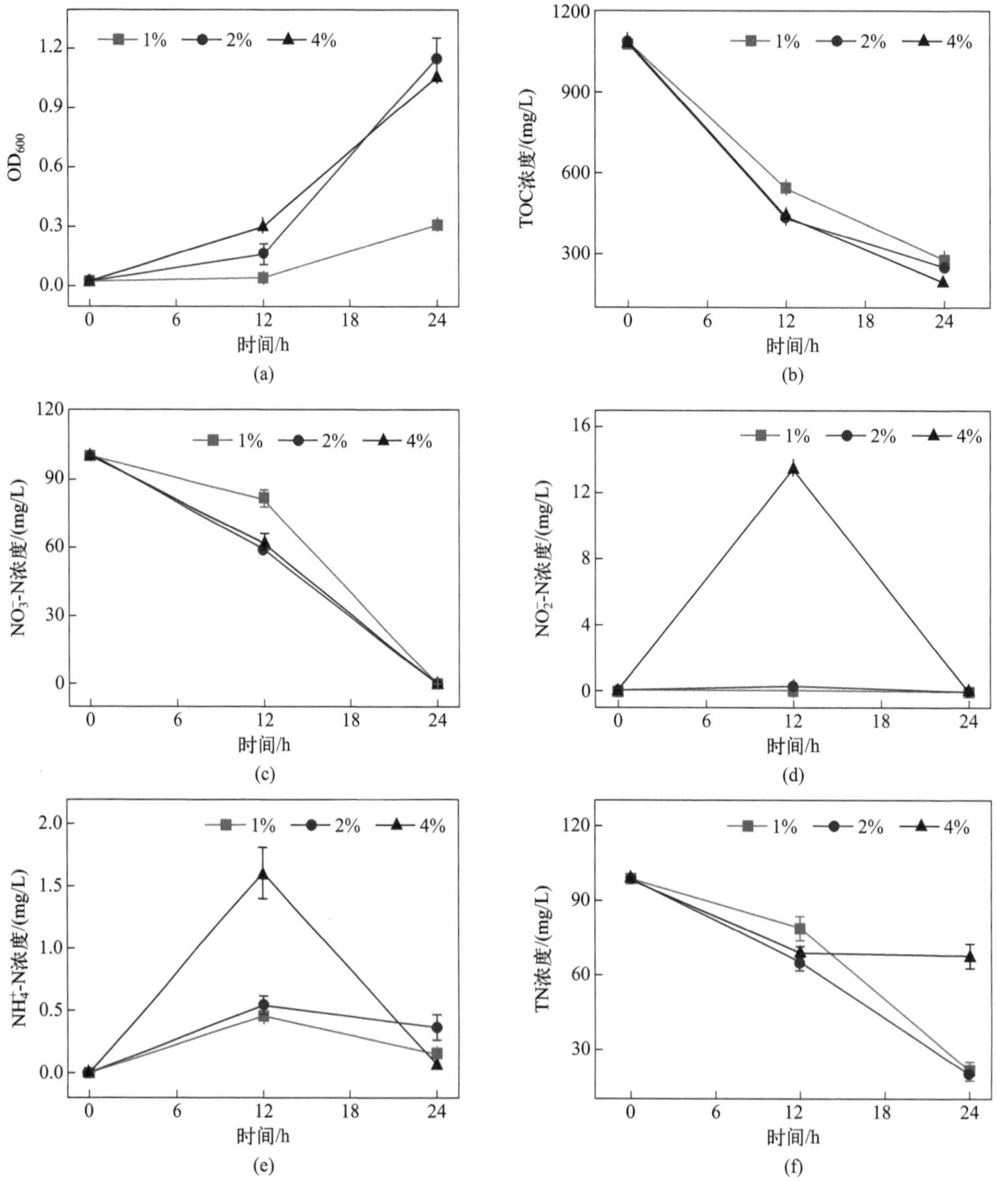

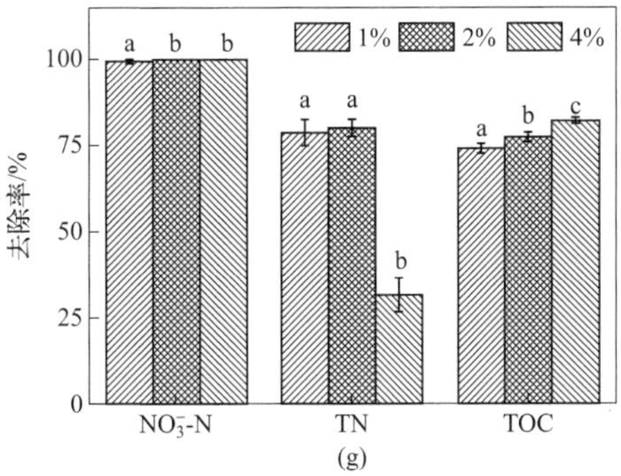

图5-7　不同 φ 下含有AHM-M3的培养液中 OD_{600} 的值（a）以及TOC（b）、NO_3^--N（c）、NO_2^--N（d）、NH_4^+-N（e）和TN（f）的浓度及在24h内不同接种量下培养液中 NO_3^--N、TN和TOC的去除率（g）

图5-7（g）中各列上方的字母表示显著差异（$p < 0.05$）

研究结果表明，菌剂AHM-M3的最佳 φ 为2%。φ 为2%和4%复合细菌的好氧反硝化性能优于 φ 为1%条件。低接种量（φ 为1%）不利于维持系统中好氧反硝化复合菌的生物量，表现为 OD_{600} 值低。然而，高接种量（φ 为4%）可能会导致营养物质不足以维持好氧反硝化菌的生长，并导致系统中 NO_2^--N的严重积累。此外，硝酸盐异化还原为 NH_4^+-N主要发生在12h，导致体系中存在高浓度的 NH_4^+-N。φ 为4%时，NO_3^--N的去除率较高，但TN的最终去除效率较低。这可能是因为只有少量的 NO_3^--N通过完全转化为 N_2 被去除，其余的被转化为了其他形式的氮（例如 NO_2^--N、NH_4^+-N和被微生物细胞同化的氮），并且仍然保留在反应系统中。

（3）摇速的影响

摇速影响菌剂AHM-M3的好氧反硝化性能和生长（图5-8）。在摇速为90r/min条件下，DO的初始浓度为（5.61±0.12）mg/L，与120r/min和150r/min时相比，在90r/min时AHM-M3生长更慢，TOC去除率更低［图5-8（a）、（b）和（g）］；24h后，TN的最终去除率仅为69.38%［图5-8（g）］；此外，在12h时，体系中存在2.26mg/L的 NO_2^--N累积［图5-8（d）］；在24h时，NH_4^+-N积累至1.32mg/L［图5-8（e）］。摇速为120r/min时，DO的初始浓度为（6.97±0.17）mg/L，AHM-M3的生长和TOC利用速度比90r/min时有所提升［图5-8（a）、（b）和（g）］；NO_3^--N和TN在12h时的浓度低于90r/min和150r/min条件［图5-8（c）、（f）］，在24h时去除率分别为100%和79.95%［图5-8（g）］；在实验期间，NH_4^+-N的浓度保持在较低水平，NO_2^--N的积累可忽略不计［图5-8（d）、（e）］。当摇速增加到150r/min时，DO的初始浓度为（7.50±0.38）mg/L，NO_3^--N在24h内完全被去除［图5-8（c）］，但最终TN去除率仅为56.13%［图5-8（g）］。

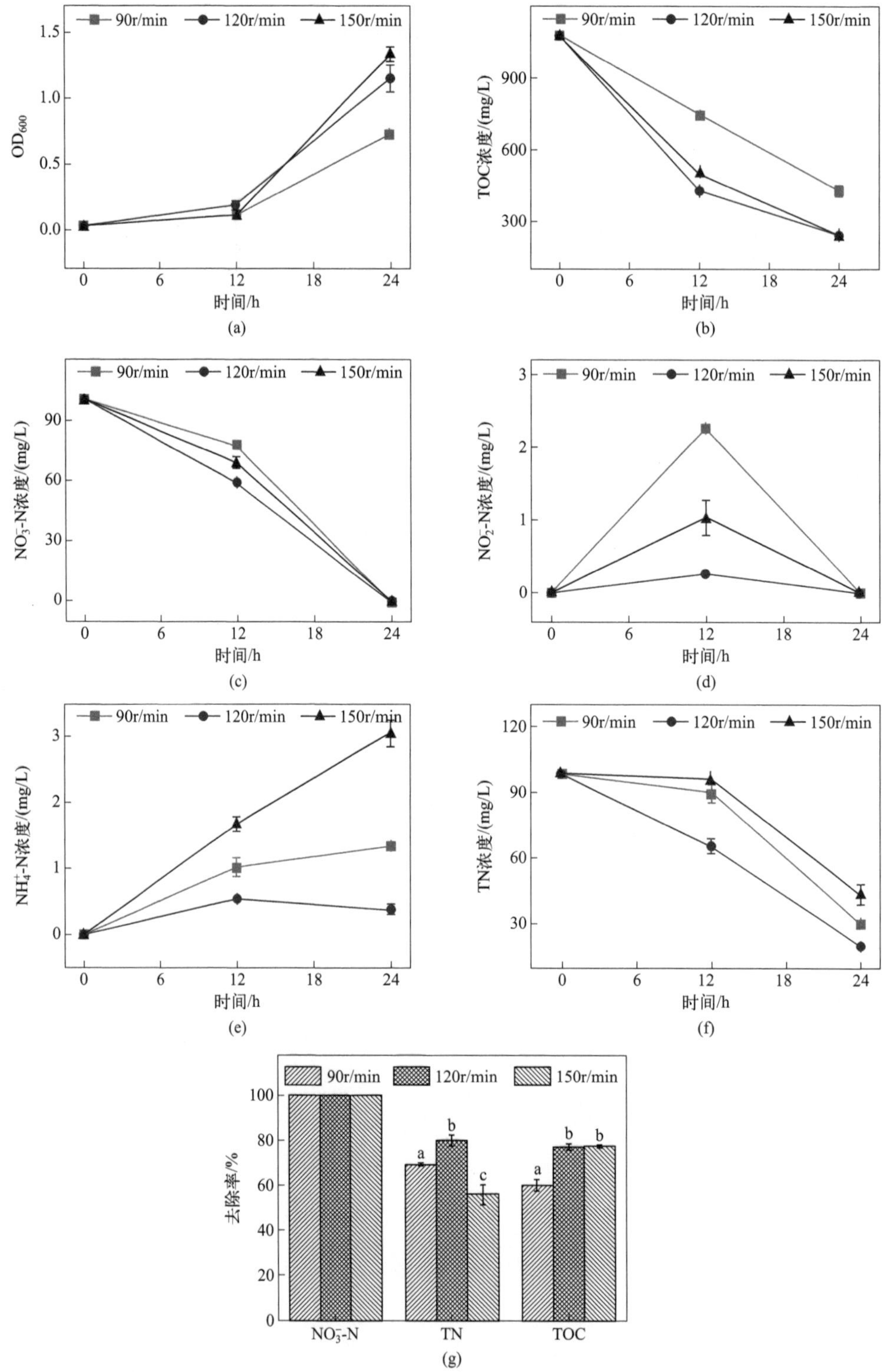

图5-8 在不同摇速下含有AHM-M3的培养液中OD_{600}的值(a)以及TOC(b)、NO_3^--N(c)、NO_2^--N(d)、NH_4^+-N(e)和TN(f)的浓度及在24h内不同摇速下培养液中NO_3^--N、TN和TOC的去除率(g)

图5-8(g)各列上方的字母表示显著差异($p < 0.05$)

摇速对反硝化过程有重要影响，因为反应体系中 DO 浓度随振荡速度变化而变化。在之前的研究发现，单菌株的好氧反硝化能力明显受到 DO 浓度的影响。AHM-M3 在 120r/min[初始 DO 浓度为（6.97±0.17）mg/L] 条件下表现出比其他 DO 浓度条件下更好的好氧反硝化性能，表明过高或过低的 DO 浓度都会降低 NO_3^--N 和 TN 的去除。DO 与硝酸盐竞争电子供体，并影响反硝化菌反硝化酶的合成和活性。He 等 [161] 的研究表明，过量的 DO 浓度会明显抑制反硝化作用。此外，在对 *Pseudomonas stutzeri* D6 和 *P. stutzeri* strain XL-2 的研究中也发现，随着摇速的增加，NH_4^+-N 的浓度增加 [162-163]。结果表明，AHM-M3 在高 DO 条件下仍具有良好的脱氮能力。海水养殖系统中的海水通常含有高浓度的 DO（≥ 5mg/L）。因此，AHM-M3 在处理受污染的海水养殖废水方面具有很大的应用潜力。

（4）C/N 的影响

研究了 C/N 对菌剂 AHM-M3 好氧反硝化能力和生长的影响（图 5-9）。在 C/N 为 5 时，AHM-M3 表现出较高的 TOC 去除率，但表现出较差的反硝化性能［图 5-9（b）、（c）和（g）］；NO_3^--N 和 TN 的去除率分别仅为 66.54% 和 37.37%［图 5-9（g）］；此外，NO_2^--N 在反应中严重积累［图 5-9（d）］。随着 C/N 的增加，好氧反硝化性能得到改善，在 C/N 为 10 和 15 时，NO_3^--N 的去除趋势相似［图 5-9（c）］。在 C/N 为 10 时，AHM-M3 快速增长［图 5-9（a）］；NO_3^--N 在 24h 内完全被去除，无 NO_2^--N 累积［图 5-9（c）、（d）］；与 C/N 为 5 和 15 条件相比，C/N 为 10 时 NH_4^+-N 的积累仍为最低［图 5-9（e）］，TN 的去除率在 12h 时高于其他条件，且在 24h 达到 79.95%。在 C/N 为 15 时，NO_3^--N 和 TN 的去除率在 24h 分别为 100% 和 78.79%［图 5-9（g）］；然而，与 C/N 为 10 时相比，NO_3^--N 和 TN 的去除速率更慢［图 5-9（c）、（f）］。

有机碳源为微生物提供电子和能量，从而影响菌株的生长和反硝化性能。在 C/N 为 5 时，可能是由于碳源不足，特别是在反应后期 AHM-M3 的反硝化性能较差，导致 NO_2^--N 严重积累（15.56mg/L），NH_4^+-N 浓度增加至 2.77mg/L 以及系统中 TN 去除率降低。因为缺乏为细菌生长提供足够能量的电子，碳源不足导致了反硝化效率低 [4]。随着 C/N 增加到 10 和 15，AHM-M3 的好氧反硝化性能得到改善。虽然添加碳源可以提高反硝化效率，但必须将 C/N 控制在适当

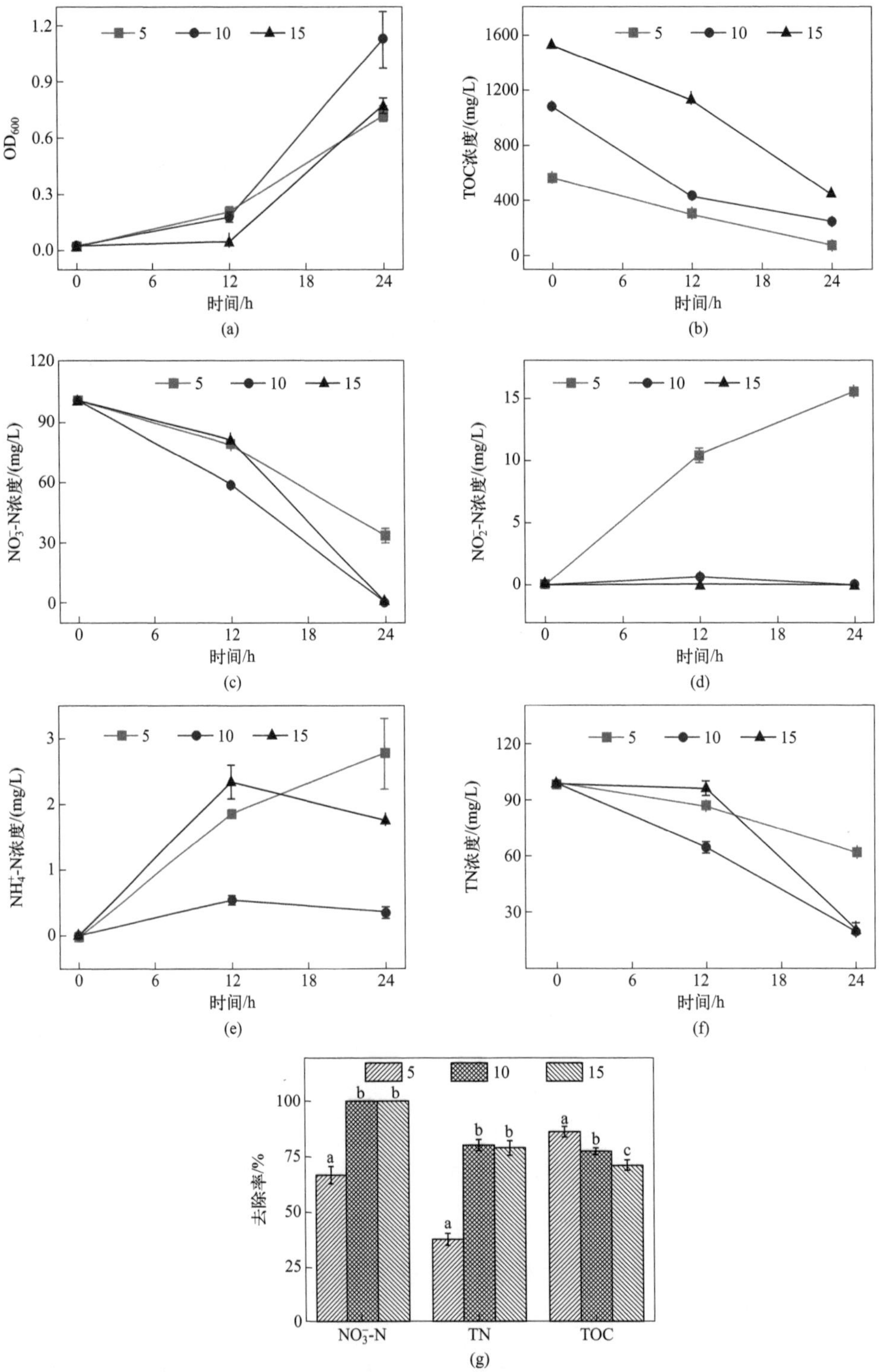

图5-9 在不同C/N下含有AHM-M3的培养液中OD_{600}的值(a)以及TOC(b)、NO_3^--N(c)、NO_2^--N(d)、NH_4^+-N(e)和TN(f)的浓度及在24h内不同C/N下培养液中NO_3^--N、TN和TOC的去除率(g)

图5-9(g)中各列上方的字母表示显著差异($p < 0.05$)

的比例上。过高的 C/N 会抑制细菌的生命活动。研究发现，AHM-M3 在 C/N 为 10 时的氮还原效率高于 C/N 为 15 时的氮还原效率。因此，C/N 为 10 是该研究中获得的最优 C/N 条件。先前的研究发现，从淡水环境中分离的 *Pseudomonas stutzeri* YG-24 和 *P. stutzeri* strain XL-2 在 C/N 分别为 10 和 15 时表现出轻微下降的反硝化速率 [159,163]。目前有限的耐盐好氧反硝化研究主要集中在 C/N 对单菌的影响。据报道，AD2 的反硝化性能在 C/N 为 10 ～ 15 时得到改善，在 C/N 为 5 和 20 时受到抑制 [149]。目前，很少有研究报道 C/N 对海水环境中耐盐好氧复合菌剂的影响。该研究中的 C/N 结果将有助于使用 AHM-M3 处理污染海水养殖废水。

5.3.2.5　AHM-M3的好氧反硝化性能和氮平衡

在最佳条件下，AHM-M3 快速生长，初始浓度为 100mg/L 的 NO_3^--N 在 24h 内完全被去除，没有亚硝酸盐积累且体系中 NH_4^+-N 保持在较低浓度（图 5-10）。此外，菌剂 AHM-M3 的氮平衡显示，有 17.07% 的 NO_3^--N 被转化为细胞内氮，19.80% 被转化为其他硝化产物，63.13% 的 NO_3^--N 可能以气体产物的形式被去除（表 5-13）。

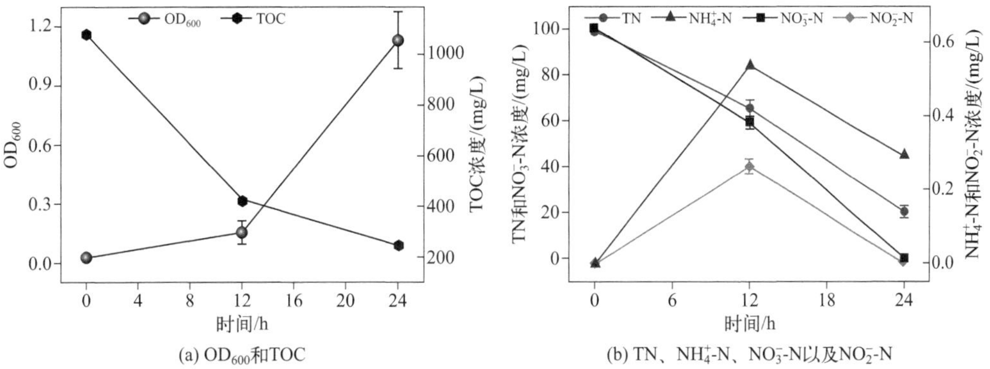

图 5-10　最佳条件下（30℃，φ 为 2%，120r/min，C/N 为 10）AHM-M3 反硝化过程中水质参数的变化

表 5-13　好氧条件下 AHM-M3 培养 24h 后的好氧反硝化过程氮平衡分析

底物	初始 TN /（mg/L）	溶解态最终 TN/（mg/L）				细胞内氮 /%	氮损失 /%
		NO_3^--N	NO_2^--N	NH_4^+-N	有机氮		
硝酸盐	100	0	0	0.29±0.005	19.51±1.97	17.07±1.53	63.13

结果表明，菌株 AHM-M3 的好氧反硝化作用是反应中硝酸盐还原的主要原因。关于 *Paracoccus thiophilus* strain LSL 251[164] 和 *Pseudomonas stutzeri* GF2[165]

的研究也报道了类似的结果。此外，之前的研究已经报道，*Fusarium solani* RADF-77 可以在好氧条件下去除氮。氮平衡显示，约 53.66% 的氮以气态产物的形式被去除，而 11.77% 的氮被转化为生物量氮。然而，这些反硝化菌只有在淡水条件下才具有良好的好氧反硝化能力。海洋细菌 *Vibrio* sp. Y1-5 的氮平衡实验表明，培养基中的无机氮转化为细胞内氮，不产生任何含氮气体[166]。相比之下，AHM-M3 在高盐度环境中通过好氧反硝化途径表现出了良好的反硝化性能和较高的脱氮效率。

综上，在海水养殖系统中的好氧条件下，具有反硝化功能的耐盐复合好氧微生物可以促进 NO_3^--N 的还原。研究用 *Zobellella* sp. MAD-44、*Halomonas alkaliphile* HRL-9 和 *Vibrio* spp. AD2 制备了耐盐好氧反硝化复合菌剂 AHM-M3。当 AD2、HRL-9 和 MAD-44 的添加体积比为 2∶2∶3 时，AHM-M3 的脱氮效率最高。在高盐度（30）条件下，当温度为 30℃、初始 φ 为 2%、摇速为 120r/min、C/N 为 10 时，优化后的菌剂表现出最佳的好氧反硝化性能。AHM-M3 对 NO_3^--N 的去除率显著高于任何单一菌株（$p<0.05$）。培养 24h 后，NO_3^--N 去除率达到 100%，无 NO_2^--N 积累；AHM-M3 对 TN 的去除率从 AD2、HRL-9 和 MAD-44 的 59.91%、44.05% 和 72.05% 提高到了 79.95%。在优化脱氮条件下，AHM-M3 分别将 17.07%、63.13% 和 19.80% 的 NO_3^--N 转化为细胞内氮、气态氮和其他含氮产物。在好氧和高盐度条件下，菌剂 AHM-M3 表现出良好的 NO_3^--N 还原性能。该研究为微生物强化技术用于海水污染控制，特别是应用于海水养殖废水处理中，提供了潜在的应用前景。

参考文献

[1] GENTILI A R, CUBITTO M A, FERRERO M, et al. Bioremediation of crude oil polluted seawater by a hydrocarbon-degrading bacterial strain immobilized on chitin and chitosan flakes [J]. International Biodeterioration & Biodegradation, 2006, 57(4): 222-228.

[2] MANJU N J, DEEPESH V, ACHUTHAN C, et al. Immobilization of nitrifying bacterial consortia on wood particles for bioaugmenting nitrification in shrimp culture systems [J]. Aquaculture, 2009, 294(1): 65-75.

[3] 陈坦林，赵薇，朱雪琴，等. CMC- 硅藻土复合固定硝化细菌降解养殖水体中的氨氮 [J]. 江苏农业科学，2018, 46(7): 258-262.

[4] DENG M, ZHAO X L, SENBATI Y, et al. Nitrogen removal by heterotrophic nitrifying and aerobic denitrifying bacterium *Pseudomo*nas sp. DM02: removal performance, mechanism and immobilized

application for real aquaculture wastewater treatment [J]. Bioresource Technology, 2021, 322: 124555.
[5] 易力，汪洋，陈万光，等. 固定化浓缩光合细菌对养殖水环境的影响 [J]. 贵州农业科学，2011, 39(6): 152-154.
[6] 陈颖，孙红文，张峻，等. 光合细菌的固定化及对养殖水体的净化作用 [J]. 水产科技情报，2011, 38(5): 234-238.
[7] 刘娥，刘兴国，王小冬，等. 固定化藻菌净化水产养殖废水效果及固定化条件优选研究 [J]. 上海海洋大学学报，2017, 26(3): 422-431.
[8] BAYAT Z, HASSANSHAHIAN M, CAPPELLO S. Immobilization of microbes for bioremediation of crude oil polluted environments: a mini review [J]. The Open Microbiology Journal, 2015, 9: 48-54.
[9] 李海玲，陈丽华，肖朝虎，等. 微生物固定化载体材料的研究进展 [J]. 现代化工，2020, 40(8): 58-61, 66.
[10] BAI X, YE Z F, LI Y F, et al. Preparation and characterization of a novel macroporous immobilized micro-organism carrier [J]. Biochemical Engineering Journal, 2010, 49(2): 264-270.
[11] 车鉴，徐牧，阳桂菊，等. 硅藻土固定化颗粒污泥对海水养殖废水除氨性能 [J]. 环境工程学报，2014, 8(12): 5318-5322.
[12] SHAO Y L, ZHONG H, MAO X Y, et al. Biochar-immobilized *Sphingomonas* sp. and *Acinetobacter* sp. isolates to enhance nutrient removal: potential application in crab aquaculture [J]. Aquaculture Environment Interactions, 2020, 12: 251-262.
[13] 杨萌，陈琳，赵阳国，等. 固定化脱氮菌对养殖水体中氨氮控制效果研究 [J]. 中国海洋大学学报 (自然科学版)，2018, 48(S2): 42-51.
[14] 陈文宾，殷磊，马卫兴，等. 海藻酸钠固定化鞘氨醇单胞菌对养殖海水 COD 的降解 [J]. 湖北农业科学，2011, 50(10): 1975-1979.
[15] 王贤丰，单洪伟，张家松，等. 甘蔗渣载体填料在海水曝气生物滤池中的应用 [J]. 渔业现代化，2016, 43(03): 12-17, 33.
[16] 耿佳，冯芳，孔丹，等. 壳聚糖改性聚氨酯载体处理高氨氮废水的研究 [J]. 材料导报，2013, 27(2): 116-120.
[17] ZHAN P R, LIU W. Use of fluidized bed biofilter and immobilized *Rhodopseudomonas palustris* for ammonia removal and fish health maintenance in a recirculation aquaculture system [J]. Aquaculture Research, 2013, 44(3): 327-334.
[18] ZHAO Y G, ZHENG Y, TIAN W, et al. Enrichment and immobilization of sulfide removal microbiota applied for environmental biological remediation of aquaculture area [J]. Environmental Pollution, 2016, 214: 307-313.
[19] 杨平，刘青松，石广辉，等. 改性稻壳为碳源和生物膜载体的反硝化脱氮研究 [J]. 水处理技术，2020, 46(2): 52-56,61.
[20] SHAN H W, BAO W Y, MA S, et al. Ammonia and nitrite nitrogen removal in shrimp culture by *Vibrio alginolyticus* VZ5 immobilized in SA beads [J]. Aquaculture International, 2016, 24(1): 357-372.
[21] 李华，周子明，刘青松，等. 荔枝核 -PVA 多孔复合固体碳源在养殖废水中的脱氮研究 [J]. 水处理技术，2016, 42(9): 51-55.
[22] 陈进斌，曹军瑞，苗英霞，等. 固定化生物硅藻土强化 CAST 工艺处理海水养殖废水研究 [J]. 湖北农业科学，2020, 59(11): 62-64.
[23] 魏大鹏，单洪伟，马甡. 复合载体固定化细菌降解养殖水体中氨氮和亚硝酸盐氮的研究 [J].

渔业现代化，2014, 41(3): 11-14, 42.
[24] YAN H, LI J Z, MENG J, et al. Insight into the effect of *N*-acyl-homoserine lactones-mediated quorum sensing on the microbial social behaviors in a UASB with the regulation of alkalinity [J]. The Science of the Total Environment, 2021, 800: 149413.
[25] HONG P, WU X Q, SHU Y L, et al. Bioaugmentation treatment of nitrogen-rich wastewater with a denitrifier with biofilm-formation and nitrogen-removal capacities in a sequencing batch biofilm reactor [J]. Bioresource Technology, 2020, 303: 122905.
[26] SHI Z, ZHANG Y, ZHOU J T, et al. Biological removal of nitrate and ammonium under aerobic atmosphere by *Paracoccus versutus* LYM [J]. Bioresource Technology, 2013, 148: 144-148.
[27] XU N, LIAO M, LIANG Y Q, et al. Biological nitrogen removal capability and pathways analysis of a novel low C/N ratio heterotrophic nitrifying and aerobic denitrifying bacterium (*Bacillus thuringiensis strain* WXN-23) [J]. Environmental Research, 2021, 195: 110797.
[28] CHEN T, YANG X, SUN Q, et al. Changes in wastewater treatment performance and the microbial community during the bioaugmentation of a denitrifying *Pseudomonas strain* in the low carbon-nitrogen ratio sequencing batch reactor [J]. Water, 2022, 14(4): 540.
[29] ZHANG H H, MA B, HUANG T L, et al. Nitrate reduction by the aerobic denitrifying actinomycete *Streptomyces* sp. XD-11-6-2: Performance, metabolic activity, and micro-polluted water treatment [J]. Bioresource Technology, 2021, 326: 124779.
[30] HONG P, SHU Y L, WU X Q, et al. Efficacy of zero nitrous oxide emitting aerobic denitrifying bacterium, *Methylobacterium gregans* DC-1 in nitrate removal with strong auto-aggregation property [J]. Bioresource Technology, 2019, 293: 122083.
[31] YAN L L, WANG C X, JIANG J S, et al. Nitrate removal by alkali-resistant *Pseudomonas* sp. XS-18 under aerobic conditions: Performance and mechanism [J]. Bioresource Technology, 2021, 344(Part A): 126175.
[32] LI B T, JING F Y, WU D S, et al. Simultaneous removal of nitrogen and phosphorus by a novel aerobic denitrifying phosphorus-accumulating bacterium, *Pseudomonas stutzeri* ADP-19 [J]. Bioresource Technology, 2020, 321: 124445.
[33] ZHENG M S, LI C, LIU S F, et al. Potential application of aerobic denitrifying bacterium *Pseudomonas aeruginosa* PCN-2 in nitrogen oxides (NO*x*) removal from flue gas [J]. Journal of Hazardous Materials, 2016, 318: 571-578.
[34] CHEN Z, JIANG Y L, CHANG Z Q, et al. Denitrification characteristics and pathways of a facultative anaerobic denitrifying strain, *Pseudomonas denitrificans* G1 [J]. Journal of Bioscience Bioengineering, 2020, 129(6): 715-722.
[35] HUANG X J, JIANG D H, NI J P, et al. Removal of ammonium and nitrate by the hypothermia bacterium *Pseudomonas putida* Y-9 mainly through assimilation [J]. Environmental Technology & Innovation, 2021, 22: 101458.
[36] ZHANG H, SEKAR R, VISSER P M. Editorial: Microbial ecology in reservoirs and lakes [J]. Frontiers in Microbiology, 2020, 11: 1348.
[37] ZHANG H H, LI S L, MA B, et al. Nitrate removal characteristics and ^{13}C metabolic pathways of aerobic denitrifying bacterium *Paracoccus denitrificans* Z195 [J]. Bioresource Technology, 2020, 307: 123230.
[38] ZHANG H H, ZHAO Z F, CHEN S N, et al. *Paracoccus versutus* KS293 adaptation to aerobic and

anaerobic denitrification: Insights from nitrogen removal, functional gene abundance, and proteomic profiling analysis [J]. Bioresource Technology, 2018, 260: 321-328.

[39] WATSUNTORN W, RUANGCHAINIKOM C, RENE E R, et al. Comparison of sulphide and nitrate removal from synthetic wastewater by pure and mixed cultures of nitrate-reducing, sulphide-oxidizing bacteria [J]. Bioresource Technology, 2019, 272: 40-47.

[40] FU G P, ZHAO L, HUANGSHEN L K, et al. Isolation and identification of a salt-tolerant aerobic denitrifying bacterial strain and its application to saline wastewater treatment in constructed wetlands [J]. Bioresource Technology, 2019, 290: 121725.

[41] LI Y, LI C X, LIN W, et al. Full evaluation of assimilatory and dissimilatory nitrate reduction in a new denitrifying bacterium *Leclercia adecarboxylata strain* AS3-1: Characterization and functional gene analysis [J]. Environmental Technology & Innovation, 2021, 23: 101731.

[42] WAN W J, HE D L, XUE Z J. Removal of nitrogen and phosphorus by heterotrophic nitrification-aerobic denitrification of a denitrifying phosphorus-accumulating bacterium *Enterobacter cloacae* HW-15 [J]. Ecological Engineering, 2017, 99: 199-208.

[43] SONG T, ZHANG X, LI J, et al. A review of research progress of heterotrophic nitrification and aerobic denitrification microorganisms (HNADMs) [J]. The Science of the Total Environment, 2021, 801: 149319.

[44] GUO Y, WANG Y Y, ZHANG Z J, et al. Physiological and transcriptomic insights into the cold adaptation mechanism of a novel heterotrophic nitrifying and aerobic denitrifying-like bacterium *Pseudomonas indoloxydans* YY-1 [J]. International Biodeterioration & Biodegradation, 2018, 134: 16-24.

[45] ZHANG M X, LI A Z, YAO Q, et al. Nitrogen removal characteristics of a versatile heterotrophic nitrifying-aerobic denitrifying bacterium, *Pseudomonas bauzanensis* DN13-1, isolated from deep-sea sediment [J]. Bioresource Technology, 2020, 305: 122626.

[46] REN Y X, YANG L, LIANG X. The characteristics of a novel heterotrophic nitrifying and aerobic denitrifying bacterium, *Acinetobacter junii* YB [J]. Bioresource Technology, 2014, 171: 1-9.

[47] YANG X P, WANG S M, ZHANG D W, et al. Isolation and nitrogen removal characteristics of an aerobic heterotrophic nitrifying–denitrifying bacterium, *Bacillus subtilis* A1 [J]. Bioresource Technology, 2011, 102(2): 854-862.

[48] LU L L, WANG B J, ZHANG Y, et al. Identification and nitrogen removal characteristics of *Thauera* sp. FDN-01 and application in sequencing batch biofilm reactor [J].Science of the Total Environment, 2019, 690: 61-69.

[49] ZHAO B, RAN X C, TIAN M, et al. Assessing the performance of a sequencing batch biofilm reactor bioaugmented with *P. stutzeri* strain XL-2 treating ammonium-rich wastewater [J]. Bioresource Technology, 2018, 270: 70-79.

[50] ALBERS C N, ELLEGAARD-JENSEN L, HANSEN L H, et al. Bioaugmentation of rapid sand filters by microbiome priming with a nitrifying consortium will optimize production of drinking water from groundwater [J]. Water Research, 2018, 129: 1-10.

[51] ELKARRACH K, MERZOUKI M, ATIA F, et al. Aerobic denitrification using *Bacillus pumilus*, *Arthrobacter* sp., and *Streptomyces lusitanus*: Novel aerobic denitrifying bacteria [J]. Bioresource Technology Reports, 2021, 14: 100663.

[52] ZHANG R C, CHEN C, XU X J, et al. The interaction between *Pseudomonas* C27 and *Thiobacillus*

denitrificans in the integrated autotrophic and heterotrophic denitrification process [J]. Science of the Total Environment, 2021, 811: 152360.
[53] ZHANG H H, WANG Y, HUANG T L, et al. Mixed-culture aerobic anoxygenic photosynthetic bacterial consortia reduce nitrate: Core species dynamics, co-interactions and assessment in raw water of reservoirs [J]. Bioresource Technology, 2020, 315: 123817.
[54] BAI X R, NIE M Q, DIWU Z J, et al. Enhanced degradation and mineralization of phenol by combining two highly efficient strains with divergent ring-cleavage pathways [J]. Journal of Water Process Engineering, 2020, 39: 101743.
[55] XU X R, SUN Y, SUN Y M, et al. Bioaugmentation improves batch psychrophilic anaerobic co-digestion of cattle manure and corn straw [J]. Bioresource Technology, 2022, 343: 126118.
[56] JANEO R L, CORRE V L, SAKATA T. Water quality and phytoplankton stability in response to application frequency of bioaugmentation agent in shrimp ponds [J]. Aquacultural Engineering, 2009, 40(3): 120-125.
[57] JIANG J F, LI L H, LI Y, et al. Bioaugmentation to enhance anaerobic digestion of food waste: Dosage, frequency and economic analysis [J]. Bioresource Technology, 2020, 307: 123256.
[58] LIU X J, LIANG C Z, LIU X H, et al. Intensified pharmaceutical and personal care products removal in an electrolysis-integrated tidal flow constructed wetland [J]. Chemical Engineering Journal, 2020, 394: 124860.
[59] LI M Q, ZHANG J, LIANG S, et al. Novel magnetic coupling constructed wetland for nitrogen removal: Enhancing performance and responses of plants and microbial communities [J]. Science of the Total Environment, 2022, 819: 152040.
[60] WANG R, XU Q, CHEN C L, et al. Microbial nitrogen removal in synthetic aquaculture wastewater by fixed-bed baffled reactors packed with different biofilm carrier materials [J]. Bioresource Technology, 2021, 331: 125045.
[61] GAO Y, ZHANG W, GAO B, et al. Highly efficient removal of nitrogen and phosphorus in an electrolysis-integrated horizontal subsurface-flow constructed wetland amended with biochar [J]. Water Research, 2018, 139: 301-310.
[62] JIA W, YANG L Y. Community composition and spatial distribution of N-removing microorganisms optimized by Fe-modified biochar in a constructed wetland [J]. Internation Journal Environmental Research Public Health, 2021, 18(6): 2938.
[63] ZHANG N, LI C Y, XIE H J, et al. Mn oxides changed nitrogen removal process in constructed wetlands with a microbial electrolysis cell [J]. Science of the Total Environment, 2021, 770: 144761.
[64] LI J, CHEN X J, YANG Z N, et al. Denitrification performance and mechanism of sequencing batch reactor with a novel iron-polyurethane foam composite carrier [J]. Biochemical Engineering Journal, 2021, 176: 108209.
[65] PAN Z R, SHENG J L, QIU C, et al. A magic filter filled with waste plastic shavings, loofah, and iron shavings for wastewater treatment [J]. Polymers, 2022, 14(7): 1410.
[66] XU L, SU J F, HUANG T L, et al. Simultaneous removal of nitrate and diethyl phthalate using a novel sponge–based biocarrier combined modified walnut shell biochar with Fe_3O_4 in the immobilized bioreactor [J]. Journal of Hazardous Materials, 2021, 414: 125578.
[67] CHANG Q, ALI A, SU J F, et al. Efficient removal of nitrate, manganese, and tetracycline by a polyvinyl alcohol/sodium alginate with sponge cube immobilized bioreactor [J]. Bioresource

Technology, 2021, 331: 125065.

[68] LANDREAU M, BYSON S J, YOU H, et al. Effective nitrogen removal from ammonium-depleted wastewater by partial nitritation and anammox immobilized in granular and thin layer gel carriers [J]. Water Research, 2020, 183: 116078.

[69] GUO J Y, CHEN C J, CHEN W J, et al. Effective immobilization of Bacillus subtilis in chitosan-sodium alginate composite carrier for ammonia removal from anaerobically digested swine wastewater [J]. Chemosphere, 2021, 284: 131266.

[70] SUN Y, ALI A, ZHENG Z J, et al. Denitrifying bacteria immobilized magnetic mycelium pellets bioreactor: A new technology for efficient removal of nitrate at a low carbon-to-nitrogen ratio [J]. Bioresource Technology, 2022, 347: 126369.

[71] YU G L, PENG H Y, FU Y J, et al. Enhanced nitrogen removal of low C/N wastewater in constructed wetlands with co-immobilizing solid carbon source and denitrifying bacteria [J]. Bioresource Technology, 2019, 280: 337-344.

[72] WANG H Y, WANG T, YANG S Y, et al. Nitrogen removal in oligotrophic reservoir water by a mixed aerobic denitrifying consortium: Influencing factors and immobilization effects [J]. International Journal of Environmental Research and Public Health, 2019, 16(4): 583.

[73] QUAN L M, KHANH D P, HIRA D, et al. Reject water treatment by improvement of whole cell Anammox entrapment using polyvinyl alcohol/alginate gel [J]. Biodegradation, 2011, 22(6): 1155-1167.

[74] ISAKA K, KIMURA Y, OSAKA T, et al. High-rate denitrification using polyethylene glycol gel carriers entrapping heterotrophic denitrifying bacteria [J]. Water Research, 2012, 46(16): 4941-4948.

[75] JIANG H L, ZHANG Z T, LIN Z Y, et al. Modification of polyurethane sponge filler using medical stones and application in a moving bed biofilm reactor for ex situ remediation of polluted rivers [J]. Journal of Water Process Engineering, 2021, 42: 102189.

[76] CECCONET D, DEVECSERI M, CALLEGARI A, et al. Effects of process operating conditions on the autotrophic denitrification of nitrate-contaminated groundwater using bioelectrochemical systems [J]. Science of the Total Environment, 2018, 613-614: 663-671.

[77] PUIG S, SERRA M, VILAR-SANZ A, et al. Autotrophic nitrite removal in the cathode of microbial fuel cells [J]. Bioresource Technology, 2011, 102(6): 4462-4467.

[78] POUS N, PUIG S, DOLORS BALAGUER M, et al. Cathode potential and anode electron donor evaluation for a suitable treatment of nitrate-contaminated groundwater in bioelectrochemical systems [J]. Chemical Engineering Journal, 2015, 263: 151-159.

[79] LIU W, CHU Y F, TAN Q Y, et al. Cold temperature mediated nitrate removal pathways in electrolysis-assisted constructed wetland systems under different influent C/N ratios and anode materials [J]. Chemosphere, 2022, 295: 133867.

[80] LIM S S, FONTMORIN J M, IZADI P, et al. Impact of applied cell voltage on the performance of a microbial electrolysis cell fully catalysed by microorganisms [J]. International Journal of Hydrogen Energy, 2020, 45(4): 2557-2568.

[81] GUO Y, SHI W X, ZHANG B, et al. Effect of voltage intensity on the nutrient removal performance and microbial community in the iron electrolysis-integrated aerobic granular sludge system [J]. Environmental Pollution, 2021, 274: 116604.

[82] TONG S, LIU H Y, FENG C P, et al. Stimulation impact of electric currents on heterotrophic denitrifying microbial viability and denitrification performance in high concentration nitrate-

contaminated wastewater [J]. Journal of Environmental Sciences, 2019, 77: 363-371.

[83] DONG X Y, LIU H B, LONG S P, et al. Weak electrical stimulation on biological denitrification: insights from the denitrifying enzymes [J]. Science of the Total Environment, 2022, 806(P4): 150926.

[84] LI J Z, MENG J, LI J L, et al. The effect and biological mechanism of COD/TN ratio on nitrogen removal in a novel upflow microaerobic sludge reactor treating manure-free piggery wastewater [J]. Bioresource Technology, 2016, 209: 360-368.

[85] GU X, LENG J T, ZHU J T, et al. Influence mechanism of C/N ratio on heterotrophic nitrification-aerobic denitrification process [J]. Bioresource Technology, 2022, 343: 126116.

[86] ZHAO Y X, FENG C P, WANG Q H, et al. Nitrate removal from groundwater by cooperating heterotrophic with autotrophic denitrification in a biofilm-electrode reactor [J]. Journal of Hazardous Materials, 2011, 192(3): 1033-1039.

[87] ZHAI S Y, JI M, ZHAO Y X, et al. Shift of bacterial community and denitrification functional genes in biofilm electrode reactor in response to high salinity [J]. Environmental Research, 2020, 184: 109007.

[88] JIANG L, WU A Q, FANG D X, et al. Denitrification performance and microbial diversity using starch-polycaprolactone blends as external solid carbon source and biofilm carriers for advanced treatment [J]. Chemosphere, 2020, 255(C): 126901.

[89] LI P, ZUO J, WANG Y J, et al. Tertiary nitrogen removal for municipal wastewater using a solid-phase denitrifying biofilter with polycaprolactone as the carbon source and filtration medium [J]. Water Research, 2016, 93: 74-83.

[90] FANG D X, WU A Q, HUANG L P, et al. Polymer substrate reshapes the microbial assemblage and metabolic patterns within a biofilm denitrification system [J]. Chemical Engineering Journal, 2020, 387: 124128.

[91] CAO X W, ZHOU X, XUE M, et al. Evaluation of nitrogen removal and N_2O emission in a novel Anammox coupled with sulfite-driven autotrophic denitrification system: influence of pH [J]. Journal of Cleaner Production, 2021, 321: 128984.

[92] SU Q, DOMINGO-F LEZ C, ZHANG Z, et al. The effect of pH on N_2O production in intermittently-fed nitritation reactors [J]. Water Research, 2019, 156: 223-231.

[93] PATIL S A, HARNISCH F, KOCH C, et al. Electroactive mixed culture derived biofilms in microbial bioelectrochemical systems: The role of pH on biofilm formation, performance and composition [J]. Bioresource Technology, 2011, 102(20): 9683-9690.

[94] BANDA J F, ZHANG Q, MA L, et al. Both pH and salinity shape the microbial communities of the lakes in Badain Jaran Desert, NW China [J]. Science of the Total Environment, 2021, 791: 148108.

[95] JIANG M, ZHENG J, PEREZ-CALLEJA P, et al. New insight into CO_2-mediated denitrification process in H_2-based membrane biofilm reactor: An experimental and modeling study [J]. Water Research, 2020, 184: 116177.

[96] XING W, WANG Y, HAO T Y, et al. pH control and microbial community analysis with HCl or CO_2 addition in H_2-based autotrophic denitrification [J]. Water Research, 2020, 168: 115200.

[97] FU X R, HOU R R, YANG P, et al. Application of external carbon source in heterotrophic denitrification of domestic sewage: A review [J]. Science of the Total Environment, 2022, 817: 153061.

[98] LOTTI T, KLEEREBEZEM R, VAN LOOSDRECHT M C. Effect of temperature change on anammox activity [J]. Biotechnology Bioengineering, 2015, 112(1): 98-103.

[99] ZHAO Y P, FENG Y, LI J Q, et al. Insight into the aggregation capacity of anammox consortia during reactor start-Up [J]. Environmental Science & Technology, 2018, 52(6): 3685-3695.

[100] YANG D Z, ZHANG X F, ZHOU Y B, et al. The principle and method of wastewater treatment in biofilm technology [J]. Journal of Computational and Theoretical Nanoscience, 2015, 12(9): 2630-2638.

[101] LIU X Y, HU S H, SUN R, et al. Dissolved oxygen disturbs nitrate transformation by modifying microbial community, co-occurrence networks, and functional genes during aerobic-anoxic transition [J]. Science of the Total Environment, 2021, 790: 148245.

[102] HAO Z L, ALI A, REN Y, et al. A mechanistic review on aerobic denitrification for nitrogen removal in water treatment [J]. Science of the Total Environment, 2022, 847: 157452.

[103] CAO Y F, ZHANG C S, RONG H W, et al. The effect of dissolved oxygen concentration (DO) on oxygen diffusion and bacterial community structure in moving bed sequencing batch reactor (MBSBR) [J]. Water Research, 2017, 108: 86-94.

[104] MOOK W T, AROUA M K T, CHAKRABARTI M H, et al. A review on the effect of bio-electrodes on denitrification and organic matter removal processes in bio-electrochemical systems [J]. Journal of Industrial and Engineering Chemistry, 2013, 19(1): 1-13.

[105] XIA J H, CHEN D, HOU C, et al. Reductive potential from cathode electrode as an option for the achievement of short-cut nitrification in bioelectrochemical systems [J]. Bioresource Technology, 2021, 338: 125553.

[106] SPEERS A M, REGUERA G. Competitive advantage of oxygen-tolerant bioanodes of *Geobacter sulfurreducens* in bioelectrochemical systems [J]. Biofilm, 2021, 3: 100052.

[107] ZHANG Q, DENG S H, LI J L, et al. Cultivation of aerobic granular sludge coupled with built-in biochemical cycle galvanic-cells driven by dual selective pressure and its denitrification characteristics [J]. Bioresource Technology, 2021, 337: 125454.

[108] SRIVASTAVA P, ABBASSI R, YADAV A, et al. Influence of applied potential on treatment performance and clogging behaviour of hybrid constructed wetland-microbial electrochemical technologies [J]. Chemosphere, 2021, 284: 131296.

[109] ZHOU M H, FU W J, GU H Y, et al. Nitrate removal from groundwater by a novel three-dimensional electrode biofilm reactor [J]. Electrochimica Acta, 2007, 52(19): 6052-6059.

[110] UNG H T T, LEU B T, TRAN H T H, et al. Combining flowform cascade with constructed wetland to enhance domestic wastewater treatment [J]. Environmental Technology & Innovation, 2022, 27: 102537.

[111] NIU W Y, GUO J B, LIAN J, et al. Effect of fluctuating hydraulic retention time (HRT) on denitrification in the UASB reactors [J]. Biochemical Engineering Journal, 2018, 132: 29-37.

[112] LIU J B, TIAN Z Y, ZHANG P Y, et al. Influence of reflux ratio on two-stage anoxic/oxic with MBR for leachate treatment: Performance and microbial community structure [J]. Bioresource Technology, 2018, 256: 69-76.

[113] DEBRAY R, HERBERT R A, JAFFE A L, et al. Priority effects in microbiome assembly [J]. Nature Reviews Microbiology, 2022, 20(2): 109-121.

[114] ZHAO X Y, BAI S W, LI C Y, et al. Bioaugmentation of atrazine removal in constructed wetland:

performance, microbial dynamics, and environmental impacts [J]. Bioresource Technology, 2019, 289: 121618.
[115] 苏兆鹏，李赟，潘鲁青，等．一株新型异养硝化-好氧反硝化菌GJWA3的脱氮性能及定量检测[J]．中国海洋大学学报(自然科学版)，2021, 51(10): 41-50.
[116] 成钰，李秋芬，费聿涛，等．海水异养硝化-好氧反硝化芽孢杆菌SLWX2的筛选及脱氮特性[J]．环境科学，2016, 37(7): 2681-2688.
[117] SONG T, ZHANG X L, LI J, et al. A review of research progress of heterotrophic nitrification and aerobic denitrification microorganisms (HNADMs) [J]. Science of the Total Environment, 2021, 801: 149319.
[118] YAO Z B, YANG L, WANG F, et al. Enhanced nitrate removal from surface water in a denitrifying woodchip bioreactor with a heterotrophic nitrifying and aerobic denitrifying fungus [J]. Bioresource Technology, 2020, 303: 122948.
[119] ZHANG M Y, PAN L Q, LIU L P, et al. Phosphorus and nitrogen removal by a novel phosphate-accumulating organism, *Arthrobacter* sp. HHEP5 capable of heterotrophic nitrification-aerobic denitrification: Safety assessment, removal characterization, mechanism exploration and wastewater treatment [J]. Bioresource Technology, 2020, 312: 123633.
[120] ZHENG H Y, LIU Y, GAO X Y, et al. Characterization of a marine origin aerobic nitrifying-denitrifying bacterium [J]. Journal of Bioscience and Bioengineering, 2012, 114(1): 33-37.
[121] BARMAN P, KATI A, MANDAL A K, et al. Biopotentiality of *Bacillus cereus* PB45 for nitrogenous waste detoxification in *ex situ* model [J]. Aquaculture International, 2017, 25: 1167-1183.
[122] LIU Y, AI G M, WU M R, et al. *Photobacterium* sp. NNA4, an efficient hydroxylamine-transforming heterotrophic nitrifier/aerobic denitrifier [J]. Journal of Bioscience and Bioengineering, 2019, 128(1): 64-71.
[123] 孙庆花，于德爽，张培玉，等．1株海洋异养硝化-好氧反硝化菌的分离鉴定及其脱氮特性[J]．环境科学，2016, 37(2): 647-654.
[124] DUAN J, FANG H, SU B, et al. Characterization of a halophilic heterotrophic nitrification-aerobic denitrification bacterium and its application on treatment of saline wastewater [J]. Bioresource Technology, 2015.
[125] 白洁，陈琳，黄潇，等．1株耐盐异养硝化-好氧反硝化菌*Zobellella* sp. B307的分离及脱氮特性[J]．环境科学，2018, 39(10): 4793-4801.
[126] ZHANG Y, SHI Z, CHEN M X, et al. Evaluation of simultaneous nitrification and denitrification under controlled conditions by an aerobic denitrifier culture [J]. Bioresource Technology, 2015, 175: 602-605.
[127] YAO S, NI J R, CHEN Q, et al. Enrichment and characterization of a bacteria consortium capable of heterotrophic nitrification and aerobic denitrification at low temperature [J]. Bioresource Technology, 2013, 127: 151-157.
[128] CHEN J, GU S Y, HAO H H, et al. Characteristics and metabolic pathway of *Alcaligenes* sp. TB for simultaneous heterotrophic nitrification-aerobic denitrification [J]. Applied Microbiology and Biotechnology, 2016, 100(22): 9787-9794.
[129] HUANG X F, LI W G, ZHANG D Y, et al. Ammonium removal by a novel oligotrophic *Acinetobacter* sp. Y16 capable of heterotrophic nitrification-aerobic denitrification at low

temperature [J]. Bioresource Technology, 2013, 146: 44-50.

[130] HUANG F, PAN L Q, HE Z Y, et al. Culturable heterotrophic nitrification-aerobic denitrification bacterial consortia with cooperative interactions for removing ammonia and nitrite nitrogen in mariculture effluents [J]. Aquaculture, 2020, 523: 735211.

[131] HE T X, LI Z L, SUN Q, et al. Heterotrophic nitrification and aerobic denitrification by *Pseudomonas tolaasii* Y-11 without nitrite accumulation during nitrogen conversion [J]. Bioresource Technology, 2016, 200: 493-499.

[132] HU Z, LEE J W, CHANDRAN K, et al. Influence of carbohydrate addition on nitrogen transformations and greenhouse gas emissions of intensive aquaculture system [J]. Science of the Total Environment, 2014, 470-471: 193-200.

[133] 王骁静，于德爽，李津，等. 海洋异养硝化 - 好氧反硝化菌 y6 同步脱氮除碳特性 [J]. 中国环境科学，2017, 37(2): 686-695.

[134] DIONISI H M, LAYTON A C, HARMS G, et al. Quantification of *Nitrosomonas oligotropha*-like ammonia-oxidizing bacteria and *Nitrospira* spp. from full-scale wastewater treatment plants by competitive PCR [J]. Applied and Environmental Microbiology, 2002, 68(1): 245-253.

[135] SUN H M, YANG Z C, WEI C J, et al. Nitrogen removal performance and functional genes distribution patterns in solid-phase denitrification sub-surface constructed wetland with micro aeration [J]. Bioresource Technology, 2018, 263: 223-231.

[136] HUANG F, PAN L Q, LV N, et al. Characterization of novel *Bacillus* strain N31 from mariculture water capable of halophilic heterotrophic nitrification-aerobic denitrification [J]. Journal of Bioscience and Bioengineering, 2017, 124(5): 564-571.

[137] XIA L, LI X M, FAN W H, et al. Heterotrophic nitrification and aerobic denitrification by a novel *Acinetobacter* sp. ND7 isolated from municipal activated sludge [J]. Bioresource Technology, 2020, 301: 122749.

[138] SCHNEIDER O, SERETI V, MACHIELS M A, et al. The potential of producing heterotrophic bacteria biomass on aquaculture waste [J]. Water Research, 2006, 40(14): 2684-2694.

[139] KÖRNER H, ZUMFT W G. Expression of denitrification enzymes in response to the dissolved oxygen level and respiratory substrate in continuous culture of Pseudomonas stutzeri [J]. Applied and Environmental Microbiology, 1989, 55(7): 1670-1676.

[140] 段金明，江兴龙，陈宏静，等. 生物强化生物滤池去除海水养殖废水中氨氮 [J]. 环境科学与技术，2019, 42(1): 37-42.

[141] ZHAO K, TIAN X L, LI H D, et al. Characterization of a novel marine origin aerobic nitrifying–denitrifying bacterium isolated from shrimp culture ponds [J]. Aquaculture Research, 2019, 50(7): 1770-1781.

[142] 何环，余萱，韩亚涛，等. 异养硝化好氧反硝化菌脱氮特性的研究进展 [J]. 工业水处理，2017, 37(4): 12-17.

[143] MÉVEL G, PRIEUR D. Heterotrophic nitrification by a thermophilic *Bacillus* species as influenced by different culture conditions [J]. Canadian Journal of microbiology, 2000, 46(5): 465-473.

[144] WANG H M, LI J, WANG B, et al. Deciphering pollutants removal mechanisms and genetic responses to ampicillin stress in simultaneous heterotrophic nitrification and aerobic denitrification (SHNAD) process treating seawater-based wastewater [J]. Bioresource Technology, 2020, 315: 123827.

[145] 史文超，桂梦瑶，杜俊逸，等. 典型微塑料对好氧反硝化菌群脱氮特性及反硝化相关基因的影响 [J]. 环境工程学报，2021, 15(4): 1333-1343.

[146] YANG J R, WANG Y, CHEN H, et al. Ammonium removal characteristics of an acid-resistant bacterium *Acinetobacter* sp. JR1 from pharmaceutical wastewater capable of heterotrophic nitrification-aerobic denitrification [J]. Bioresource Technology, 2019, 274: 56-64.

[147] GUO Y, YANG R L, ZHANG Z J, et al. Synergy of carbon and nitrogen removal of a co-culture of two aerobic denitrifying bacterial strains, *Acinetobacte*r sp. GA and *Pseudomonas* sp. GP [J]. RSC Advances, 2018, 8(38): 21558-21565.

[148] KONG D, LI W, DENG Y, et al. Denitrification-potential evaluation and nitrate-removal-pathway analysis of aerobic denitrifier strain *Marinobacter hydrocarbonoclasticus* RAD-2 [J]. Water, 2018, 10(10): 1298.

[149] REN J L, MA H J, LIU Y, et al. Characterization of a novel marine aerobic denitrifier *Vibrio* spp. AD2 for efficient nitrate reduction without nitrite accumulation [J]. Environmental Science and Pollution Research, 2021, 28(24): 30807-30820.

[150] REN J L, WEI C Z, MA H J, et al. The nitrogen-removal efficiency of a novel high-efficiency salt-tolerant aerobic denitrifier, *halomonas alkaliphile* hrl-9, isolated from a seawater biofilter [J]. International Journal of Environmental Research and Public Health, 2019, 16(22): 4451.

[151] DENG B, FU L Q, ZHANG X P, et al. The denitrification characteristics of *Pseudomonas stutzeri* SC221-M and its application to water quality control in grass carp aquaculture [J]. PloS One, 2014, 9(12): e114886.

[152] WANG H Y, WANG T, YANG S Y, et al. Nitrogen removal in oligotrophic reservoir water by a mixed aerobic denitrifying consortium: influencing factors and immobilization effects [J]. International Journal of Environmental Research and Public Health, 2019, 16(4): 583.

[153] LEI Y, WANG Y Q, LIU H J, et al. A novel heterotrophic nitrifying and aerobic denitrifying bacterium, Zobellella taiwanensis DN-7, can remove high-strength ammonium [J]. Applied Microbiology and Biotechnology, 2016, 100(9): 4219-4229.

[154] JIN M, WANG X W, GONG T S, et al. A novel membrane bioreactor enhanced by effective microorganisms for the treatment of domestic wastewater [J]. Applied Microbiology and Biotechnology, 2005, 69(2): 229-235.

[155] ADOUANI N, LIMOUSY L, LENDORMI T, et al. N_2O and NO emissions during wastewater denitrification step: influence of temperature on the biological process [J]. Comptes Rendus Chimie, 2015, 18(1): 15-22.

[156] RUAN Y, TAHERZADEH M J, KONG D, et al. Nitrogen removal performance and metabolic pathways analysis of a novel aerobic denitrifying halotolerant *pseudomonas balearica* strain RAD-17 [J]. Microorganisms, 2020, 8(1): 72.

[157] MAAG M, VINTHER F P. Nitrous oxide emission by nitrification and denitrification in different soil types and at different soil moisture contents and temperatures [J]. Applied Soil Ecology, 1996, 4(1): 5-14.

[158] ZHANG Q Y, YANG P, LIU L S, et al. Formulation and characterization of a heterotrophic nitrification-aerobic denitrification synthetic microbial community and its application to livestock wastewater treatment [J]. Water, 2020, 12(1): 218.

[159] HUANG H K, TSENG S K. Nitrate reduction by Citrobacter diversus under aerobic environment [J].

Applied Microbiology and Biotechnology, 2001, 55(1): 90-94.

[160] OTTERHOLT E, CHARNOCK C. Identification and phylogeny of the small eukaryote population of raw and drinking waters [J]. Water Research, 2011, 45(8): 2527-2538.

[161] HE Q L, CHEN L, ZHANG S J, et al. Simultaneous nitrification, denitrification and phosphorus removal in aerobic granular sequencing batch reactors with high aeration intensity: Impact of aeration time [J]. Bioresource Technology, 2018, 263: 214-222.

[162] YANG X P, WANG S M, ZHOU L X. Effect of carbon source, C/N ratio, nitrate and dissolved oxygen concentration on nitrite and ammonium production from denitrification process by *Pseudomonas stutzeri* D6 [J]. Bioresource Technology, 2012, 104: 65-72.

[163] ZHAO B, CHENG D Y, TAN P, et al. Characterization of an aerobic denitrifier *Pseudomonas stutzeri* strain XL-2 to achieve efficient nitrate removal [J]. Bioresource Technology, 2018, 250: 564-573.

[164] CHEN S N, LI S L, HUANG T L, et al. Nitrate reduction by *Paracoccus thiophilus* strain LSL 251 under aerobic condition: performance and intracellular central carbon flux pathways [J]. Bioresource Technology, 2020, 308: 123301.

[165] CHEN C L, ALI A, SU J F, et al. *Pseudomonas stutzeri* GF2 augmented the denitrification of low carbon to nitrogen ratio: possibility for sewage wastewater treatment [J]. Bioresource Technology, 2021, 333: 125169.

[166] LI Y T, WANG Y R, FU L Z, et al. Aerobic-heterotrophic nitrogen removal through nitrate reduction and ammonium assimilation by marine bacterium *Vibrio* sp. Y1-5 [J]. Bioresource Technology, 2017, 230: 103-111.

第 6 章

基于微量物质和活泼元素的处理强化技术

6.1 外源酰基高丝氨酸内酯对生物膜脱氮性能的影响与强化技术

污水排放导致水体环境受到污染。污水厂、人工湿地等构筑物可以经济、可靠地大幅削减排入水体的污染物。这些构筑物目前面临的主要问题之一是对氮的处理性能仍需进一步提高。含氮化合物一般不如普通有机物易在生物作用下达到很高的去除率，也不像磷化合物可以在构筑物末端通过化学法强化去除，因此，污水深度脱氮是一个水处理技术难题。生物膜法水处理工艺适合处理污染程度较低的污水，依靠生物膜发挥主要净化功能的构筑物包括生物转盘、曝气生物膜反应器、生物滤池、生态滤床和人工湿地等。生物膜依靠其表面及内部的硝化菌、反硝化菌和厌氧氨氧化菌等去除污水中的氮化合物。然而，这些微生物由于生物量低、成长为优势菌耗时长、对不利因素（例如水质变化等）过于敏感，使得生物膜系统存在脱氮效率低、性能不稳定等缺点。

大量研究发现硝化菌、反硝化菌和厌氧氨氧化菌能产生、释放和感知某些化学信号分子，当这些分子浓度达到一定阈值时，就会被这些氮转化功能菌识别，并在群体水平上调控相关基因的表达，从而调节其代谢行为并对不同环境做出反应。这种微生物通过感知周围环境中细菌浓度变化来调控自身生理行为的现象称为群体感应（quorum sensing，QS）。QS 及其信号分子在污水净化中的作用机制受到持续的关注。其中酰基高丝氨酸内酯（acyl-homoserine lactones，AHLs）作为群体感应的一种关键信号分子，在生物膜形成、微生物聚集、转化、平衡、硝化和反硝化的调节中尤为重要。已有文献综述了 AHLs 介导的 QS 在水处理中的研究进展[1-4]，但这些综述主要关注于活性污泥颗粒除污性能及机制，而对 AHLs 介导的 QS 应用于生物膜系统脱氮方面的评述较少，对 AHLs 提升生物膜系统脱氮性能的添加方法和影响因素分析不足，尤其是对不同外源 AHLs 的选择、添加浓度以及添加频次对生物膜系统脱氮影响的总体研究不足。

本部分将围绕近年来 AHLs 介导的 QS 在生物膜系统中脱氮的研究展开，介绍 AHLs 在生物膜系统中的多种作用。分析各种 AHLs 介导的 QS 在生物膜系统脱氮过程中的机制和影响因素，指出目前添加外源 AHLs 强化生物膜脱氮存在的问题，为研究外源信号分子介导的 QS 系统在生物膜中的潜在应用提供一定理论基础。

6.1.1 外源性 AHLs 分子的多样性及功能

6.1.1.1 AHLs分子的基本结构及多样性

AHLs 分子作为革兰氏阴性细菌 QS 用来感知和指示其细胞密度的主要信号，是通过酰胺键将高丝氨酸内酯环与酰基侧链相连的分子结构（图 6-1），其酰基链通常包含偶数个碳并以两个碳氮进行增加，如 C_4、C_6、C_8、C_{10}、C_{12} 等。但由于酰基侧链的长短（4 ～ 18 个碳）、碳链骨架饱和度以及 3 位碳上的取代基种类（羟基取代、羰基取代）不同，形成了种类多样、功能特异的 AHLs 结构。以 C_4-AHL 为例，3 种结构分别为 C_4-HSL（HSL 为高丝氨酸内酯）、3-oxo-C_4-HSL（oxo 指一个羰基基团）和 3-OH-C_4-HSL。

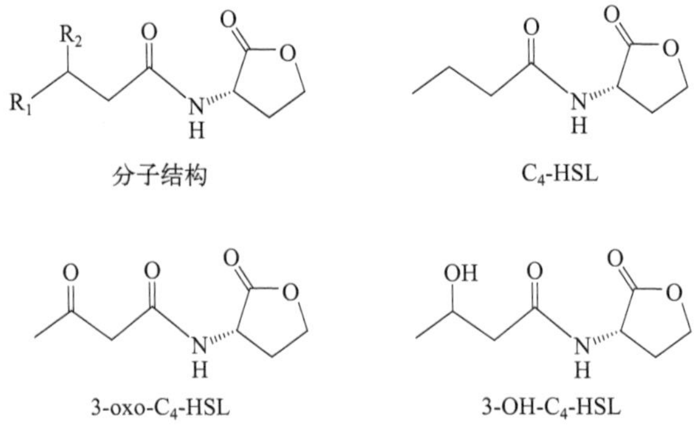

图 6-1　AHLs 分子结构及 3 种 C_4-AHL 分子结构图

6.1.1.2 外源AHLs分子在氮转化中的作用

在氮转化过程中，不同结构的 AHLs 对功能菌的刺激存在差异。C_6-HSL、C_8-HSL 在厌氧氨氧化系统中常被检测到，与 NH_4^+-N 的去除效率相关[5]；C_4-HSL 主要与 NO_2^--N 积累率和 AOB 活性相关[6-7]；3-oxo-C_8-HSL 促进了 ATP 的合成[8]。此外，添加 C_6-HSL、3-oxo-C_6-HSL、C_{10}-HSL 和 3-oxo-C_{12}-HSL 等外源信号分子可加速生物膜形成，提高微生物丰度进而增强反应装置对 NH_4^+-N 的去除能力[9-10]。除促进氨氧化提高脱氮效率外，向装置中添加外源信号分子 3-oxo-C_{12}-HSL 和 3-oxo-C_{14}-HSL 还可以促进反硝化菌对有限碳源的充分利用，提高脱氮效果[9]。然而，并不是所有外源信号分子都会强化任意微生物进而提高脱氮效率。Cheng 等[9]的研究表明，外源信号分子 C_6-HSL 抑制了假单胞菌的反硝化过程。另有发现，在多种外源信号物质共存的条件下，外源信号分子是否有促进 / 抑制作用与其比例有关。李玖龄[11]的研究发现，当 3-oxo-C_{14}-HSL/C_{14}-HSL＞1 时，厌氧氨氧化作用受到抑制，在厌氧条件下 3-oxo-C_{14}-HSL 的积累水平越高，厌氧氨氧化作用受到的抑制作用就越强；当 3-oxo-C_{14}-HSL/C_{14}-HSL＜1 时，厌氧氨氧化作用可顺利进行。

6.1.1.3　链长对外源AHLs分子功能的影响

外源 AHLs 的链长是影响 AHLs 调节微生物除氮性能的一个关键因素。不同链长的 AHLs 表现出明显的差异：长链 AHLs（12 ～ 14 个碳原子）具有更强的疏水性、耐水解性和生物质黏附性，对于受基因调控的反硝化还原酶的活性也有显著影响[12]，对生物膜脱氮表现出更强的时效性；相反，随着 AHLs 信号分子侧链长度的缩短，氨氮的去除效果增强[13]。具有 10 个碳原子的中链 AHLs 具有相对较差的耐水解性，但显示出更强的细菌黏附促进作用[14]。此外，在外源 AHLs 链长相同的情况下，侧链不同位置上的取代基不同也会使得最终的脱氮效果产生差异。当投加不含 β 位取代基的 AHLs 分子时（C_6-HSL、C_8-HSL、C_{10}-HSL），随着 *N*- 基侧链长度的增加，微生物从悬浮状态向附着状态的转化增强；当 AHLs 的 β 位取代基是羰基（3-oxo-C_6-HSL、3-oxo-C_8-HSL、3-oxo-C_{10}-HSL）时，反应器内微生物的黏附生长能力随 *N*- 基团侧链长度的缩短而增强。因此与具有相同侧链长度但以羰基作为取代基的 AHLs 相比，β 位取代基的 AHLs 对氨降解的促进作用更大[13]。

6.1.2　外源性 AHLs 对微生物膜特性的影响

（1）对生物膜形态及 EPS 分泌的影响

基于 AHLs 的 QS，在生物膜系统中具有加速启动、提高微生物丰度等多重作用（图 6-2）。生物膜形成和微生物附着在生物载体上需要多个步骤，包括浮游细胞的初始附着、微生物繁殖、EPS 产生、生物膜成熟和微生物脱离[15-16]。初始黏附细菌产生的信号分子水平较低，基于 AHLs 的 QS 系统传输能力较弱，有效传输距离受限，外部表现为反应器启动时间较长。研究表明，外源性 AHLs 可显著加速生物增强反应器的启动过程并增加生物量[17]。Wang 等[18]使用超声波时域反射剂（UTDR）作为原位和非侵入性检测技术，对由 AHLs 调节的废水生物膜附着进行量化，发现反应系统的可逆黏附时间显著缩短，生物膜厚度随着初始 AHLs 浓度的增加而显著增加，C_4-HSL、C_6-HSL、C_{10}-HSL 等化学信号物质浓度与生物膜的活性呈显著正相关。一方面，细菌可能将类似于黏附力一类的表面反应传递给其他细胞，导致大量细胞获得紧急黏附特性，促进牢固黏附[19-20]；另一方面，细菌群落之间存在交叉交流，即不同菌种产生的 AHLs 可能在异质生物膜中的革兰氏阴性菌之间共享[21]。这些由 AHLs 分子传递引起的共定植、共聚集和通信等合作行为有利于细菌的初始黏附。

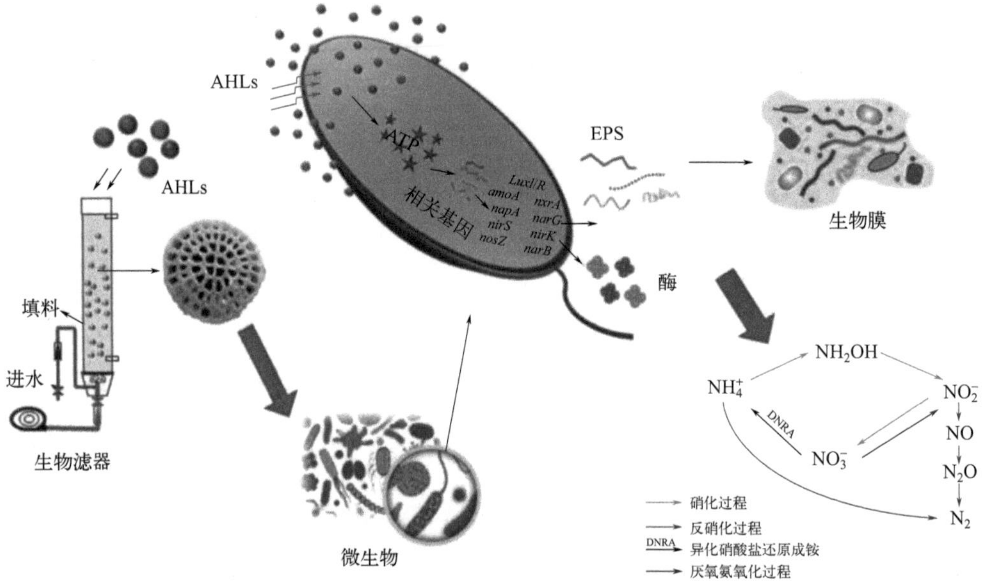

图 6-2 基于 AHLs 的 QS 在生物膜系统中的作用图

微生物细胞产生的 EPS 作为生物膜形成的重要成分，由多种有机物组成，包括多糖（PS）、蛋白质（PN）、核酸、脂质和腐殖酸。其中，PS 是生物膜或颗粒污泥中的骨架，也是形成嵌入微生物细胞的框架结构；PN 可以改变细胞的表面电荷和疏水性并提高细胞黏附能力。研究发现，添加外源 AHLs 会导致 EPS 中的 PS 和 PN 显著增加。Liu 等[22]发现在较低 C/N（C/N=4）和溶解氧 DO（0.8mg/L）条件下，AHLs 可显著提高 EPS 中的 PS 含量，从而增强细菌黏附性。

AHLs 介导的 QS 还可以利用 C_{10}-HSL、C_{12}-HSL 和 C_6-HSL 增强自养硝化菌之间的种间通信，调节需氧颗粒中的紧密结合型 EPS[23]。在机制方面，研究发现 QS 通过调节细胞内 ATP 的合成，进而影响微生物细胞的合成以及 EPS 的分泌 [24-25]。Zhang 等 [8] 的研究表明，在利用外源 AHLs 调节 EPS 分泌的过程中，当 ATP 被破坏时，即使加入 AHLs，EPS 的含量也不会增加。此外，研究还发现，AHLs 主要调节丙氨酸、缬氨酸和谷氨酰胺的合成，并能够选择性地调节天冬氨酸和亮氨酸以影响细胞外蛋白 [26]。因此，外源 AHLs 主要通过调节硝化菌和反硝化菌氨基酸的合成来提高 EPS 的含量，并促进生物膜的形成，从而提高脱氮效率。

（2）对脱氮功能菌群丰度变化的影响

生物膜性能通常随微生物群落变化而改变，有益脱氮菌的富集，会强化生物膜系统的氮代谢效果。然而，生物膜形成是一个相互选择的过程，某些微生物之间存在竞争关系，脱氮功能菌并非都能在生物膜中成功定植生长，因此系统中微生物丰富度会出现差异。研究发现，添加不同化学结构的 AHLs 会形成不同的微生物群落结构和相对丰度，从而导致脱氮功能不同程度地增强 [27-28]。外源性 AHLs 的添加降低了内源细菌之间的竞争，加强了 QS 对微生物聚集的控制，使 QS 提前达到脱氮相关基因表达的阈值 [18,29]。研究发现，AHLs 提高了参与 QS 的混合反硝化菌属的丰度，如缺氧反硝化菌（黄杆菌，相对丰度 12.7%）、好氧反硝化菌（*Zooglaea*，相对丰度 16.9%）和自养反硝化菌（硅单胞菌，相对丰度 5.2%）[22]。但是由于外源 AHLs 在生物膜系统中具有较强的选择性，可能会出现随着外源 AHLs 的加入，填料和阴极生物膜中的微生物 Shannon 指数显著降低的现象 [15,30]，推测是在反应器启动初期，AHLs 作为细菌细胞的重要 QS 信号和共用有益物质，增强了物种间的竞争 [31-32]。当添加两种或多种 AHLs 时，这些 AHLs 会更倾向于利用它们协同增殖的目标细菌，而非目标细菌则处于劣势，从而导致 α 细菌多样性的下降 [10]。

在添加外源 AHLs 后，系统内微生物出现持续释放 AHLs 的现象，研究推测是由于外源性 AHLs 可以诱导气单胞菌、假单胞菌（*Pseudomonas stutzeri* ADP-19、*Pseudomonas mendocina* IHB602）和变形杆菌（*Proteobacteriacupriavidus* H29）等细菌的富集 [33-35]，并刺激这些微生物自身多种内源 AHLs 的分泌，例如 C_6-HSL、3-oxo-C_6-HSL 和 C_8-HSL[36-37]。

（3）对氮去除相关功能酶的影响

在硝化作用脱氮过程中，氨氧化过程由于 AOB 和氨氧化古菌（AOA）生长缓慢且对环境敏感，成为强化生物膜脱氮的主要限制步骤。C_4-HSL、C_6-HSL 和 C_8-HSL 等 AHLs 与硝化活性和硝化相关基因丰度有关，QS 利用 AOB、NOB 自身和周围其他微生物分泌的 AHLs 调节相关酶的基因表达，提高硝化脱氮能力[28]。同样，反硝化过程相关酶也受 QS 调节，例如生物膜中发生反硝化过程的硝酸盐还原酶（NXR）、亚硝酸盐还原酶（NIR）、一氧化氮还原酶（NOR）和一氧化二氮还原酶（NOS）四种特定还原酶。研究发现，添加一定浓度的外源 C_6-HSL 和外源 C_8-HSL 能够显著影响 NIR、NOR 和 NXR 的基因转录[13,29]。

QS 在硝化菌、反硝化菌和氨氧化菌复杂的相互作用中普遍存在并发挥重要作用[38]。首先，外源 AHLs 通过 QS 可影响生物膜内的微生物群落及其形成，微生物群落结构变化调节了 EPS 的产生和生物膜的形成，进而影响生物膜反应器对氮的去除效率。其次，硝化菌、反硝化菌和氨氧化菌中的 AHLs 合成酶利用复杂的序列和结构变化，也会产生不同类型的酰基链结构[39]，进而影响脱氮效率。不同的外源 AHLs 对多数生物膜反应器的氮污染物和其他污染物的去除效果都具有良好的提升能力。目前，由于 AHLs 合成酶可以识别的底物类型和相应酰基链长度的不同，在不同的合成酶中会出现很复杂的序列和结构变异。基于现有研究仍不能充分分析不同 AHLs 合成酶产生的不同 AHLs 信号之间的进化关系，AHLs 对脱氮过程中相关酶的具体影响机制仍有待深入研究。

6.1.3 AHLs 添加方法对生物膜脱氮性能的提升及影响因素

（1）AHLs 添加阶段、浓度及频次对脱氮性能的影响

当 AHLs 的细胞外浓度达到阈值时，能刺激 QS 相关基因的表达，激活 QS 的控制功能。不同细菌启动 QS 的阈值不同，外源 AHLs 对细菌 QS 阈值具有调节作用。在铜绿假单胞菌中，受 QS 控制的基因有 *rsaL*、*lasB*、*pa*1656、*lasL*，其细胞密度阈值的 OD_{600} 分别为 0.34、0.87、0.32、0.61[40]。在铜绿假单胞菌缺乏 *QslA* 基因的情况下，外源 3-oxo-C_{12}-HSL 可刺激铜绿假单胞菌的 QS，使其阈值增加 9 倍[41]。Wang 等[14]观察到 AHLs 的细菌 QS 阈值具有从 10ng/L 到 10μg/L 的浓度范围。但是由于废水生物膜群落中 AHLs 驱动 QS 的复杂性，仍

无法明确各种类型生物膜对不同 AHLs 的具体反应。

添加外源 AHLs 时应考虑生物膜所处的生长阶段：在生物膜形成初期，添加外源信号物质有助于细菌分泌 EPS，促进初始生物膜的稳定形成，缩短反应系统的启动时间；在成熟的生物膜中，紧密型生物膜由于受到表面生物膜的保护以及营养物质的交叉输送，使得成熟阶段紧密型生物膜拥有分泌高浓度 AHLs 所需的环境条件，所以此时 AHLs 可以较好地调节生物膜活性。

值得注意的是，虽然添加外源 AHLs 可提前达到能够触发 QS 机制的胞外 AHLs 浓度，强化 QS 的控制功能，但外源性 AHLs 的促进作用并没有随其浓度的增加而呈线性增加，当 AHLs 的浓度增加到一定值时，细菌生物膜的形成可能受到其他因素限制[42]。因此，考虑到作用效果和经济效益，应该添加适量的外源 AHLs 以达到最佳的氮化合物去除率。Fang 等[42]添加 10μmol/L 的 C_6-HSL 和 3-oxo-C_{12}-HSL 后，对阴极溶性地杆菌的启动进行评估，阴极电活性生物膜（EAB）的生物量和 EPS 均增加，且 EPS 和阴极 EAB 最外层蛋白质的氧化还原活性增强，反应器的启动滞后期缩短了 50%，添加混合外源性 AHLs 处理 16d 后，硝酸盐的还原率达到 76%。大多数实验均添加两种或多种外源性 AHLs，这加强了细菌间多个 QS 的表达，强化了系统的脱氮性能（表 6-1）。当添加两种不同的 AHLs 时，QS 细菌会根据 AHLs 分子的数量达到双稳态阈值[43]，进而促进 QS 细菌脱氮作用。

表 6-1　添加外源 AHLs 的生物膜反应器中脱氮情况

分子类型	添加浓度 /（μmol/L）	目标污染物	提升效果	参考文献
C_6-HSL C_8-HSL C_{14}-HSL 3-oxo-C_{12}-HSL	0.0125 0.0125 0.0125 0.0125	COD、NH_4^+-N、 NO_3^--N	++	[44]
C_6-HSL	2	NO_3^--N	+−	[9]
C_6-HSL C_8-HSL	— —	NH_4^+-N、NO_3^--N、 NO_2^--N、	++	[45]
C_6-HSL C_8-HSL	0.1 0.1	TOC、TN、 NH_4^+-N、NO_3^--N	++	[29]
C_6-HSL 3-oxo-C_6-HSL	1 1	NH_4^+-N	++	[10]
C_6-HSL 3-oxo-C_{12}-HSL	10* 10*	NO_3^--N	++	[42]

注：++ 表示污染物去除显著；+− 表示污染物去除不显著；* 表示最终混合浓度。

还有研究提出，添加一次外源 AHLs 不能对 QS 的控制立即产生影响，这是由于 AHLs 在废水中很容易降解[46]，多次添加可能对细菌群落的构建更有利。Xiong 等[10]在几乎相同的时间间隔内（第 1 天、第 6 天、第 10 天）往生物膜装置中添加 3 次 AHLs 和酰化酶，发现 PS 含量第 3 天升高 32.4%，第 8 天逐渐升到最高水平。因此，在相同时间间隔内多次添加外源信号分子可保持其在整个运行期间的持续刺激作用。

随着生物膜脱氮工艺的不断发展，一些研究将生态处理系统与电化学相结合，例如人工湿地 - 微生物燃料电池、人工湿地 - 生物膜电极系统等。目前，外源 AHLs 在生物电化学中的应用研究有限，但是现有的研究表明，在生物电化学系统中添加 AHLs 有利于脱氮性能的提高[44]。此外，更多与外源相结合的电化学应用，比如 AHLs 改善微生物电解槽的生物电化学性能和能量回收、QS 体系在高性能微生物燃料电池中的应用等[47-48]，证明了外源 AHLs 在反硝化过程以及利用反硝化脱氮的生物膜系统中的潜在价值。

（2）影响外源性 AHLs 脱氮效果的环境因素

植物根系、DO、温度、盐度及无机金属离子等是影响 QS 效应的主要因素。植物根系是系统中微生物高度富集区域之一，一些研究从湿地芦苇根系样品中发现气单胞菌、假单胞菌、根瘤菌、中华根瘤菌等多种可产生 AHLs 的菌属[49]。因此，湿地植物根系可能存在较高水平的 QS 作用，对于 AHLs 的释放与脱氮的调控具有一定的影响。红树林湿地中 QS 增强了异养硝化 - 好氧反硝化细菌（HN-AD）的反硝化和生物膜形成能力[50]。但是不同植物对于外源 AHLs 又表现出不同的反应，如蒺藜根提取物表现出对 QS 性能的抑制作用[51]。因此，不同的湿地植物与 AHLs 之间具有的复杂作用机制仍需进一步探索。

DO 通过调节脱氮相关酶的含量，影响微生物硝化、反硝化过程。同时 QS 通过调控 *nirS*、*norB*、*norC*、*nosZ* 等关键酶基因的表达，也影响了 NAR、NIR、NOR、NOS 的酶活性。因此，DO 浓度的变化对于受 QS 调控的脱氮过程具有重要作用，尤其是反硝化过程表现出了更明显的差异：在好氧条件下，受 *nosZ* 一类关键酶基因控制的微生物丰度下降，导致反硝化过程中 NO_2^--N、NO、N_2O 之间的还原转化受到抑制[52]；相比之下，外源信号分子对厌氧反硝化过程中 *nirS*、*norB*、*norC* 等基因的表达有明显的上调，增强了厌氧反硝化过程[13]。

温度的变化也会影响细菌的活性和 3-oxo-C_4-HSL、3-oxo-C_5-HSL、3-oxo-C_6-HSL 等 AHLs 的释放，其中水相中 AHLs 的释放浓度往往会随温度的降低而降低[53-54]。由于外源 AHLs 的种类繁多，不同外源 AHLs 在不同温度下的作用也不相同。如 C_8-HSL 能够在室温下显著促进生物膜生长和 EPS 分泌，而 C_6-HSL 则在低温下效果显著。两种信号分子在其适宜温度环境下均可提高微生物丰度及脱氮效率[29]。因此，需对不同外源 AHLs 参与的脱氮系统进行温度优化实验。

对于高盐度废水而言，含盐浓度过高会导致水处理系统中微生物细胞渗透压增高和质壁分离，使脱氮系统性能降低。因此，揭示耐盐微生物 QS 脱氮机制，进而提高脱氮微生物的耐盐性至关重要。Zhu 等[55]研究了盐胁迫下厌氧氨氧化菌群体感应的反馈机制，3-oxo-C_6-HSL 的浓度随盐度的增加而增加。AHLs 介导的 QS 变得更加活跃并改善了厌氧氨氧化联合体的协同作用，这可能由于高盐度条件下，通过调节 QS 刺激相关 AHLs 的释放，促进细菌产生更多的胞外聚合物，从而提高了细菌对盐胁迫的耐受性[56]。

此外，在实际的废水中存在多种无机盐离子，外源 AHLs 可能会受到废水样品中离子强度的影响。研究发现，碱性单价阳离子 Na^+ 和 K^+ 是调节噬菌体聚集状态的关键信号，其离子强度可以影响细菌的群体行为和群体感应[56]，但是对于外源 AHLs 在实际污水处理中的应用鲜见报道。Peng 等[57]在实际高氨氮废水中添加 C_6-HSL 和 C_8-HSL 增强了微生物黏附力，在盐度和有机物含量相同的实际废水中，优势细菌及其生物膜决定了外源 AHLs 的作用，表明了添加外源 AHLs 方法具有加速生物膜法脱氮的潜力。因此，若想实现基于 AHLs 的 QS 在实际污水中的成功应用，仍需进行深入研究，分析复杂环境下生物膜系统中基于 AHLs 的 QS 脱氮情况。

综上，目前相关研究已经揭示了 QS 强化微生物脱氮过程中的部分机制，为通过添加外源 AHLs 提高生物膜系统脱氮性能提供了一定的理论基础，但仍有以下问题需要解决。

① 外源 AHLs 对不同脱氮功能菌的作用效果存在差异，缺少对外源 AHLs 功能的足够认识；由于外源 AHLs 结构和相关基因酶复杂多样，外源 AHLs 强化纯培养 QS 细菌脱氮的成膜条件、相关酶的作用机制尚不明确。

② 缺乏外源 AHLs 对生物膜反应器启动和运行全周期时效性的研究，无法

为长期运行的生物膜系统提供数据和理论支撑；如何通过改变外源 AHLs 添加浓度、频次等操作参数影响外源 AHLs 强化生物膜脱氮效果，有待进一步阐明。

③ 环境条件优化可进一步提高 AHLs 强化生物膜脱氮性能，然而相关效应和机制尚不清晰。

④ 在实际生产中，添加外源 AHLs 的使用效果受到多种条件限制，目前绝大多数研究结果是基于实验室数据得到的，缺少对外源 AHLs 强化生物膜脱氮的实际应用研究。

为保证外源 AHLs 作用的高效性和准确性，针对外源 AHLs 强化生物膜脱氮的研究现状，未来应从以下几个方面重点展开研究。

① 提高对不同种类外源 AHLs 功能的认识，基于外源 AHLs 对生物膜的作用机制有待进一步探索。不同的外源 AHLs 对细菌成膜、脱氮具有不同的功能，添加外源 AHLs 验证了微生物 QS 具有促进脱氮的功能，但未能揭示外源 AHLs 作用下微生物成膜条件和相关功能酶的具体机制。今后可利用异源表达、基因失活、元转录组学、宏基因组学和代谢分析组学等增强 QS 作用机制，加强 AHLs 合成酶和受体鉴定，进一步监测复杂群落中代谢活动和代谢途径。

② 明确外源 AHLs 在生物膜反应器不同阶段的作用机制和效果。今后应全面评估外源 AHLs 在生物膜生长全周期内的作用效果，进一步明确不同外源 AHLs 在硝化、反硝化、氨氧化等氮代谢过程中的作用，通过调节外源 AHLs 的添加频次与浓度，确定最佳的外源 AHLs 添加方法，使利用外源 AHLs 精确调控生物膜反应器的脱氮过程成为可能。

③ 针对外源 AHLs 影响下的生物膜系统，强化环境条件的效应研究。今后应利用多种生物学技术手段，鉴别不同环境条件下相关酶的种类并监测其浓度变化，深入了解 DO、温度、盐度等因素对外源 AHLs 效应的影响，通过对操作条件和环境条件的优化，实现 AHLs 对改善生物膜反应器性能的最大有效性。

④ 开展规模化生物膜反应器实验研究，验证外源 AHLs 在实际污水处理中的效果。外源 AHLs 在实际应用过程中会受到反应器内部和外部多种因素的影响，今后应加强对污水处理构筑物中试和规模化的研究。针对生物滤池、人工湿地以及结合电化学的新型生物膜工艺，加强外源 AHLs 对反应系统整体性能

的研究，将实验结果扩展到实际废水处理中，并以实际废水处理效果验证其有效性。

综上所述，目前关于外源 AHLs 强化生物膜脱氮已取得了一些有价值的成果，但是还有一些未知的关键科学问题亟待解决。随着对上述重点问题研究的不断深入，添加外源 AHLs 强化生物膜脱氮将有很大潜力成为重要的污水处理新方法，为水污染治理作出贡献。

6.2　铁元素对废水中氮强化去除的微生物学机制与技术

铁为主要催化成分，不仅价格便宜，而且在催化剂材料中易于控制其氧化态和分布状态，从而实现催化作用。同时，也可对铁基材料内部的微观结构和反应活性进行调控，从而达到改变污水中各种污染成分的降解效率和选择性的目的。因此，铁元素具有高活性和高选择性等特点。例如，零价铁改性的小麦秸秆在对地下水氮污染修复过程中，显示出了良好的氮气选择性以及对氮负荷冲击的抵抗性，Guo 等 [58] 还证明了零价铁改性小麦秸秆将成为实际地下水修复的有效填充物。此外，复合的铁基填料对水环境中的铜、钴、铬、砷等重金属污染物也有显著的吸附作用，比如，壳聚糖 - 零价铁基复合材料、铁碳微电解材料等 [59-60]。随着铁基填料自身理化性质的不断优化，多种新型铁基填料显著增强了污水处理系统对污染物的去除性能。

这里通过制备铁基填料研究铁元素对废水中氮强化去除的微生物学机制与效果。

（1）填料的制备与选用

研制了新型铁基填料 IBPF（铁基多孔填料）和 FF（铁基填料）、新型非铁基填料 IFPF（无铁多孔填料）和 IFF（无铁填料），应用于本实验，IBPF、FF、IFPF 以及 IFF 分别用活性炭粉末、钠基膨润土、碳酸氢铵成孔剂、硅藻土、火山石粉末、麦饭石粉末、沸石粉、凹凸棒粉、石英粉、蛭石粉、核桃粉等材料，经造粒、过筛、干燥、煅烧制成。自制填料所用的原材料购买于石家庄韵石新型建材有限公司，所用药品购自上海阿拉丁生化科技股份有限公司，经测试已经具有较好的硬度及微生物吸附特性。其具体制备过程参考荣馨宇[61]和李可心[62]的方法。

（2）实验用水

① 淡水条件下实验用水的配制　本实验用水为模拟污水，向静置 48h 后的自来水中添加醋酸（CH_3COOH）、邻苯二甲酸氢钾（$C_8H_5KO_4$）、氯化铵（NH_4Cl）和硝酸钾（KNO_3）作为碳源和氮源，其营养母液成分如表 6-2 所示。在实验过程中，除测试样品外，其余操作中所需用水均使用超纯水。实验启动挂膜和正式运行的进水水质参数分别如表 6-3、表 6-4 所示[62]。实验室药品的混合溶解及稀释所需用水均使用超纯水。

表 6-2　淡水条件下人工模拟污水营养母液成分

试剂	挂膜期浓度 / (mg/L)	正式运行期浓度 / (mg/L)
$C_8H_5KO_4$	275	102
KNO_3	432	144
NH_4Cl	76	38
CH_3COOH	138	51

表 6-3　淡水条件下反应器挂膜期进水水质参数

参数	浓度 / (mg/L)
COD	480
NO_3^--N	40
NO_2^--N	1
NH_4^+-N	30

表 6-4　淡水条件下反应器正式运行期进水水质参数

参数	浓度 / (mg/L)
COD	180
NO_3^--N	20
NO_2^--N	1
NH_4^+-N	10

② 海水条件下实验用水的配制　实验过程中所用海水取自辽宁省大连市黑石礁附近海域海水，使用葡萄糖（$C_6H_{12}O_6$）、KNO_3、NH_4Cl 作为碳源和氮源与实验所用海水均匀混合，其营养母液成分如表 6-5 所示。参考团队之前的研究，实验启动挂膜和正式运行的进水水质参数分别如表 6-6、表 6-7 所示[61]。实验室药品的混合溶解及稀释所需用水均使用超纯水。

表 6-5 海水条件下人工模拟污水营养母液成分

药品	挂膜期浓度 / (mg/L)	正式运行浓度 / (mg/L)
$C_6H_{12}O_6$	191.87	143.91
KNO_3	101.1	101.1
NH_4Cl	152.828	30.566

表 6-6 海水条件下反应器挂膜期进水水质参数

参数	数值
盐度/%	3.1±0.05
COD/（mg/L）	180
NO_3^--N/（mg/L）	14
NO_2^--N/（mg/L）	1
NH_4^+-N/（mg/L）	40

表 6-7 海水条件下反应器正式运行期进水水质参数

参数	数值
盐度/%	3.1±0.05
COD/（mg/L）	140
NO_3^--N/（mg/L）	14
NO_2^--N/（mg/L）	1
NH_4^+-N/（mg/L）	8

（3）实验装置的构建与运行

① 实验装置的构建 使用 8 个内径为 10cm、高为 70cm 的有机玻璃柱，建立 8 个有效容积为 2.3L 的上行式垂直潜流生物滤池系统。其中 4 个有机玻璃柱应用于淡水条件下，分别命名为 FR1、FR2、FR3 和 FR4（图 6-3），另外 4 个应用于海水条件下，分别命名为 MR1、MR2、MR3 和 MR4（图 6-4）。每个系统内部从上至下依次填充 5cm 火山石、40cm 实验室已制备的新型填料和 10cm 砾石。其中，FR1 和 FR3 填充 40cm 铁基填料 IBPF，FR2 和 FR4 填充 40cm 无铁填料 IFPF；MR1 和 MR3 填充 40cm 铁基填料 FF，MR2 和 MR4 填充 40cm 无铁填料 IFF。每个系统的阳极均为石墨电极板（50mm×50mm），阴极均为不锈钢网（50mm×100mm）包裹活性炭颗粒（10mm×10mm），使用钛丝连接阴极和阳极，外部电压由电化学工作站稳定提供。配置一个工作容积为 10L 的配水箱并由加热器控制 25℃左右的固定温度。通过调节蠕动泵，使水流以相同的流速泵入反应器。控制出水管线路，分别设置一个出水管和一个回流管，对各个系统进行回流设置。另外，在淡水中 CW-MECs 的每个反应器顶部，种植大小和重

量相似的牛筋草、葎草、附地菜、半夏等植物。实验过程中，为营造避光环境，对反应器顶部液面以下部分及硅胶管用锡箔纸包裹。

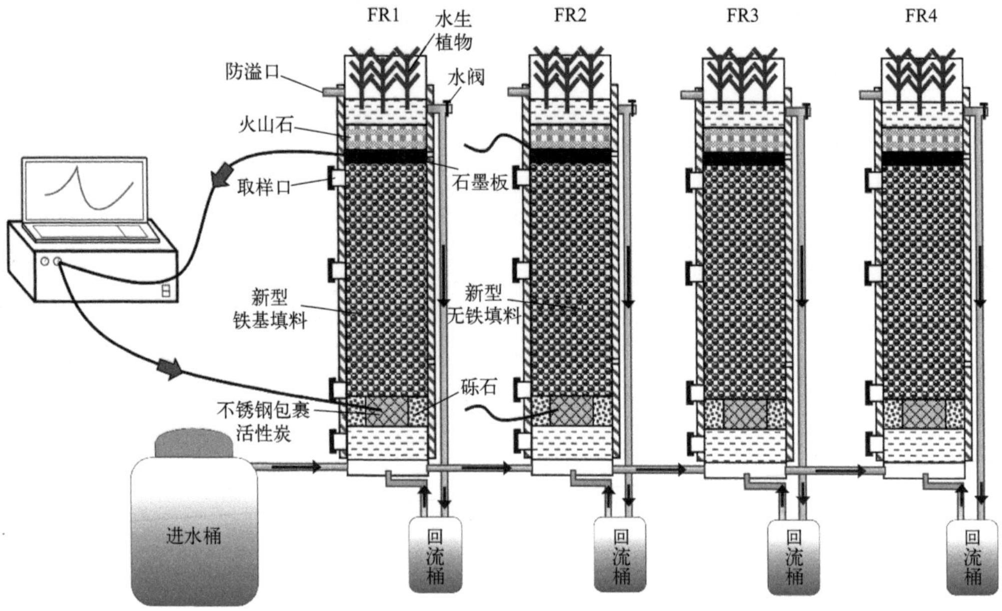

图 6-3　4 组上行式人工湿地 - 微生物电解池系统装置图（淡水条件）

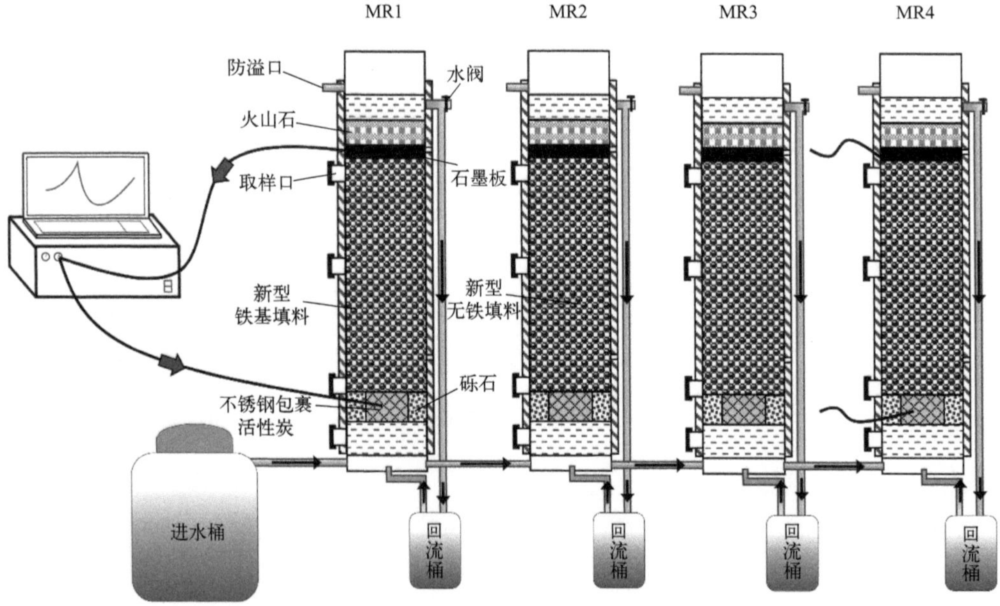

图 6-4　4 组上行式人工湿地 - 微生物电解池系统装置图（海水条件）

② 不同条件下 CW-MECs 的运行　淡水及海水环境下 CW-MECs 的运行如下。

淡水环境下，向每个反应器中接种大连市夏家河污水处理厂的活性污泥和大连市凌水河中的污泥。每 3 天向系统中补充一次营养物质，连续运行 90d 后，4 个系统运行稳定，表明系统挂膜完成。系统启动后，设置回流管的回流比为 240%。向 FR1 和 FR2 中施加 1.8V 电压，FR3 和 FR4 中不施加电压。将 4 个系统内的 HRT、pH 值、温度分别控制在 12h、8±0.5、(25±0.5) ℃。运行 60d 后，取样进行生物学鉴定。

海水环境下，为加速反应器中生物膜的形成，向每个反应器中接种大连市黑石礁附近海域底泥。利用实际养殖海水对 4 组反应器进行循环，连续运行 90d 后，4 个系统运行稳定，表明系统挂膜完成。系统启动后，设置回流管中的回流比为 260%。向 MR1 和 MR4 中施加 1.4V 电压，MR2 和 MR3 中不施加电压，检验施加电压对铁基填料及系统阴极表面微生物群落的影响。将 4 个系统内的 HRT、pH 值、温度分别控制在 12h、8±0.5、(25±0.5) ℃。运行 60d 后，取样进行生物学鉴定。

(4) 取样测试与理化分析

① 水样采集和分析　收集运行 60d 后的出水水样，测定 NO_3^--N、NO_2^--N、NH_4^+-N 以及 TN，以验证脱氮微生物的成功富集。

② 填料和阴极的取样和测试　系统运行结束后，从每个系统的顶部（距离系统顶端 15cm 处）、中间（距离系统顶端 30cm 处）、底部（距离系统顶端 55cm 处）各取 5g 填料。将取出的填料放在金属板上，使用高碳钢锤将填料砸成细小颗粒，使用金属药匙将砸好的填料转移至新的灭菌离心管中。上述所使用的金属板、高碳钢锤以及离心管均经过高温灭菌处理。

取出 FR1 ～ FR4 和 MR1 ～ MR4 中的阴极活性炭颗粒。将阴极不锈钢网中的部分活性炭颗粒用高碳钢锤均匀粉碎成黏稠状小颗粒，并使用金属药匙将砸好的填料转移至新的灭菌离心管中。上述所使用的金属板、高碳钢锤以及离心管均经过高温灭菌处理。

以上填料和阴极的处理过程均在超净工作台上完成。对每个系统中的填料和阴极均分别处理，每次更换时均对使用过的金属板、高碳钢锤和药匙进行灭菌处理。

③ 16S rRNA 基因扩增子测序　将处理后的填料和活性炭颗粒阴极进行

离心，参照已有方法对填料和阴极样品中的DNA进行提取、检测和鉴定。使用DNA提取试剂盒进行基因组DNA抽提后，利用Thermo NanoDrop One检测DNA的纯度和浓度。以基因组DNA为模板，根据测序区域的选择，使用带barcode的特异引物及TaKaRa Premix Taq®Version 2.0进行PCR扩增。此外，扩增区域还包括：16S V3-V4/16S V4-V5，古菌16S V4-V5，18S V5和ITS2区以及功能基因对应引物等。用1%琼脂糖凝胶电泳检测PCR产物的片段长度和浓度。最后进行建库并使用Illumina Nova Seq 6000平台对构建的扩增子文库进行PE250测序。

④ 基因序列测定数据和微生物群落分析统计　对测序结果进行数据处理（包括拼接和过滤）。首先使用UPARSE对微生物进行聚类，然后使用R软件（2.15.3版）对微生物群落结构及种间结构差异进行分析，统计纲水平微生物丰度排名前15位和科水平微生物丰度前30位的微生物组成。基于OTU表，通过多种算法实现α多样性和β多样性分析。绘制Rank-Abundance曲线、稀疏曲线、PCo（主坐标）分析等多种微生物群落间丰富度与差异度分析图。

6.2.1　微生物学机制

（1）淡水环境下铁基填料上的微生物学变化机制

对四组反应器在淡水环境中填料表面纲水平微生物群落进行分析，将相对丰度排名前15位的纲水平微生物的相对丰度分组，形成柱状图（图6-5）。可以看出，γ-变形菌纲（Gammaproteobacteria，占42.21%～45.74%）、α-变形菌纲（Alphaproteobacteria，占4.13%～29.18%）、拟杆菌纲（Bacteroidia，占11.97%～15.85%）以及δ-变形菌纲（Deltaproteobacteria，占3.56%～6.12%）为四个系统中丰度占优势的纲水平微生物。除此以外，FR1作为本实验的主要研究对象，Gammaproteobacteria、Alphaproteobacteria以及Bacteroidia约占FR1总微生物丰度的73.56%，具有一定的微生物群落丰度优势。疣微菌纲（Verrucomicrobiae，约占6.26%）和梭菌纲（Clostridia，约占2.57%）的相对丰度也较高。其中，Verrucomicrobiae在FR1中的丰度远高于FR2，Clostridia则主要富集在FR1和FR3中。在柱状图中，细杆菌纲（Gracilibacteria，占0.26%～19.23%）虽然排在第四大优势丰度微生物，但是其主要集中出现在FR4中，而Alphaproteobacteria在FR4中的相对丰度显著低于其他系统。

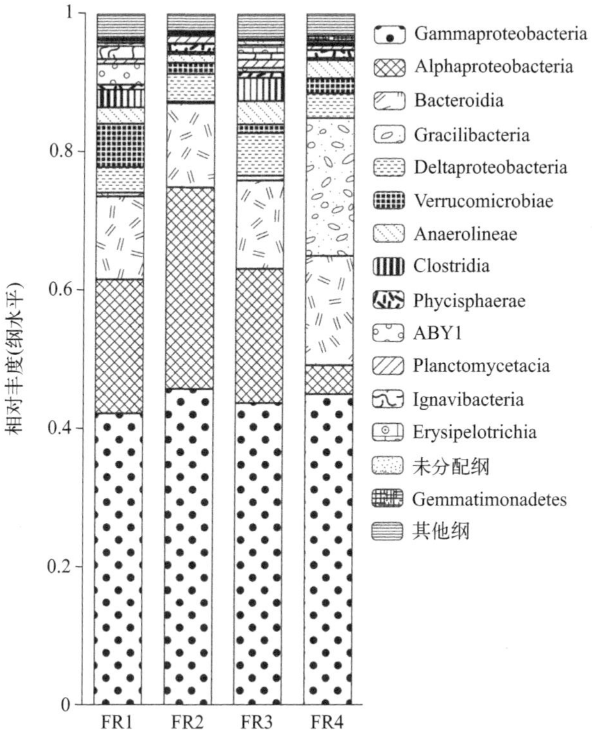

图 6-5　反应器填料中微生物群落纲水平相对丰度前 15 位优势细菌的相对丰度

通过对四组反应器的填料表面进行科水平微生物的相对丰度分析，绘制了科水平微生物群落丰度表（表 6-8）。该结果显示了不同对照条件下 CW-MECs 中微生物群落相对丰度排名前 30 位的科。可以看出，FR1 和其他系统中的科水平微生物具有明显差异，特别是与 FR2 和 FR4 系统相比。在 FR1 中高丰度微生物群落的物种相对较多，其中黄单胞菌科（Xanthomonadaceae）、亚硝化单胞菌科（Nitrosomonadaceae）、球藻科（Pedosphaeraceae）、丰佑菌科（Opitutaceae）和疣微菌科（Verrucomicrobiaceae）丰度值较高。同样，FR2、FR3 和 FR4 在各自系统中也有代表性高丰度科水平微生物，例如，FR2 中的莫拉菌科（Moraxellaceae），FR3 中的针叶科（Anaerolineaceae）以及 FR4 中的几丁质藻科（Chitinophagaceae）。但是 FR3 与 FR2、FR4 不同的是，杆菌科（Paludibacteraceae）、脱硫菌科（Desulfomicrobiaceae）、红藻科（Rhodanobacteraceae）和红杆菌科（Rhodobacteraceae）等科水平微生物与 FR1 具有高度相似性。

表 6-8 反应器填料中微生物群落科水平相对丰度前 30 位优势细菌的丰度

科	FR1	FR2	FR3	FR4
Burkholderiaceae	0.1656	0.1874	0.2214	0.2603
Rhodocyclaceae	0.2029	0.2158	0.1679	0.1487
Magnetospirillaceae	0.1558	0.2543	0.1598	0.0080
未分配科	0.0776	0.0172	0.0433	0.2230
Flavobacteriaceae	0.0274	0.0789	0.0150	0.1089
Bdellovibrionaceae	0.0050	0.0278	0.0368	0.0199
Lentimicrobiaceae	0.0214	0.0026	0.0529	0.0017
A4b	0.0153	0.0095	0.0115	0.0231
Pedosphaeraceae	0.0218	0.0076	0.0083	0.0104
Family_XII	0.0197	0.0013	0.0243	0.0017
Hyphomonadaceae	0.0070	0.0153	0.0095	0.0116
Moraxellaceae	0.0037	0.0192	0.0109	0.0063
Opitutaceae	0.0254	0.0049	0.0027	0.0066
Chitinophagaceae	0.0049	0.0042	0.0063	0.0232
Paludibacteraceae	0.0194	0.0007	0.0166	0.0007
Xanthomonadaceae	0.0114	0.0081	0.0071	0.0081
Phycisphaeraceae	0.0051	0.0112	0.0071	0.0092
Anaerolineaceae	0.0065	0.0010	0.0202	0.0018
Vibrionaceae	0.0079	0.0071	0.0071	0.0060
Cyclobacteriaceae	0.0093	0.0146	0.0012	0.0021
Pirellulaceae	0.0046	0.0077	0.0093	0.0050
Rhodobacteraceae	0.0085	0.0055	0.0072	0.0052
Rhodanobacteraceae	0.0101	0.0029	0.0071	0.0041
Verrucomicrobiaceae	0.0148	0.0028	0.0012	0.0043
Desulfomicrobiaceae	0.0114	0.0008	0.0085	0.0018
Erysipelotrichaceae	0.0051	0.0009	0.0115	0.0009
Prolixibacteraceae	0.0113	0.0004	0.0061	0.0006
Nitrosomonadaceae	0.0059	0.0037	0.0029	0.0033
Saprospiraceae	0.0042	0.0034	0.0056	0.0025
Gemmatimonadaceae	0.0031	0.0026	0.0019	0.0074

基于 α 多样性分析，利用单一样本中每个 OTU 所含序列数的不同，将 OTU 按丰度由大到小等级排序，再以 OTU 数为横坐标，以每个 OTU 中所含的序列数为纵坐标作图绘制 Rank-Abundance 曲线，对填料表面的微生物群落丰度和均匀度进行了分析。样品曲线延伸终点的横坐标位置为该样品的微生物群落数量，如果曲线越平滑下降，表明样本的微生物群落多样性越高，而曲线快速陡然下降则表明样本中的优势菌群所占比例很高，多样性较低。相比于 FR2 和 FR4，FR1 和 FR3 中填料样本的曲线更平缓。这表明 FR1 和 FR3 的微生物群落多样性

更高，但是 FR2 和 FR4 中的优势菌群在各自系统中有明显的丰度优势。填料生物样本所含 reads（测序片段）及 OTU 数见表 6-9。

表 6-9　填料生物样本所含 reads 及 OTU 数

样品	OTU 数	序列数
FR1	1710	80181
FR2	1316	80514
FR3	1756	81353
FR4	1477	80173

为简化数据结构，展现样本在某种特定距离尺度下的自然分布，基于 Abund jaccard 算法对样本进行 PCo 分析（图 6-6），PCo 分析表明，控制条件不同时，四组反应器之间微生物群落明显不同。其中，FR4 明显远离 FR1、FR2 和 FR3，FR1 和 FR4 之间的距离最远，其次是 FR3 和 FR4，而 FR1 和 FR3 之间的距离最近。

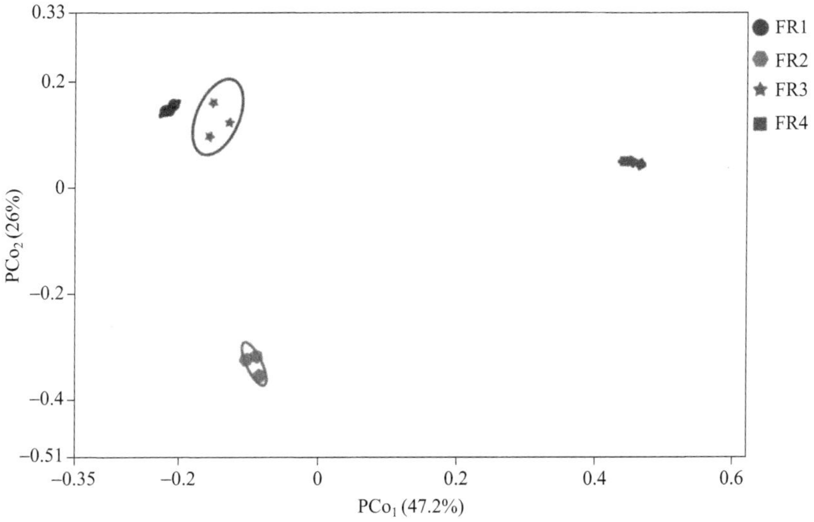

图 6−6　利用 Abund jaccard 算法对填料样品微生物群落的 PCo 分析

基于上述不同填料样品表面微生物多样性和各组间差异性结果，结合 CW-MECs 的研究方案，以 FR1 和 FR4 之间的显著性差异作为研究重点，对填料表面的纲水平和科水平微生物群落进行差异性分析。就二者纲水平微生物而言［图 6-7（a）］，Alphaproteobacteria、Verrucomicrobiae、ABY1、Clostridia 以及 Ignavibacteria 在 FR1 中的相对丰度明显高于 FR4，其中 Alphaproteobacteria

的差异较为显著。相反，Gammaproteobacteria、Bacteroidia 和 Gracilibacteria 的相对丰度在 FR4 中更突出，尤其是 Gracilibacteria 的相对丰度，远远高于 FR1。

科水平上的微生物群落数量差异更大［图 6-7（b）］。在 FR1 中，红环菌科（Rhodocyclaceae）、Magnetospirillaceae、Pedosphaeraceae、Opitutaceae、黏胶微

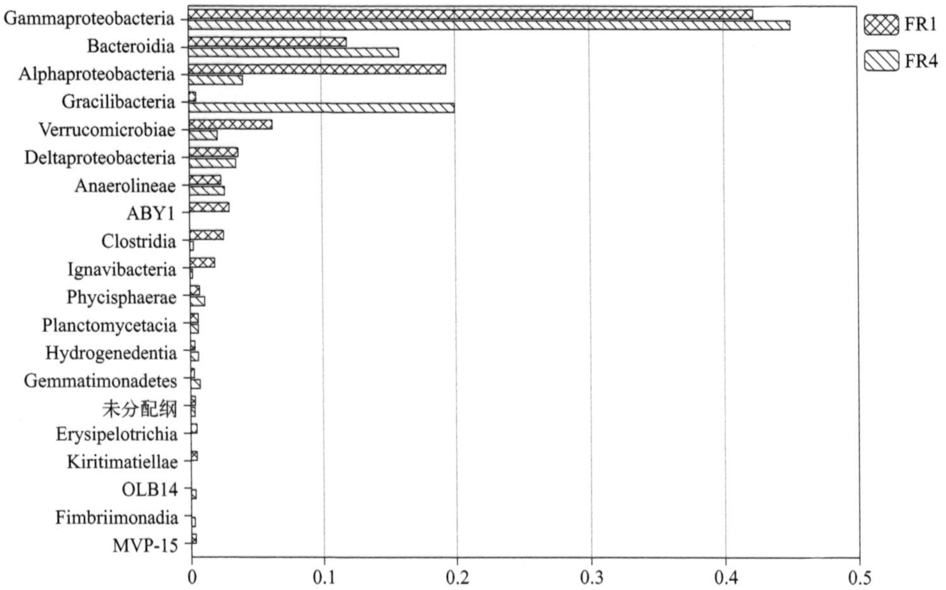

(a) 纲水平组间差异性分析

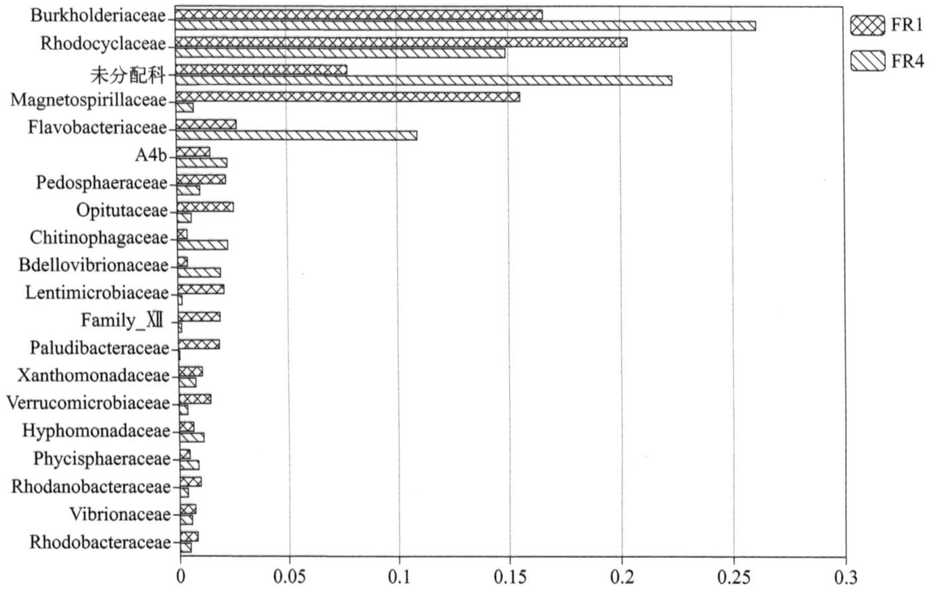

(b) 科水平组间差异性分析

图 6-7 FR1 和 FR4 之间的微生物群落差异性分析

菌科（Lentimicrobiaceae）、Family_ Ⅻ等科水平微生物丰度均高于 FR4。其中，Rhodocyclaceae 和 Magnetospirillaceae 在两个系统中差异显著。在 FR4 中，伯克霍尔德菌科（Burkholderiaceae）、未分配科、黄杆菌科（Flavobacteriaceae）、A4b、Chitinophagaceae 以及拟弧菌科（Bdellovibrionaceae）的丰度高于 FR1，其中排除未分配科外，Burkholderiaceae 和 Flavobacteriaceae 在两个系统中差异显著。

各系统中填料促进了 CW-MECs 在淡水环境下功能微生物的富集。这是因为各系统中的新型铁基填料具有硬度高、孔隙多、孔道连通等特点，在满足水处理用滤料执行标准的同时，还保证了较高的物理吸附特性。Gammaproteobacteria、Alphaproteobacteria、Bacteroidia、Deltaproteobacteria 以及 Verrucomicrobiae 等纲水平微生物在 FR1 填料表面富集，这与 Zhang 等的研究结果较为相似[63]。传统的生物处理过程涉及多种细菌，比如氨氧化菌、硝化菌、反硝化菌、脱硫菌等，均有助于污水中氮、硫等污染物的降解。结合系统对污染物的去除情况，Gammaproteobacteria 是最具优势的纲水平微生物。在分类学上，Gammaproteobacteria 是主要的具有脱氮功能的菌门，包含亚硝化球菌（*Nitrosococcus*）等属水平微生物群落，对 NH_4^+-N 氧化为 NO_2^--N 具有重要作用[64]。同时，Gammaproteobacteria、Alphaproteobacteria、Bacteroidia 中也包含大量反硝化菌、硫氧化菌、硫还原菌，参与水环境中有机污染物的去除过程[65-67]。除此以外，Clostridia 和 Anaerolineae（厌氧绳菌纲）等厌氧微生物在 FR1 中具有一定的丰度优势。铁作为微生物群落的必要元素，不仅有助于细胞生长，还对微生物活性具有积极影响。铁会增加 Verrucomicrobiae 产生的 EPS，有助于促进 Verrucomicrobiae 黏附到固体表面，促进该菌群的富集，强化污水中的生物处理过程[68-70]。

通过相对丰度在前 30 位的优势科水平细菌丰度分析可以发现，多种科水平微生物可在 FR1、FR2、FR3 和 FR4 填料中成功富集。FR1 和 FR3 中优势微生物群落多于 FR2 和 FR4，Paludibacteraceae、Rhodobacteraceae、Rhodanobacteraceae、Desulfomicrobiaceae 等科水平微生物普遍存在于 FR1 和 FR3 中，这些微生物普遍存在于淡水除污过程中。其中 Paludibacteracea、Rhodobacteraceae、Rhodanobacteraceae 等微生物作为碳、氮、硫循环过程以及微生物群落共生的重要参与者，能够在水环境中利用氮作为能量和营养的来源，进行有机污染物的生物转化[71-74]。另外，FR1 填料表面的科水平微生物多样性最高，其中，Xanthomonadaceae 是一种可产生 EPS、促进生物膜形成的细菌，能够加强生物膜黏附性，FR1 中高丰度的 Xanthomonadaceae 保证了生物膜的稳定性[75]。Nitrosomonadaceae 是一种重要的 AOB，在之前的研究中发现，Nitrosomonadaceae 可促使曝气后的海绵铁在污水处理系统中实现深度脱氮，证明深度自养脱氮和 Fe(Ⅱ)、Fe(Ⅲ) 循环是可行的[76]。Pedosphaeraceae、Opitutaceae 和 Verrucomicrobiaceae 均对污水中污染物的去除和生物膜的固定具有促进作用，所以，铁元素对这些微生物的细胞活性、细胞膜形成以及相关酶活性可能具有一定的促进作用。

（2）海水环境下铁基填料上的微生物学变化机制

统计了四个反应器中填料样品表面纲水平相对丰度前 15 位优势微生物类群的相对丰度（图 6-8）。其中 γ- 变形菌纲（Gammaproteobacteria，占 62.23% ～ 70.72%）、拟杆菌纲（Bacteroidia，占 5.68% ～ 9.94%）、α- 变形菌纲（Alphaproteobacteria，占 4.40% ～ 9.05%）、δ- 变形菌纲（Deltaproteobacteria，占 2.63% ～ 5.87%）、弯曲杆菌纲（Campylobacterua，占 1.44% ～ 8.62%）、沃西古菌纲（Woesearchaeia，占 2.35% ～ 3.61%）为四组反应器中主要的纲水平微生物。该 15 个纲水平细

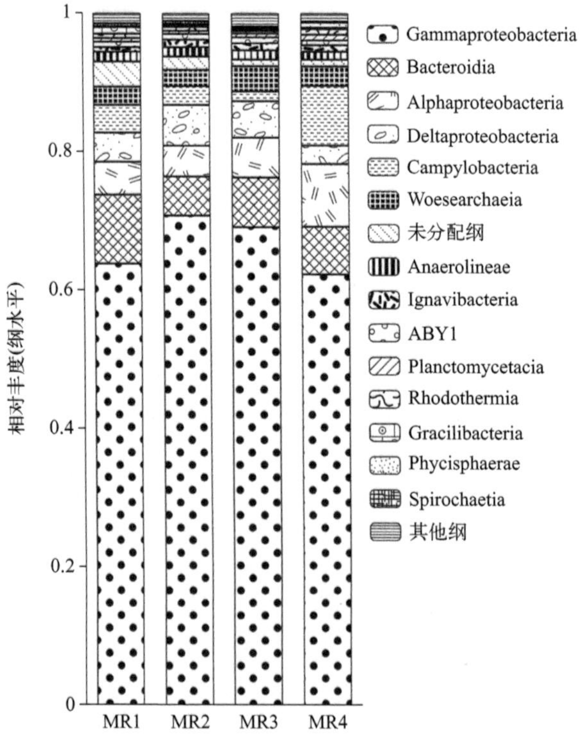

图 6-8　反应器填料中微生物群落纲水平相对丰度前 15 位优势细菌的相对丰度

菌占相应样品总类群的98%以上。Gammaproteobacteria和Bacteroidia作为主要的纲水平微生物在不同对照组中发生了显著变化。在MR1和MR4中，Gammaproteobacteria的相对丰度分别低于MR3和MR2约5.28%和8.45%。而Bacteroidia则相反，在MR1和MR3中，Bacteroidia相对丰度分别高于MR4和MR2约3.06%和1.57%。其他主要纲水平微生物在不同条件下也发生了波动，但是相比于其他反应器，除Gammaproteobacteria以外，MR1中的微生物分布较为均衡，并未出现像Campylobacterua在MR3中的相对丰度过少或在MR4中相对丰度突增的现象。

通过对四组反应器的填料表面进行科水平微生物相对丰度分析，得到科水平细菌丰度表（表6-10）。该表显示了不同对照条件下CW-MECs中微生物群落相对丰度排名前30位的科。可以看出，MR1中的科水平微生物与MR2、MR3和MR4相比有明显不同。MR1中主要的科水平微生物分别为uncultured、胆原体科（Acholeplasmataceae）、沉积科（Sedimenticolaceae）、德沃斯氏科（Devosiaceae）和海藻科（Marinifilaceae）等，在其他对照组中，这些微生物的相对丰度显著降低。在MR2、MR3和MR4中具有相似科水平微生物相对丰度的微生物分别为弧菌科（Vibrionaceae）、磁螺菌科（Magnetospirillaceae）、酵母菌科（Melioribacteraceae）以及脱硫单胞菌科（Desulfuromonadaceae）等。其中MR2中伯克霍尔德菌科（Burkholderiaceae），MR3中硫菌科（Thiovulaceae）以及MR4中硝草科（Nitrincolaceae）的相对丰度显著高于其他反应器。

表6-10 反应器填料中微生物群落科水平相对丰度前30位优势细菌的丰度

科	MR1	MR2	MR3	MR4
Vibrionaceae	0.5743	0.6692	0.6598	0.5555
未分配科	0.0916	0.0638	0.0777	0.0610
Flavobacteriaceae	0.0430	0.0442	0.0535	0.0551
Rhodobacteraceae	0.0328	0.0335	0.0480	0.07730
Arcobacteraceae	0.0370	0.0258	0.0071	0.0850
Desulfobacteraceae	0.0126	0.0270	0.0316	0.0041
Desulfobulbaceae	0.0215	0.0230	0.0104	0.0128
Halomonadaceae	0.0160	0.0059	0.0027	0.0345
uncultured	0.0397	0.0017	0.0031	0.0028

续表

科	MR1	MR2	MR3	MR4
Anaerolineaceae	0.0126	0.0121	0.0108	0.0093
Melioribacteraceae	0.0062	0.0102	0.0098	0.0089
Sedimenticolaceae	0.01579	0.0046	0.0071	0.0026
Balneolaceae	0.00599	0.0059	0.0033	0.0080
Unknown_Family	0.0067	0.0038	0.0024	0.0044
Marinifilaceae	0.0090	0.0015	0.0047	0.0013
Phycisphaeraceae	0.0014	0.0022	0.0020	0.0071
Spirochaetaceae	0.0038	0.0044	0.0017	0.0019
Rhodocyclaceae	0.0039	0.0020	0.0031	0.0027
Thiovulaceae	0.0021	0.0013	0.0065	0.0010
Desulfuromonadaceae	0.0020	0.0030	0.0029	0.0030
Burkholderiaceae	0.0023	0.0031	0.0023	0.0027
Marinobacteraceae	0.0021	0.0028	0.0012	0.0029
Nitrincolaceae	0.0021	0.0021	0.0017	0.0031
Pirellulaceae	0.0023	0.0016	0.0020	0.0027
Saprospiraceae	0.0011	0.0016	0.0032	0.0021
Rhizobiaceae	0.0022	0.0024	0.0011	0.0021
Acholeplasmataceae	0.0049	0.0013	0.0007	0.0005
Gimesiaceae	0.0021	0.0008	0.0014	0.0032
Magnetospirillaceae	0.0017	0.0018	0.0018	0.0018
Devosiaceae	0.0024	0.0014	0.0011	0.0016

为了能客观反映不同反应器中微生物群落的多样性，分析了各反应器填料表面的 OTU，并将包含纲分类和科分类的微生物 OTU 汇总到表 6-11 中。其中，各系统中并未出现明显的数量变化，MR2 和 MR3 分别显示出了最低和最高的 OTU 数，分别为 1171 和 1283。

表 6-11 填料生物样品所含 reads 及 OTU 数

样品	OTU 数	序列数
MR1	1243	82338
MR2	1171	83089
MR3	1283	81383
MR4	1266	82256

PCo 分析（图 6-9）表明，MR1、MR2 和 MR3 均与 MR4 分离，随着系统内的条件变化，MR1 和 MR4 之间的距离最远，其次是 MR3 和 MR4，而 MR2 和 MR3 之间的距离较近，其中 MR1 和 MR4 的相异系数为 0.55。

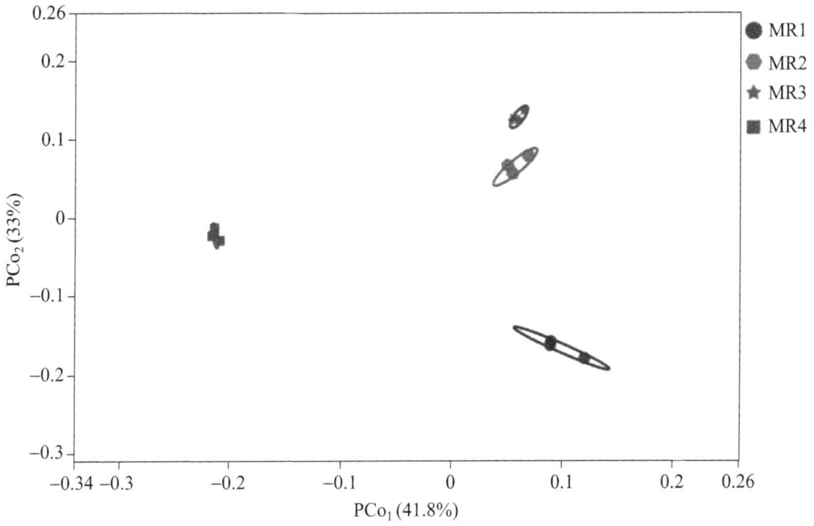

图 6-9　利用 Abund jaccard 算法对填料样品微生物群落的 PCo 分析

基于对微生物 β 多样性的分析，结合 CW-MECs 的性能，以 MR1 和 MR4 之间的显著性差异作为研究重点，进行填料表面的微生物群落差异性分析。从图 6-10（a）中可以看出，MR1 和 MR4 在纲水平微生物 Bacteroidia、Alphaproteobacteria、Campylobacterua 之间的差异显著，而在 Gammaproteobacteria、Deltaproteobacteria、Woesearchaeia、Ignavibacteria 和红嗜热菌纲（Rhodothermia）上存在一定的差异。其中，Alphaproteobacteria、Deltaproteobacteria 等微生物是产生二者差异性的主要纲水平微生物群落。

从科水平来看［图 6-10（b）］，Arcobacteraceae、Rhodobacteraceae、Flavobacteriaceae、Halomonadaceae 的相对丰度较高，且存在明显的微生物群落差异性，在 MR1 和 MR4 中 Vibrionaceae 的组间差异性较低。Rhodobacteraceae 对 MR4 的影响较大，仅低于一种未知的拟杆菌科。

填料作为 CW-MECs 的核心组成部分，在 CW-MECs 处理海洋污水过程中具有重要作用。一方面混合材料通过造粒形成的初步填料经高温煅烧等过程，使得填料表面具有疏松多孔的结构，极大提高了填料物理吸附聚集微生物的能力；另一方面，向 CW-MECs 中施加的微电压，使填料变成大量微小电极，为电活性微生物提供适宜的生存环境。因此，填料表面将富集大量微生物。

在 MR1、MR2、MR3 和 MR4 中，Gammaproteobacteria、Bacteroidia、Alphaproteobacteria、Deltaproteobacteria、Campylobacterua 以 及 Woesearchaeia

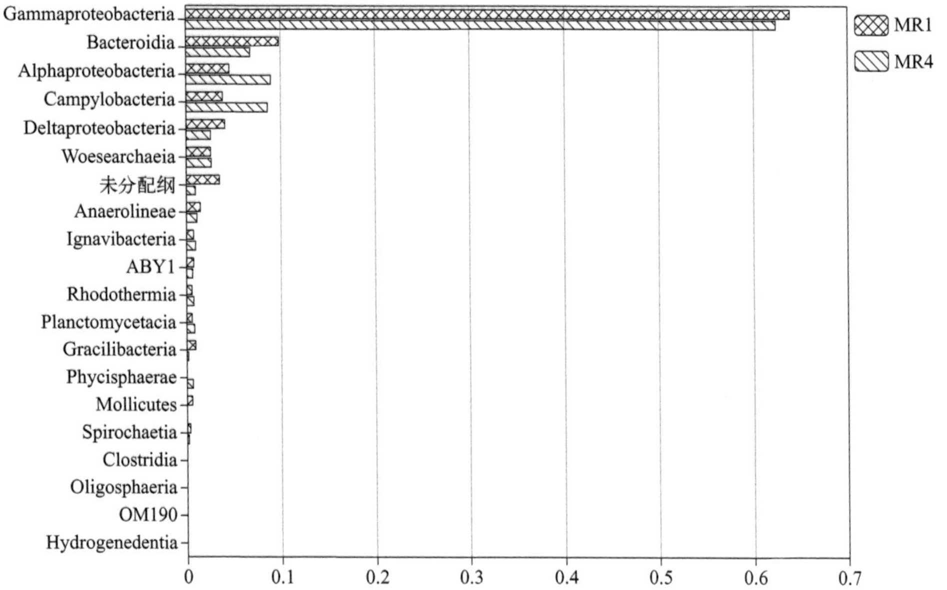

(a) 纲水平组间差异性分析

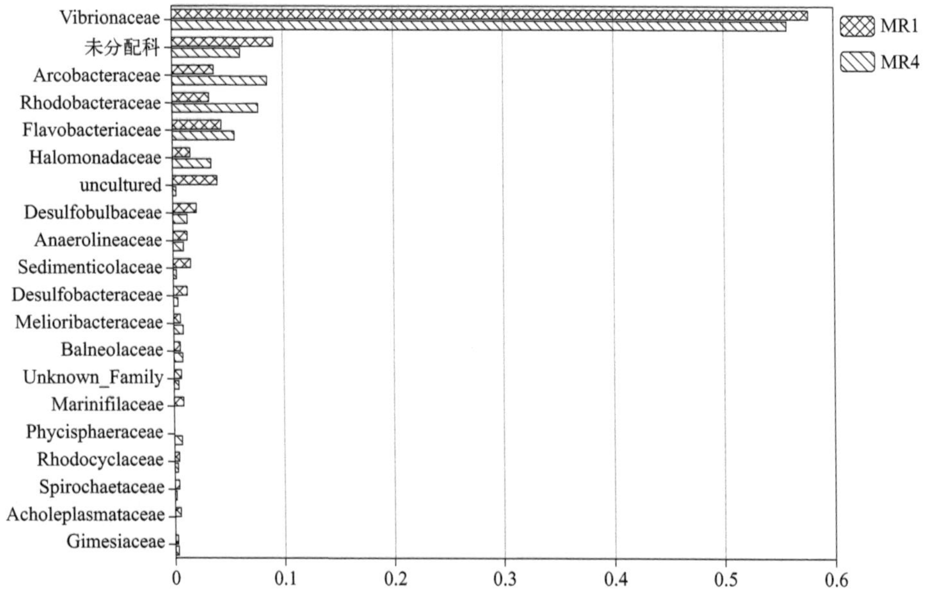

(b) 科水平组间差异性分析

图 6-10 MR1 和 MR4 之间的微生物群落差异性分析

成为优势微生物群落，这与以往研究中发现的微生物较为相似[77-78]。由于具有非常高的酶促和代谢灵活性，变形杆菌门的微生物广泛分布于多数生态系统中。其中，Gammaproteobacteria 和 Alphaproteobacteria 是该研究中具有明显优势的纲水平微生物，在海洋环境中，Gammaproteobacteria 中的有益菌可以固定碳、氮和氧化氨[79-80]，Alphaproteobacteria 中也包含光养菌、非光养菌、紫色非硫菌、专性需氧菌、兼性需氧菌、兼性厌氧菌以及专性厌氧菌等多种类型的微生物[81]，因此二者均可强化海洋污水处理过程。另外，具有嗜酸性铁氧化功能和向光性铁氧化功能的微生物分别属于 Gammaproteobacteria 和 Alphaproteobacteria[82]。因此，在含铁环境中，具有铁氧化功能的微生物可以直接利用铁离子获得电子供体还原硝酸盐，加速海洋氮、硫等污染物的去除[83]。Bacteroidia 可以利用生物转化降解海洋中的溶解性有机物[84-85]。Campylobacterua 作为硫和氮代谢切换的重要微生物群落，可以利用硫元素或硫化物促进海洋含氮污水中的氮转化[86]。Woesearchaeia 纲是一种属于乌斯古菌门的耐盐厌氧发酵异养菌，常出现于高盐度水体沉积物中，Woesearchaeia 可以与多种微生物群落产生相互作用[87-88]。

在科水平上，除了未知的科水平微生物，Acholeplasmataceae 的相对丰度相对较高。这可能是因为 Acholeplasmataceae 具有对高盐度的适应性这一先天优势，并能在高盐度条件下更为丰富[89]，所以 Acholeplasmataceae 在盐度为 30 的海水中能够快速富集。Sedimenticolaceae 属于 Gammaproteobacteria，该菌群可能参与了海洋水体中硫的氧化还原[90]。Devosiaceae 在海洋表层水和深层水中均有发现，Devosiaceae 属于 Alphaproteobacteria，该微生物可能具有固氮作用[91]。Marinifilaceae 通过将碳和氮循环与金属和硫耦合，将海洋环境中的有机物矿化，促进了海洋中氮等污染物的去除[92]。

6.2.2 去除效果

（1）挂膜期反应器性能

为保证系统运行期间的稳定脱氮和微生物的聚集效果，粗略观察并记录了阳极表面生物膜的附着情况，对 CW-MECs 挂膜期间的 NH_4^+-N、NO_3^--N、NO_2^--N 的浓度变化情况进行了检测。

① 淡水环境下污染物的去除性能　淡水环境中 NH_4^+-N 的进水浓度为 30mg/L，FR1、FR2、FR3 和 FR4 在第 30 天均达到较高的 NH_4^+-N 去除率，分别为 98.23%、95.77%、94.37% 和 95.35%。到挂膜期结束，FR1、FR2、FR3 和 FR4 对 NH_4^+-N 的去除性能保持稳定［图 6-11（a）］。然而，所有反应器在 NO_3^--N 去除过程中都具有较大的变化，最终 FR1 和 FR2 对 NO_3^--N 的去除率高于 FR3 和 FR4，分别为 76.38% 和 74.62%［图 6-11（b）］。NO_2^--N 的去除率呈稳定增长的趋势，

与 NO_3^--N 的最终去除率相似，FR1 和 FR2 对 NO_2^--N 的最终去除率高于 FR3 和 FR4，分别为 85.68% 和 81.87%［图 6-11（c）］。综上，淡水环境下的四个 CW-MECs 具有较好的污染物去除性能，CW-MECs 中的生物膜已成熟，满足运行条件。

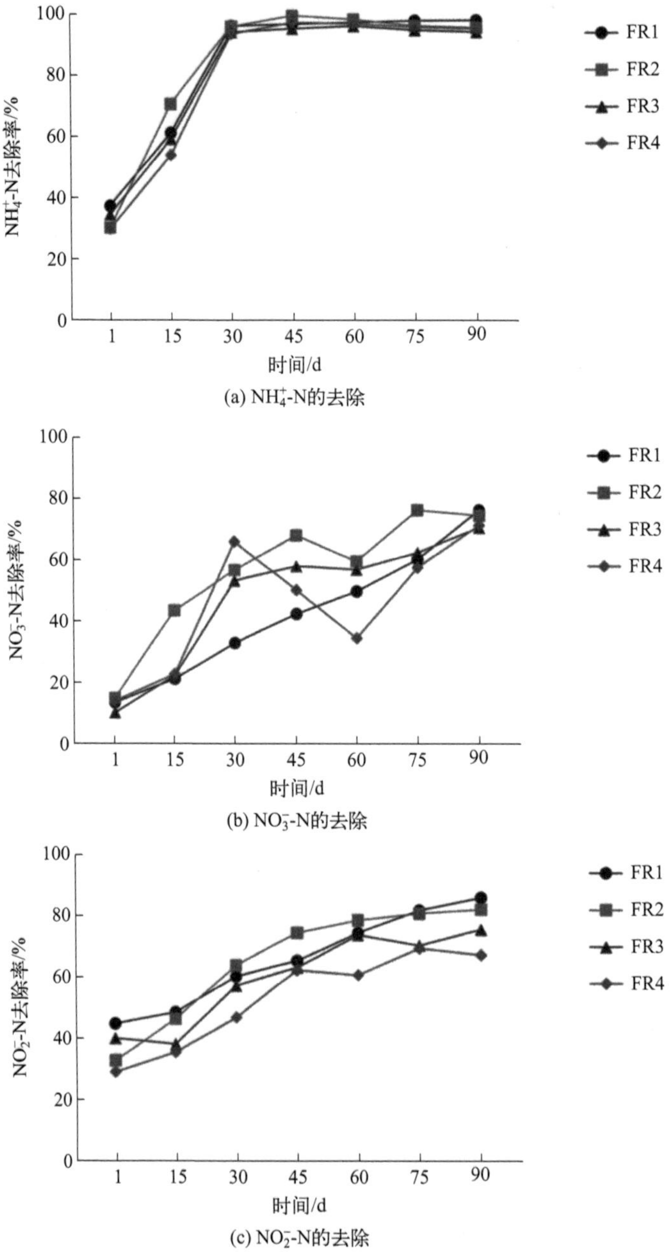

(c) NO_2^--N的去除

图 6-11　人工湿地－微生物电解池挂膜期污染物去除性能（淡水环境）

② 海水环境下污染物的去除性能　海水环境下四个反应器的进水 NH_4^+-N 浓度均为 40mg/L，MR1 呈现持续稳定增长的 NH_4^+-N 去除率，MR1、MR2、MR3 和 MR4 对 NH_4^+-N 的最高去除率分别为 97.32%、93.17%、95.93% 和 96.34%［图 6-12（a）］。挂膜期 NO_3^--N 进水浓度均为 14mg/L，各反应器的最高去除率分别为 80.21%、76.54%、82.47% 和 79.32%［图 6-12（b）］。其中 MR1 在第 30 天

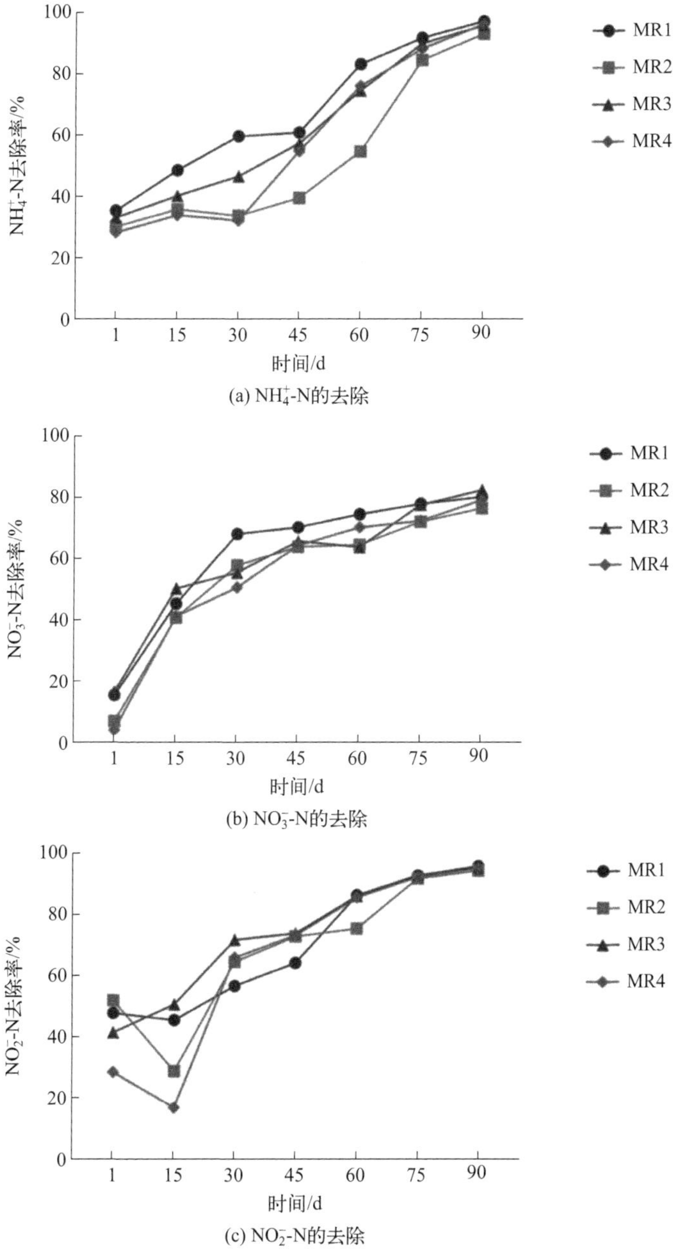

(a) NH_4^+-N的去除

(b) NO_3^--N的去除

(c) NO_2^--N的去除

图 6-12　人工湿地 - 微生物电解池挂膜期污染物去除性能（海水环境）

对 NO_3^--N 的去除率已达到 68.16%，显著高于其他对照组。在此期间，NO_2^--N 的去除率出现明显的波动［图 6-12（c）］，相比于 MR2、MR4，MR1 和 MR3 的变化幅度较小，出水 NO_2^--N 浓度分别为 0.041mg/L 和 0.046mg/L，去除率分别达到 95.87% 和 95.36%。综上，海水环境下 CW-MECs 具有较好的污染物去除性能，生物膜已成熟，满足运行条件。

（2）反应器生物膜生长情况

挂膜期间，对 CW-MECs 中的新型铁基填料和阳极材料每 30d 取样观察一次，通过 4 次粗略观察，对比分析不同水环境中的微生物挂膜变化情况。在淡水环境中，第 30 ～ 60 天内铁填料表面形成生物膜，但变化不明显［图 6-13（a）］；阳极在第 30 天开始出现微生物附着，第 60 天生物膜逐渐形成，填料表面出现大量黄褐色斑块，第 90 天挂膜完成［图 6-13（c）］。取自海水环境 CW-MECs 中的铁填料在第 30 天已经出现褐色覆盖，60d 内变化不显著，第 90 天时，填

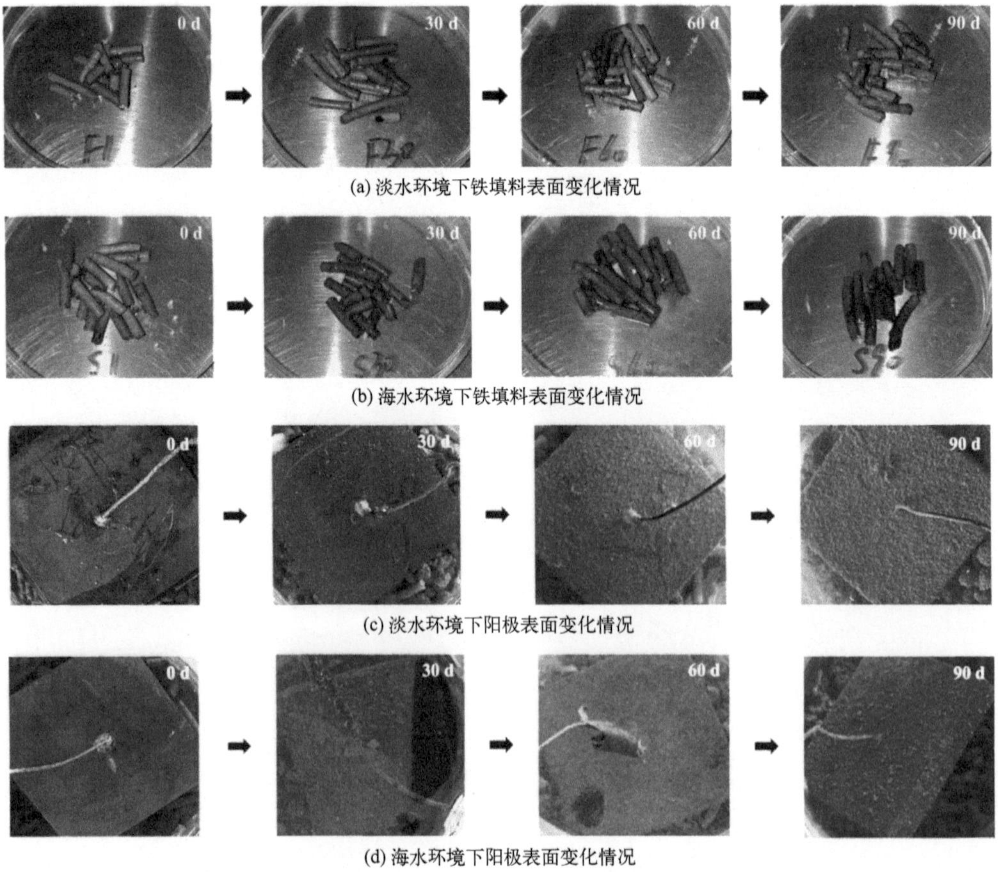

图 6-13　不同水环境中人工湿地 - 微生物电解池载体表面生物膜的形成

料表面成功附着微小絮状物［图 6-13（b）］；海水环境中阳极表面在第 30 天时，生物膜已初步形成，在 90d 内的生物膜变化显著［图 6-13（d）］。

（3）运行期反应器性能

① 淡水环境下污染物的去除性能　运行 45d 后，对不同反应器出水中氮污染物浓度进行检测（图 6-14），相比于 NH_4^+-N、NO_2^--N、TN，NO_3^--N 在各反应器中的去除情况均较好，其中 FR1 对氮去除表现出最佳性能，NH_4^+-N、NO_3^--N、NO_2^--N 和 TN 的去除率分别为 68.35%、96.27%、93.15% 以及 75.49%。由此得出，淡水环境下的 CW-MECs 具有良好的脱氮性能。

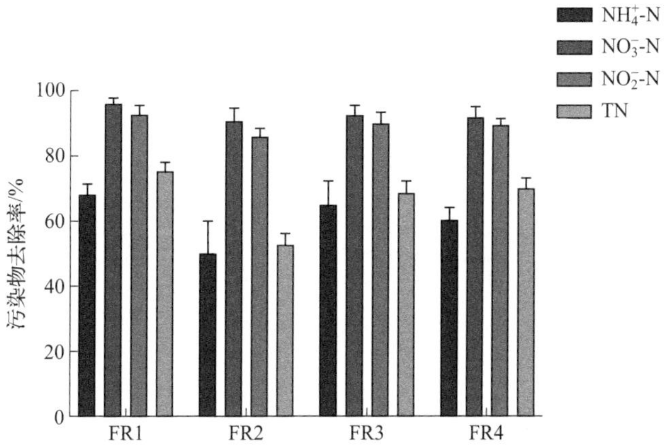

图 6-14　淡水环境下 CW-MECs 的脱氮效率

② 海水环境下污染物的去除性能　在海水条件下的反应器运行 45d 后，对各反应器的出水进行取样，检测了 NH_4^+-N、NO_3^--N、NO_2^--N 和 TN 的去除情况，并绘制了柱形图（图 6-15）。可以看出，在所有反应器中 NO_3^--N 均保持了较高的去除性能，且 MR1 对 NH_4^+-N、NO_3^--N、NO_2^--N 和 TN 具有最高的去除率，分别为 72.31%、95.46%、93.22% 以及 86.77%，这与淡水条件的结果一致。但不同的是，在 MR1 中对 NH_4^+-N、NO_2^--N 和 TN 的去除效果更好。

虽然淡水和海水环境中的 CW-MECs 均具有较好的污水处理性能，但同一水环境中的铁基填料和电极表面挂膜时间、挂膜程度不同。首先从整体上看，两种水环境都大概在 30 ～ 60d 形成生物膜，这可能是由于人工配制的实验用水中具有充足的碳、氮等营养物质，满足了多种微生物的生长定植条件，减少了细菌之间的竞争。持续循环的水流也为微生物和载体填料之间提供了更加充足的接触时间，极大地增强了载体表面的吸附效果。这些都是促使 CW-MECs 在挂膜期间达到 70% 以上污染物去除率的主要原因。

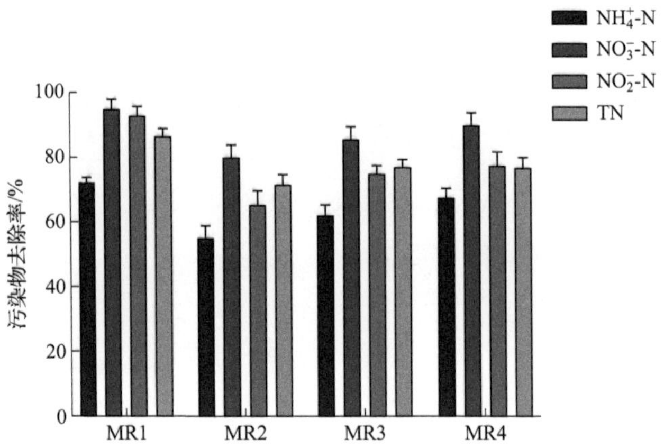

图 6-15　海水环境下 CW-MECs 的脱氮效率

在淡水环境下的 CW-MECs 挂膜期间，铁基填料和石墨阳极表面的微生物附着情况出现差异。一方面可能是因为填料表面已被生物膜附着，但粗略观察以及填料颜色等问题会影响观察结果；另一方面可能是因为填料和电极的材料、比表面积等存在差异，导致微生物聚集的种类、丰度、附着面积出现差异。从铁基填料和电极表面生物膜的附着过程可以看出，海水中的铁基填料在第 30 天已经出现明显的褐色膜附着。这可能是因为海水促进了耐盐菌的富集，（3.1±0.05）% 的盐度使得耐盐生物膜更稳定。实验用水以实际海水为母液，因此反应器中的溶液可能含有较多可促进生物膜生长的微量元素。另外，海水中的其他有机物也会影响生物膜的形成和结构。但从挂膜变化中也可以发现，铁基填料和电极表面的挂膜并不同步。由此可以看出，在不同水环境条件下，CW-MECs 中铁基填料和电极中的挂膜存在差异，微生物种类、丰度之间可能也存在差异。

根据挂膜期间 8 个反应器的污水处理效果，发现 FR1、FR3 和 MR1、MR3 具有更高的污染物去除性能，这可能是由于铁基填料提高了填料表面微生物的富集能力，进而强化了系统的污染物去除性能。铁元素在细胞生长、生物膜形成过程中扮演着重要角色。首先，铁元素是生物膜中铁硫蛋白的组成部分，该蛋白质可以帮助微生物合成 DNA 和 RNA 等重要分子 [93]。其次，细菌往往通过合成多种酶调节微生物细胞的氧化还原反应和代谢活动，铁元素是参与生物膜中酶合成的元素之一。另外，铁元素还参与生物膜中的氧气传递，这可以加速细胞呼吸和能量产生，从而维持生命活动[94]。由此可见，铁元素对生物膜的形成和维持至关重要。在所有 CW-MECs 运行 60d 后检测其出水污染物浓度，发现 FR1 对污染物的去除率高于 FR2，MR1 对污染物的去除率高于 MR4，这证明了铁元素对 CW-MECs 中污染物的去除有促进作用。另外，FR1 的性能优于 FR3，MR1 的性能优于 MR3，也表明电压在 CW-MECs 污水处理过程中的重要作用。结合铁基填料和电极表面生物膜的形成，推测铁元素和电压可能是通过调控 CW-MECs 中微生物群落的多样性使各系统对污染物去除性能产生差异的。

6.3 硫元素对废水中氮强化去除的微生物学机制与技术

6.3.1 微生物学机制

硫元素强化低浓度含氮废水去除的机制是基于硫元素在氧化还原反应中的作用。在厌氧或者缺氧环境中，硫还原菌将有机碳源还原为 CO_2、HCO_3^-、CO_3^{2-} 等无机碳产生电子，还原态硫利用其电子产生 S^{2-}，反应过程中 S^{2-} 的转化途径可分为两步硫氧化（$S^{2-} \longrightarrow S^0 \longrightarrow SO_4^{2-}$）和彻底硫氧化（$S^{2-} \longrightarrow SO_4^{2-}$），此过程主要取决于硫元素浓度[95]。$S_2O_3^{2-}$ 在反硝化过程中的转化途径可以分为两个同时进行的阶段：第一阶段，$S_2O_3^{2-}$ 还原为 S^{2-} 和 S^0，在此阶段 S^{2-} 也会被氧化为 S^0，同时 NO_3^- 转化为 NO_2^-；第二阶段，S^0 完全氧化为 SO_4^{2-}，同时 NO_2^- 还原为 N_2[96]。可见 S^0、S^{2-}、$S_2O_3^{2-}$ 都是较理想的电子供体，通过控制硫元素浓度，可达到完全利用电子供体的目的，提高脱氮效果。

硫自养微生物在厌氧或者缺氧环境中，利用 S^0、S^{2-}、$S_2O_3^{2-}$ 等作为电子供体，NO_3^- 作为电子受体，可将还原态硫氧化为 SO_4^{2-}，同时将 NO_3^- 还原为 N_2，过程如图 6-16 所示。

具体转化过程见式（6-1）、式（6-2）、式（6-3）[97]。

$$S+1.2NO_3^-+0.4H_2O \longrightarrow SO_4^{2-}+0.6N_2+0.8H^+ \tag{6-1}$$

$$S^{2-}+1.6NO_3^-+1.6H^+ \longrightarrow SO_4^{2-}+0.8N_2+0.8H_2O \tag{6-2}$$

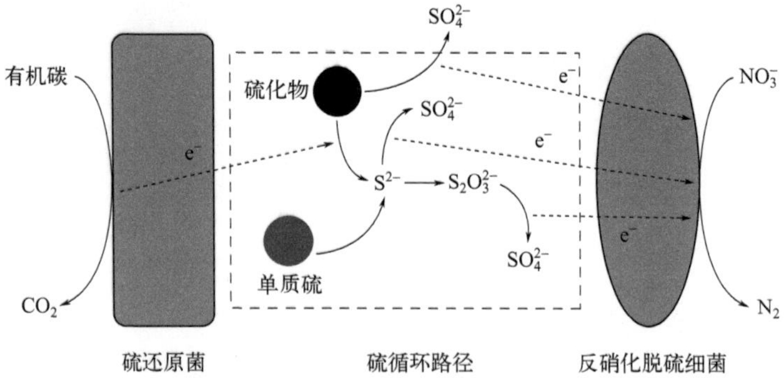

图 6-16　硫自养反硝化过程示意图

$$S_2O_3^{2-}+1.6NO_3^-+0.2H_2O \longrightarrow 2SO_4^{2-}+0.8N_2+0.4H^+ \quad (6\text{-}3)$$

在 SAD 过程中起主要作用的菌为反硝化脱硫细菌（NR-SOB），其中最常见的菌种为噬硫杆菌（*Thiobacillus*）和硫螺旋菌（*Sulfurimonas*）。Qian 等 [98] 研究了以硫代硫酸钠为电子供体的 SAD 污泥系统中的造粒过程，并通过高通量测序法分析了其微生物群落，结果表明，在反硝化体系中，主要菌种为 *Thiobacillus* 和 *Sulfurimonas*，相对丰度分别为 15.01% 和 15.26%。Yang 等 [99] 建立了一种从城市污水厂厌氧污泥中富集 SAD 菌的高效、经济的方式，通过以硫代硫酸盐为电子供体，在温度为 30℃的厌氧条件下培养 28d 后，*Thiobacillus* 的相对丰度达到 55%，表明从厌氧污泥中成功富集了硫基自养反硝化菌群。

6.3.2　去除效果

6.3.2.1　硫基材料对低浓度含氮废水去除的效果

基于不同的功能需求，目前已开发出单质硫、天然硫化物、硫 - 有机物复合材料、硫 - 碳酸钙复合材料、硫 - 菱铁矿复合材料等，不同的功能材料也展现出差异化的脱氮效果。

（1）单质硫

单质硫稳定、无毒、廉价，并且可以作为载体供微生物生长，因此，近年来利用单质硫对低浓度含氮废水进行处理受到广泛研究和关注。

姚鹏程等 [100] 构建了添加尼龙填料的上流式反应器，并且用 $NaHCO_3$ 和定期投加过量细小单质硫的方式改善反应器的传质效果，以期获得更高的脱氮效率。实验结果显示，在最佳摩尔比为 10 时，氨氮的转化率为 90%，而当摩尔比低于 10 时，硝氮转化速率会随着单质硫粉浓度的增大而增大，说明单质硫的添加对此反应器脱氮有促进作用。此外，有研究证明由 S^0 驱动的自养反硝化系统在微氧环境下脱氮效率较高[101]。

（2）硫化物

在天然矿物中还原价态的硫元素（磁黄铁矿和黄铁矿等）广泛存在，其可以被微生物作为电子供体来进行反硝化作用，近年来受到了广泛关注。

Bai 等[102]构建了铁硫自养反硝化（ISAD）生物滤池，并在 HRT 为 1 ～ 12h 下长期运行，结果表明，ISAD 生物滤池的总氮和总磷去除率可达 90% ～ 100%，最高脱氮效率可达 960mg/(L • d)。ISAD 生物滤池中如此优异的性能是由于 FeS 和 S^0 之间的相互作用加速了反硝化过程，维持了酸碱平衡。当用硫化铁填料处理地下水时，可以同时去除总砷和硝酸盐，其出水浓度分别低至 (7.84±7.29)μg/L 和 (3.78±1.14)mg/L[103]。另一项研究将 H_2S 作为硫源，二氧化碳为无机碳源，同时使用磷矿石补充碱度，脱氮效率可以达到 99.1%，同时解决了 SAD 工艺中 pH 值降低的问题，优化了 SAD 的运行效率[104]。

（3）硫基复合材料

为达到更好的处理效果，可以将硫与不同填料组合，以达到提高脱氮效果的目的。理想的硫基复合材料应该能补充碱度，避免增加出水面积，具有良好的透气性和传质条件，因此，许多新型硫基复合材料应运而生。

Liang 等[105]首先开发了均相硫 / 缓冲复合颗粒，在处理真实地下水中的硝酸盐时，该复合材料的脱硝效率超过 99.7%，表现出比分散材料更大的优势。Xu 等[106]考察了硫基自养蛋壳反硝化（SADE）工艺去除硝酸盐的可行性，结果表明，在 SADE 过程中可以去除废水中 97% 的硝酸盐且没有亚硝酸盐积累，硫酸盐产量不大，说明蛋壳是 SAD 的理想碱性材料。Zhu 等[107]提出了一种与碳酸铁矿（SICAD 系统）偶联的新型硫基脱硝工艺，该矿石被证明具有缓冲剂和附加电子供体的作用。由于硫和碳酸铁对反硝化的协同作用，SICAD 系统表现出了更高的反硝化速率，此外，SICAD 系统中的硫酸盐产量也有所减少。

6.3.2.2 耦合工艺对低浓度含氮废水去除的效果

SAD过程会消耗硫源和碱度，并产生SO_4^{2-}等副产物，将SAD与其他工艺耦合，优势互补，能够提升反硝化系统的抗冲击负荷能力，降低工艺运行成本和副产物的产生量，具有良好的应用前景。

（1）SAD-电化学工艺

SAD耦合电化学工艺相较其他工艺的优势在于：SAD产生的H^+可被电化学反应中和，保持出水pH值的稳定；电化学直接产氢还原硝酸盐可以降低SAD负荷，减少副产物的产生，从而提高脱氮效率。

孟成成等[108]将三维电极生物膜脱氮工艺（3BER）与SAD技术耦合成3BER-S工艺进行研究，研究结果表明，3BER-S工艺在TN去除率、系统pH值平衡能力和NO_2^--N积累方面均优于3BER工艺。3BER-S中SAD作用定量分析表明，硫自养脱氮作用在整个脱氮过程中所占比例为14.07%，单质硫的有效利用率达到79.5%，SAD过程相对稳定，强化了3BER的脱氮效果。Wang等[109]开发了一种自养硝化-生物电化学硫脱氮（CANBSD）联合工艺用于处理低C/N合成废水，此研究验证了CANBSD工艺是一种可行的处理含氮废水的方法，并确定了其最佳操作条件。

（2）SAD-异养反硝化耦合工艺

针对SAD过程对碱度消耗导致脱氮效率低的问题，有研究提出构建硫自养-异养协同反硝化脱氮系统。异养反硝化作用是一个产碱的反应过程，可以有效解决此问题。因此，将自养-异养进行协同耦合，可提升反应系统的脱氮效能，同时可降低硫酸盐和H^+的产量。

为了解决以SAD滤池的形式耦合异养反硝化（HD）造价高、工艺流程长的问题，Li等[110]直接将SAD引入HD系统实现高效耦合，促进了HD和SAD协同脱氮，NO_3^--N和TN的去除率分别达到98.9%和95.7%。Woo等[111]通过在A^2O系统中加入硫基载体进行研究，结果表明总氮和硝酸盐的去除率均显著提高到约30%，且反应器中的微生物群落均以自养微生物硫杆菌为主，表现出良好的反硝化性能。

（3）SAD-厌氧氨氧化耦合工艺

厌氧氨氧化以NO_2^--N为电子受体，将NH_4^+-N转化为N_2，厌氧氨氧化过程中不需要投加有机物，不需要曝气，节省成本且脱氮效率高。厌氧氨氧化可以为 SAD 提供 NO_3^--N，SAD 可以为厌氧氨氧化提供 NO_2^--N，所以可以将两者组合进行脱氮。Deng 等[112]利用此工艺构建反应器，反应器性能稳定，脱氮率可保持在 80%，并且结果显示，SAD 中的 SOB 对硫化物的快速氧化可以缓解硫化物对 SAD 体系中 Anammox 的抑制作用。

参考文献

[1] ASLAM M, AHMAD R, KIM J. Recent developments in biofouling control in membrane bioreactors for domestic wastewater treatment [J]. Separation and Purification Technology, 2018, 206: 297-315.

[2] HUANG J H, SHI Y H, ZENG G M, et al. Acyl-homoserine lactone-based quorum sensing and quorum quenching hold promise to determine the performance of biological wastewater treatments: An overview [J]. Chemosphere, 2016, 157: 137-151.

[3] MADDELA N R, SHENG B, YUAN S, et al. Roles of quorum sensing in biological wastewater treatment: A critical review [J]. Chemosphere, 2019, 221: 616-629.

[4] TRIPATHI S, CHANDRA R, PURCHASE D, et al. Quorum sensing-a promising tool for degradation of industrial waste containing persistent organic pollutants [J]. Environmental Pollution, 2022, 292(Part B): 118342.

[5] SUN Y P, GUAN Y T, ZENG D F, et al. Metagenomics-based interpretation of AHLs-mediated quorum sensing in Anammox biofilm reactors for low-strength wastewater treatment [J]. Chemical Engineering journal, 2018, 344: 42-52.

[6] FENG Z L, SUN Y P, LI T L, et al. Operational pattern affects nitritation, microbial community and quorum sensing in nitrifying wastewater treatment systems [J]. Science of the Total Environment, 2019, 677: 456-465.

[7] ZHANG B, GUO Y, LENS P N L, et al. Effect of light intensity on the characteristics of algal-bacterial granular sludge and the role of *N*-acyl-homoserine lactone in the granulation [J]. Science of the Total Environment, 2019, 659: 372-383.

[8] ZHANG Z M, CAO R J, JIN L N, et al. The regulation of *N*-acyl-homoserine lactones (AHLs)-based quorum sensing on EPS secretion via ATP synthetic for the stability of aerobic granular sludge [J]. Science of the Total Environment, 2019, 673: 83-91.

[9] CHENG Y, ZHANG Y, SHEN Q X, et al. Effects of exogenous short-chain *N*-acyl homoserine lactone on denitrifying process of *Paracoccus denitrificans* [J]. Journal of Environmental Sciences, 2017, 54: 33-39.

[10] XIONG F Z, ZHAO X X, WEN D H, et al. Effects of *N*-acyl-homoserine lactones-based quorum sensing on biofilm formation, sludge characteristics, and bacterial community during the start-up of bioaugmented reactors [J]. Science of the Total Environment, 2020, 735: 139449.

[11] 李玖龄．基于信号分子 AHLs 检测的微氧废水处理系统脱氮机制研究 [D]．哈尔滨：哈尔滨工业大学，2016.

[12] 程芸．外源信号分子对脱氮副球菌反硝化过程调控作用的研究 [D]．合肥：中国科学技术大

学，2016.

[13] LI A J, HOU B L, LI M X. Cell adhesion, ammonia removal and granulation of autotrophic nitrifying sludge facilitated by *N*-acyl-homoserine lactones [J]. Bioresource Technology, 2015, 196: 550-558.

[14] WANG J F, LIU Q J, DONG D Y, et al. AHLs-mediated quorum sensing threshold and its response towards initial adhesion of wastewater biofilms [J]. Water Research, 2021, 194: 116925.

[15] WANG J F, DING L L, LI K, et al. Estimation of spatial distribution of quorum sensing signaling in sequencing batch biofilm reactor (SBBR) biofilms [J]. Science of the Total Environment, 2018, 612: 405-414.

[16] HU H Z, HE J G, LIU J, et al. Role of *N*-acyl-homoserine lactone (AHL) based quorum sensing on biofilm formation on packing media in wastewater treatment process [J]. RSC Advances, 2016, 6(14): 11128-11139.

[17] XU X R, SUN Y, SUN Y M, et al. Bioaugmentation improves batch psychrophilic anaerobic co-digestion of cattle manure and corn straw [J]. Bioresource Technology, 2022, 343: 126118.

[18] WANG J F, LIU Q J, LI X H, et al. In-situ monitoring AHL-mediated quorum-sensing regulation of the initial phase of wastewater biofilm formation [J]. Environment International, 2020, 135: 105326.

[19] LEE C K, DE ANDA J, BAKER A E, et al. Multigenerational memory and adaptive adhesion in early bacterial biofilm communities [J]. Proceedings of the National Academy of Sciences of the United States of America, 2018, 115(17): 4471-4476.

[20] PAPENFORT K, BASSLER B L. Quorum sensing signal–response systems in Gram-negative bacteria [J]. Nature Reviews Microbiology, 2016, 14(9): 576-588.

[21] GONZ LEZ A, BELLENBERG S, MAMANI S, et al. AHL signaling molecules with a large acyl chain enhance biofilm formation on sulfur and metal sulfides by the bioleaching bacterium *Acidithiobacillus ferrooxidans* [J]. Applied Microbiology and Biotechnology, 2013, 97(8): 3729-3737.

[22] LIU T, XU J W, TIAN R Q, et al. Enhanced simultaneous nitrification and denitrification via adding *N*-acyl-homoserine lactones (AHLs) in integrated floating fixed-film activated sludge process [J]. Biochemical Engineering Journal, 2021, 166: 107884.

[23] CHEN H, LI A, CUI C W, et al. AHL-mediated quorum sensing regulates the variations of microbial community and sludge properties of aerobic granular sludge under low organic loading [J]. Environment International, 2019, 130: 104946.

[24] AL-KHARUSI S, ABED R M M, DOBRETSOV S. Changes in respiration activities and bacterial communities in a bioaugmented oil-polluted soil in response to the addition of acyl homoserine lactones [J]. International Biodeterioration & Biodegradation, 2016, 107: 165-173.

[25] LI Y C, ZHU J R. Role of *N*-acyl homoserine lactone (AHL)-based quorum sensing (QS) in aerobic sludge granulation [J]. Applied Microbiology and Biotechnology, 2014, 98(17): 7623-7632.

[26] TANG X, GUO Y Z, WU S S, et al. Metabolomics uncovers the regulatory pathway of acyl-homoserine lactones based quorum sensing in anammox consortia [J]. Environmental Science & Technology, 2018, 52(4): 2206-2216.

[27] LV L Y, LI W G, ZHENG Z J, et al. Exogenous acyl-homoserine lactones adjust community structures of bacteria and methanogens to ameliorate the performance of anaerobic granular sludge [J]. Journal of Hazardous Materials, 2018, 354: 72-80.

[28] SUN Y P, GUAN Y T, WANG D, et al. Potential roles of acyl homoserine lactone based quorum sensing in sequencing batch nitrifying biofilm reactors with or without the addition of organic carbon [J]. Bioresource Technology, 2018, 259: 136-145.

[29] HUANG H, FAN X, PENG P C, et al. Two birds with one stone: Simultaneous improvement of biofilm formation and nitrogen transformation in MBBR treating high ammonia nitrogen wastewater via exogenous *N*-acyl homoserine lactones [J]. Chemical Engineering Journal, 2020, 386: 124001.

[30] CAI W W, ZHANG Z J, REN G, et al. Quorum sensing alters the microbial community of electrode-respiring bacteria and hydrogen scavengers toward improving hydrogen yield in microbial electrolysis cells [J]. Applied Energy, 2016, 183: 1133-1141.

[31] SCHUSTER M, SEXTON D J, DIGGLE S P, et al. Acyl-homoserine lactone quorum sensing: from evolution to application [J]. Annual Review of Microbiology, 2013, 67: 43-63.

[32] WHITELEY M, DIGGLE S P, GREENBERG E P. Progress in and promise of bacterial quorum sensing research [J]. Nature, 2017, 551(7680): 313-320.

[33] HONG P, WU X Q, SHU Y L, et al. Bioaugmentation treatment of nitrogen-rich wastewater with a denitrifier with biofilm-formation and nitrogen-removal capacities in a sequencing batch biofilm reactor [J]. Bioresource Technology, 2020, 303: 122905.

[34] REN W, CAO F F, JU K, et al. Regulatory strategies and microbial response characteristics of single-level biological aerated filter-enhanced nitrogen removal [J]. Journal of Water Process Engineering, 2021: 102190.

[35] SU J F, WANG Z, HUANG T L, et al. Simultaneous removal of nitrate, phosphorous and cadmium using a novel multifunctional biomaterial immobilized aerobic strain *Proteobacteria Cupriavidus* H29 [J]. Bioresource Technology, 2020, 307: 123196.

[36] ZHANG B, LI W, GUO Y, et al. A sustainable strategy for effective regulation of aerobic granulation: Augmentation of the signaling molecule content by cultivating AHL-producing strains [J]. Water Research, 2020, 169: 115193.

[37] ZHOU Q, XIE X Y, FENG F L, et al. Impact of acyl-homoserine lactones on the response of nitrogen cycling in sediment to florfenicol stress [J]. Science of the Total Environment, 2021, 785: 147294.

[38] DONG S A-O, FRANE N D, CHRISTENSEN Q H, et al. Molecular basis for the substrate specificity of quorum signal synthases [J]. Proceedings of the National Academy of Sciences of the United States of America, 2017, 114(34): 9092-9097.

[39] WANG N, GAO J, LIU Y, et al. Realizing the role of *N*-acyl-homoserine lactone-mediated quorum sensing in nitrification and denitrification: A review [J]. Chemosphere, 2021, 274: 129970.

[40] SEET Q, ZHANG L H. Anti-activator QslA defines the quorum sensing threshold and response in *Pseudomonas aeruginosa*[J]. Molecular Microbiology, 2011, 80(4): 951-965.

[41] WANG J, LIU Q, HU H, et al. Insight into mature biofilm quorum sensing in full-scale wastewater treatment plants [J]. Chemosphere, 2019, 234: 310-317.

[42] FANG Y L, DENG C S, CHEN J, et al. Accelerating the start-up of the cathodic biofilm by adding acyl-homoserine lactone signaling molecules [J]. Bioresource Technology, 2018, 266: 548-554.

[43] PÉREZ-VEL ZQUEZ J, GÖLGELI M, GARCÍA-CONTRERAS R. Mathematical modelling of bacterial quorum sensing: a review [J]. Bulletin of Mathematical Biology, 2016, 78(8): 1585-1639.

[44] HU H Z, HE J G, LIU J, et al. Biofilm activity and sludge characteristics affected by exogenous *N*-acyl

homoserine lactones in biofilm reactors [J]. Bioresource Technology, 2016, 211: 339-347.
[45] LIU L J, XU S H, WANG F, et al. Effect of exogenous *N*-acyl-homoserine lactones on the anammox process at 15 ℃ : Nitrogen removal performance, gene expression and metagenomics analysis [J]. Bioresource Technology, 2021, 341: 125760.
[46] LIU W Z, CAI W W, MA A Z, et al. Improvement of bioelectrochemical property and energy recovery by acylhomoserine lactones (AHLs) in microbial electrolysis cells (MECs) [J]. Journal of Power Sources, 2015, 284: 56-59.
[47] YONG Y C, WU X Y, SUN J Z, et al. Engineering quorum sensing signaling of *Pseudomonas* for enhanced wastewater treatment and electricity harvest: A review [J]. Chemosphere, 2015, 140: 18-25.
[48] ZENG Y H, YU Z L, HUANG Y L. Combination of culture-dependent and -independent methods reveals diverse acyl homoserine lactone-producers from rhizosphere of wetland plants [J]. Current Microbiology, 2014, 68(5): 587-593.
[49] ZHAO L, FU G P, TANG J, et al. Efficient nitrogen removal of mangrove constructed wetlands: Enhancing heterotrophic nitrification-aerobic denitrification microflora through quorum sensing [J]. Chemical Engineering Journal, 2022, 430: 133048.
[50] VADAKKAN K, GUNASEKARAN R, CHOUDHURY A A, et al. Response Surface Modelling through Box-Behnken approach to optimize bacterial quorum sensing inhibitory action of *Tribulus terrestris* root extract [J]. Rhizosphere, 2018, 6: 134-140.
[51] ZHANG G J, PANG Y, ZHOU Y C, et al. Effect of dissolved oxygen on N_2O release in the sewer system during controlling hydrogen sulfide by nitrate dosing [J]. Science of the Total Environment, 2022, 816: 151581.
[52] LIU L J, JI M, WANG F, et al. *N*-acyl-l-homoserine lactones release and microbial community changes in response to operation temperature in an anammox biofilm reactor [J]. Chemosphere, 2021, 262: 127602.
[53] BHEDI C D, PREVATTE C W, LOOKADOO M S, et al. Elevated temperature enhances short- to medium-chain acyl homoserine lactone production by black band disease-associated vibrios [J]. FEMS Microbiology Ecology, 2017, 93(3): fix005.
[54] LI J, FENG L, BISWAL B K, et al. Bioaugmentation of marine anammox bacteria (MAB)-based anaerobic ammonia oxidation by adding Fe(Ⅲ) in saline wastewater treatment under low temperature [J]. Bioresource Technology, 2020, 295: 122292.
[55] ZHU Z B, ZHANG Y L, LI J, et al. Insight into quorum sensing and microbial community of an anammox consortium in response to salt stress: From "*Candaditus Brocadia*" to "*Candaditus Scalindua*" [J]. Science of the Total Environment, 2021, 796: 148979.
[56] SHROUT J D, NERENBERG R. Monitoring bacterial twitter: Does quorum sensing determine the behavior of water and wastewater treatment biofilms? [J]. Environmental Science & Technology, 2012, 46(4): 1995-2005.
[57] PENG P C, HUANG H, REN H Q, et al. Exogenous *N*-acyl homoserine lactones facilitate microbial adhesion of high ammonia nitrogen wastewater on biocarrier surfaces [J]. Science of the Total Environment, 2018, 624: 1013-1022.
[58] GUO C C, QI L, BAI Y, et al. Geochemical stability of zero-valent iron modified raw wheat straw innovatively applicated to in situ permeable reactive barrier: N_2 selectivity and long-term denitrification [J]. Ecotoxicology and Environmental Safety, 2021, 224: 112649.

[59] LI X, JIA Y, QIN Y, et al. Iron-carbon microelectrolysis for wastewater remediation: Preparation, performance and interaction mechanisms [J]. Chemosphere, 2021, 278: 130483.

[60] ZHU F Y, TAN X F, ZHAO W X, et al. Efficiency assessment of ZVI-based media as fillers in permeable reactive barrier for multiple heavy metal-contaminated groundwater remediation [J]. Journal of Hazardous Materials, 2022, 424: 127605.

[61] 荣馨宇. 海水池塘养殖生态透水坝截污性能试验研究 [D]. 大连：大连海洋大学，2022.

[62] 李可心. 组合式湿地型生态岸坡控污试验研究 [D]. 大连：大连海洋大学，2022.

[63] ZHANG P F, PENG Y K, LU J L, et al. Microbial communities and functional genes of nitrogen cycling in an electrolysis augmented constructed wetland treating wastewater treatment plant effluent [J]. Chemosphere, 2018, 211: 25-33.

[64] ZHU W J, WANG C, HILL J, et al. A missing link in the estuarine nitrogen cycle?: Coupled nitrification-denitrification mediated by suspended particulate matter [J]. Scientific Reports, 2018, 8(1): 2282.

[65] PATWARDHAN S, FOUSTOUKOS D I, GIOVANNELLI D, et al. Ecological succession of sulfur-oxidizing *Epsilon*- and *Gammaproteobacteria* during colonization of a shallow-water gas vent [J]. Frontiers in Microbiology, 2018, 9: 2970.

[66] AL-HAZMI H E, HASSAN G K, MAKTABIFARD M, et al. Integrating conventional nitrogen removal with anammox in wastewater treatment systems: Microbial metabolism, sustainability and challenges [J]. Environmental Research, 2022, 215: 114432.

[67] WANG B C, KUANG S P, SHAO H B, et al. Improving soil fertility by driving microbial community changes in saline soils of Yellow River Delta under petroleum pollution [J]. Journal of Environmental Management, 2022, 304: 114265.

[68] NIXON S L, DALY R A, BORTON M A, et al. Genome-resolved metagenomics extends the environmental distribution of the *Verrucomicrobia* phylum to the deep terrestrial subsurface [J]. mSphere, 2019, 4(6): e00613-00619.

[69] WALCH H, VON DER KAMMER F, HOFMANN T. Freshwater suspended particulate matter—Key components and processes in floc formation and dynamics [J]. Water Research, 2022, 220: 118655.

[70] WU C, CHEN Y R, QIAN Z Y, et al. The effect of extracellular polymeric substances (EPS) of iron-oxidizing bacteria (*Ochrobactrum* EEELCW01) on mineral transformation and arsenic (As) fate [J]. Journal of Environmental Sciences, 2023, 130: 187-196.

[71] PUJALTE M J, LUCENA T, RUVIRA M A, et al. The Family *Rhodobacteraceae* [M]// ROSENBERG E, DELONG E F, LORY S, et al. The Prokaryotes: *Alphaproteobacteria* and *Betaproteobacteria*. Berlin, Heidelberg; Springer Berlin Heidelberg, 2014: 439-512.

[72] ZAKARIA B S, LIN L, DHAR B R. Shift of biofilm and suspended bacterial communities with changes in anode potential in a microbial electrolysis cell treating primary sludge [J]. Science of the Total Environment, 2019, 689: 691-699.

[73] QI X, REN Y W, LIANG P, et al. New insights in photosynthetic microbial fuel cell using anoxygenic phototrophic bacteria [J]. Bioresource Technology, 2018, 258: 310-317.

[74] HAKIM S, NAWAZ M S, SIDDIQUE M J, et al. Chapter 21—Metagenomics for rhizosphere engineering [M]//DUBEY R C, KUMAR P. New York: Academic Press, 2022: 395-416.

[75] HONG P N, MATSUURA N, NOGUCHI M, et al. Change of extracellular polymeric substances and

microbial community in biofouling mitigation by continuous vanillin dose in membrane bioreactor [J]. Journal of Water Process Engineering, 2022, 47: 102644.

[76] LI J M, ZENG W, LIU H, et al. Achieving deep autotrophic nitrogen removal in aerated biofilter driven by sponge iron: Performance and mechanism [J]. Environmental Research, 2022, 213: 113653.

[77] ETTOUMI B, BOUHAJJA E, BORIN S, et al. Gammaproteobacteria occurrence and microdiversity in Tyrrhenian Sea sediments as revealed by cultivation-dependent and -independent approaches [J]. Systematic and Applied Microbiology, 2010, 33(4): 222-231.

[78] 姚程．颗粒附生微生物和自由微生物群落组成在全海深垂直水柱演替规律和年际变化 [D]. 上海：上海海洋大学，2022.

[79] SPRING S, RIEDEL T, SPRÖER C, et al. Taxonomy and evolution of bacteriochlorophyll *a*-containing members of the OM60/NOR5 clade of marine gammaproteobacteria: description of *Luminiphilus syltensis* gen. nov., sp. nov., reclassification of *Haliea rubra as Pseudohaliea rubra* gen. nov., comb. nov., and emendation of *Chromatocurvus halotolerans* [J]. BMC Microbiology, 2013, 13(1): 118.

[80] VERMA R, MELCHER U. A Support Vector Machine based method to distinguish proteobacterial proteins from eukaryotic plant proteins [J]. BMC Bioinformatics, 2012, 13(Suppl 15): S9.

[81] HÖRDT A, LÓPEZ M G, MEIER-KOLTHOFF J P, et al. Analysis of 1,000+ type-strain genomes substantially improves taxonomic classification of *Alphaproteobacteria* [J]. Frontiers in Microbiology, 2020, 11: 468.

[82] LEE W S, AZIZ H A, TAJARUDIN H A. A recent development on iron-oxidising bacteria (IOB) applications in water and wastewater treatment [J]. Journal of Water Process Engineering, 2022, 49: 103109.

[83] LIU T X, CHEN D D, LI X M, et al. Microbially mediated coupling of nitrate reduction and Fe(Ⅱ) oxidation under anoxic conditions [J]. FEMS Microbiology Ecology, 2019, 95(4): fiz030.

[84] PERLIŃSKI P, MUDRYK Z J, ZDANOWICZ M. Abundance and phylogenetic diversity of bacterioneuston and bacterioplankton inhabiting marine harbor channel on the southern coast of the Baltic Sea [J]. Ecohydrology & Hydrobiology, 2021, 21(1): 177-188.

[85] HAIDER M N, IQBAL M M, NISHIMURA M, et al. Bacterial response to glucose addition: growth and community structure in seawater microcosms from North Pacific Ocean [J]. Scientific Reports, 2023, 13(1): 341.

[86] ZHOU Z C, ST JOHN E, ANANTHARAMAN K, et al. Global patterns of diversity and metabolism of microbial communities in deep-sea hydrothermal vent deposits [J]. Microbiome, 2022, 10(1): 241.

[87] TÓTH E, TOUMI M, FARKAS R, et al. Insight into the hidden bacterial diversity of Lake Balaton, Hungary [J]. Biologia Futura, 2020, 71(4): 383-391.

[88] CHEN X L, SHENG Y Z, WANG G C, et al. Microbial compositional and functional traits of BTEX and salinity co-contaminated shallow groundwater by produced water [J]. Water Research, 2022, 215: 118277.

[89] MISSON G, MAINARDIS M, MARRONI F, et al. Environmental methane emissions from seagrass wrack and evaluation of salinity effect on microbial community composition [J]. Journal of Cleaner Production, 2021, 285: 125426.

[90] CARLSTR M C I, LUCAS L N, ROHDE R A, et al. Characterization of an anaerobic marine microbial community exposed to combined fluxes of perchlorate and salinity [J]. Applied

Microbiology and Biotechnology, 2016, 100(22): 9719-9732.
[91] LIU Y, DU J, ZHANG J, et al. *Devosia marina* sp. nov., isolated from deep seawater of the South China Sea, and reclassification of *Devosia subaequoris* as a later heterotypic synonym of *Devosia soli* [J]. International Journal of Systematic and Evolutionary Microbiology, 2020, 70(5): 3062-3068.
[92] LI J Y, DONG C M, LAI Q L, et al. Frequent occurrence and metabolic versatility of *Marinifilaceae* bacteria as key players in organic matter mineralization in global deep seas [J]. mSystems, 2022, 7(6): e0086422.
[93] YAN M, SU Z X, DING J Z, et al. The enhancement of tetracycline degradation through zero-valent iron combined with microorganisms during wastewater treatment: Mechanism and contribution [J]. Environmental Research, 2023, 226: 115666.
[94] WU P, XU X H. Fe^{2+} enhancing biomass production and soybean wastewater treatment of photosynthetic bacteria through regulation of aerobic respiration [J]. Environmental Technology & Innovation, 2022, 28: 102701.
[95] 王婧，王宁，韩严和，等. 硫铁基自养反硝化技术研究进展 [J/OL]. 工业水处理，2023: 1-27. https://doi.org/10.19965/j.cnki.iwt.2023-0417.
[96] FAN C, ZHOU W, HE S, et al. Sulfur transformation in sulfur autotrophic denitrification using thiosulfate as electron donor [J]. Environmental Pollution, 2021, 268: 115708.
[97] KRUITHOF J, BENNEKOM C A, DIERX H A L, et al. Nitrate removal from ground water by sulphur/limestone filtration [J]. Water Supply, 1988, 6: 207-217.
[98] QIAN J, WEI L, WU Y G, et al. A comparative study on denitrifying sludge granulation with different electron donors: Sulfide, thiosulfate and organics [J]. Chemosphere, 2017, 186: 322-330.
[99] YANG Y, GERRITY S, COLLINS G, et al. Enrichment and characterization of autotrophic *Thiobacillus* denitrifiers from anaerobic sludge for nitrate removal [J]. Process Biochemistry, 2018, 68: 165-170.
[100] 姚鹏程，袁怡，龙震宇，等. 新型单质硫自养生物膜反应器脱氮性能研究 [J]. 现代化工，2018, 38(05): 181-186.
[101] DENG S H, LI D S, YANG X, et al. Novel characteristics on micro-electrolysis mediated Fe(0)-oxidizing autotrophic denitrification with aeration: Efficiency, iron-compounds transformation, N_2O and NO_2^- accumulation, and microbial characteristics [J]. Chemical Engineering Journal, 2020, 387: 123409.
[102] BAI Y, WANG S, ZHUSSUPBEKOVA A, et al. High-rate iron sulfide and sulfur-coupled autotrophic denitrification system: Nutrients removal performance and microbial characterization [J]. Water Research, 2023, 231: 119619.
[103] LI R H, GUAN M S, WANG W. Simultaneous arsenite and nitrate removal from simulated groundwater based on pyrrhotite autotrophic denitrification [J]. Water Research, 2021, 189: 116662.
[104] LIU Y J, CHEN N, TONG S, et al. Performance enhancement of H_2S-based autotrophic denitrification with bio-gaseous CO_2 as sole carbon source through new pH adjustment materials [J]. Journal of Environmental Management, 2020, 261: 110157.
[105] LIANG J, CHEN N, TONG S, et al. Sulfur autotrophic denitrification (SAD) driven by homogeneous composite particles containing $CaCO_3$-type kitchen waste for groundwater remediation [J]. Chemosphere, 2018, 212: 954-963.
[106] XU Y X, CHEN N, FENG C P, et al. Sulfur-based autotrophic denitrification with eggshell for

nitrate-contaminated synthetic groundwater treatment [J]. Environmental Technology, 2016, 37(24): 3094-3103.

[107] ZHU T T, CHENG H Y, YANG L H, et al. Coupled sulfur and iron(Ⅱ) carbonate-driven autotrophic denitrification for significantly enhanced nitrate removal [J]. Environmental Science & Technology, 2019, 53(3): 1545-1554.

[108] 孟成成，郝瑞霞，王建超，等. 3BER-S 耦合脱氮系统运行特性研究 [J]. 中国环境科学，2014, 34(11): 2817-2823.

[109] WANG H Y, HANG Q Y, CRITTENDEN J, et al. Combined autotrophic nitritation and bioelectrochemical-sulfur denitrification for treatment of ammonium rich wastewater with low C/N ratio [J]. Environmental Science and Pollution Research, 2016, 23(3): 2329-2340.

[110] LI Y Y, LIU L, WANG H J. Mixotrophic denitrification for enhancing nitrogen removal of municipal tailwater: Contribution of heterotrophic/sulfur autotrophic denitrification and bacterial community [J]. Science of the Total Environment, 2022, 814: 151940.

[111] WOO Y C, LEE J J, KIM H S. Removal of nitrogen from municipal wastewater by denitrification using a sulfur-based carrier: A pilot-scale study [J]. Chemosphere, 2022, 296: 133969.

[112] DENG Y F, WU D, HUANG H, et al. Exploration and verification of the feasibility of sulfide-driven partial denitrification coupled with anammox for wastewater treatment [J]. Water Research, 2021, 193: 116905.